GD32E230 开发标准教程

钟世达　郭文波　主　编

董　磊　潘志铭　副主编

电子工业出版社

Publishing House of Electronics Industry

北京 · BEIJING

内 容 简 介

本书基于 GD32E2 杏仁派开发板（主控芯片为 GD32E230C8T6），通过 14 个实验介绍 GD32E230C8T6 微控制器的 GPIO、串口、定时器、SysTick、RCU、外部中断、OLED 显示、DAC 和 ADC 等的原理和应用。作为拓展，本书配套资料包中另有 6 个实验分别介绍 MCU 调试、RTC、FWDGT、WWDGT，以及基于 I^2C 的 EEPROM 读/写和基于 SPI 的 Flash 读/写。全书程序代码的编写规范均遵循《C 语言软件设计规范（LY-STD001—2019）》。各实验采用模块化设计，以便于将各模块应用在实际项目和产品中。

本书配有丰富的资料包，涵盖 GD32E2 杏仁派开发板原理图、例程、软件包、PPT 等，资料包将持续更新，下载链接可通过微信公众号"卓越工程师培养系列"获取。

本书既可以作为高等院校电子信息、自动化等专业微控制器相关课程的教材，也可以作为微控制器系统设计及相关行业工程技术人员的入门培训用书。

图书在版编目（CIP）数据

GD32E230 开发标准教程 / 钟世达，郭文波主编. —北京：电子工业出版社，2023.4

ISBN 978-7-121-45379-3

Ⅰ. ①G… Ⅱ. ①钟… ②郭… Ⅲ. ①微控制器－系统开发－教材 Ⅳ. ①TP368.1

中国国家版本馆 CIP 数据核字（2023）第 061434 号

责任编辑：张小乐
印　　刷：河北鑫兆源印刷有限公司
装　　订：河北鑫兆源印刷有限公司
出版发行：电子工业出版社
　　　　　北京市海淀区万寿路 173 信箱　　邮编：100036
开　　本：787×1092　1/16　印张：18.75　字数：480 千字
版　　次：2023 年 4 月第 1 版
印　　次：2023 年 4 月第 1 次印刷
定　　价：68.00 元

凡所购买电子工业出版社图书有缺损问题，请向购买书店调换。若书店售缺，请与本社发行部联系，联系及邮购电话：（010）88254888，88258888。

质量投诉请发邮件至 zlts@phei.com.cn，盗版侵权举报请发邮件至 dbqq@phei.com.cn。

本书咨询联系方式：（010）88254462，zhxl@phei.com.cn。

卓越工程师培养系列

Excellent Engineer Training Series

Leyutek × GD32

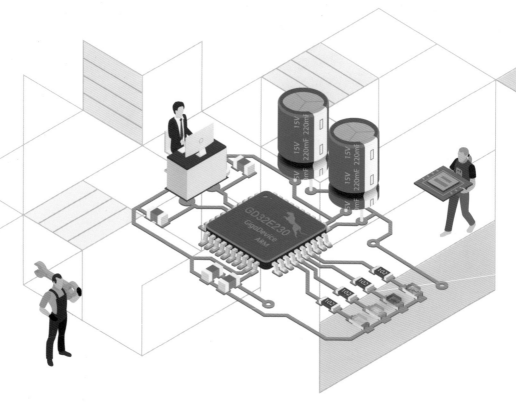

GD32E230
开发标准教程

◎ 钟世达　郭文波　主　编

◎ 董　磊　潘志铭　副主编

中国工信出版集团

電子工業出版社.
PUBLISHING HOUSE OF ELECTRONICS INDUSTRY
http://www.phei.com.cn

前　　言

本书是一本介绍微控制器程序开发的书,对应的硬件平台为 GD32E2 杏仁派开发板,这款开发板的主控芯片为国产的 GD32E230C8T6,由兆易创新科技集团股份有限公司(以下简称"兆易创新")研发并推出。GD32E230C8T6 属于 GD32E230xx 系列,因此,本书将介绍基于 GD32E230xx 系列微控制器的程序开发流程和方法,并在程序设计之前,详细介绍 Keil 开发工具的安装和配置过程。最后通过一系列实验,由浅入深地介绍 GD32E230xx 系列微控制器的系统架构、外设结构和开发过程。

近年来,围绕缺芯的话题热度持续高涨,而微控制器正是缺货最严重的品类之一。在国内外微控制器厂商大幅调整售价的情况下,不少厂商将目光转向了性价比更高的国产品牌。在国产化进程的推动下,国内微控制器产品将不断得到验证,市场占比也会提升。其中,兆易创新的 GD32 微控制器在我国高性能通用微控制器领域中占据重要地位,为我国 32 位通用微控制器市场的热门之选。相较于国际厂商,兆易创新的 32 位微控制器主频更高,内存更大,外设更丰富,适应国内的应用需求,能较好地实现国产替代。虽然国产替代是趋势,但相比于已经垄断国内市场多年的国外微控制器大厂,国产微控制器的参考开发资料和书籍依然十分匮乏,这也是国产微控制器无法快速普及的一大痛点。本书围绕 GD32E230xx 系列微控制器展开介绍,希望为 GD32 微控制器开发人员或爱好者提供一些简单的开发示例和参考。

全书共有 14 个实验,在本书配套资料包中还附加了 6 个实验及对应的学习手册,所有实验例程代码和学习手册均按照统一规范编写完成。20 个实验都包括实验内容、实验原理、实验步骤、本章任务和本章习题 5 个环节,并且每个实验都有详细的步骤和源代码,以确保读者能够顺利完成。另外,本书还详细介绍了实验的内容和设计思路,以保证读者能够深入理解实验所涉及的知识点。每个实验的最后都有一个任务,作为本章实验的延伸和拓展。因此,能够顺利完成并理解该章实验的读者,再加上深入思考,都能够完成这些任务。"本章任务"之后是本章习题,用于帮助读者巩固本章的知识。

学习一款微控制器,可以先了解微控制器的外设结构和一些常用的寄存器,然后查阅参考手册,掌握这些外设和寄存器的配置方法,并熟悉微控制器各个引脚的功能。但微控制器的学习强调实践,仅停留在理论上无异于纸上谈兵;正确的方法是结合硬件平台,不断实践与探索,并编写和调试程序,在解决实际问题的过程中加深对微控制器的理解,熟悉微控制器程序开发的流程。

在微控制器程序开发的过程中,学会查阅参考手册是开发人员必须掌握的技能,对初学者更是大有裨益。本书引用了参考手册的部分内容,更多的是引导读者自行查阅手册,以养成良好的开发习惯。开发需要用到的参考手册存放于本书配套资料包中,感兴趣的读者也可以访问兆易创新官方网站搜索和下载更多参考资料。

微控制器的涉及面非常广,除了要掌握各种电路知识、C 语言、计算机体系架构,还要熟悉微控制器的寄存器、固件库及各种集成开发环境、下载工具和串口调试工具等。为了减轻查找资料和熟悉工具的负担,便于读者将更多的精力聚焦于实践环节,本书将每个实验涉及的参考手册上的知识点统一汇总在"实验原理"中,并将集成开发环境、程序下载工具、串口助手工具等的使用方法穿插于各个章节中。这样，读者就可以通过本书和一块 GD32E2 杏仁派开发板，轻松踏上学习 GD32E230xx 系列微控制器之路，在实践过程中掌握各种知识和技能。

简单总结一下本书的特点：

（1）微控制器系统设计以一块 GD32E2 杏仁派开发板作为实践载体。微控制器之所以选取 GD32E230C8T6，主要考虑到 GD32 微控制器在目前市面上使用得较为广泛。而且该系列的微控制器具有功耗低、外设多、基于库开发、灵活性强、性价比高等优势。

（2）对每个实验涉及的知识点均详细介绍，未涉及的知识点几乎不予介绍。这样，初学者就可以快速掌握微控制器系统设计的绝大多数基本知识点。

（3）各种规范贯穿于整个微控制器系统设计的过程中，如 Keil 集成开发环境参数设置、工程和文件命名规范、版本规范、软件设计规范等。

（4）所有实验严格按照统一的工程架构设计，每个子模块按照统一的标准设计。

（5）配有完整的资料包，既包括 GD32E2 杏仁派开发板原理图、例程、软件包、软件资料，还包括配套的 PPT、视频等。这些资料会持续更新，下载链接通过微信公众号"卓越工程师培养系列"获取。

读者在使用本书开展实验时，建议先通过第 2 章和第 3 章快速熟悉整个开发流程，对于第 4～7 章，务必花费大量的时间和精力，重点学习外设架构、寄存器、固件库函数、驱动设计和应用层设计等，并认真总结这 4 章的经验，最后，将这 4 章总结的经验灵活运用在后面的 14 个实验中（包含配套资料包中的实验），因为第 4～7 章基本涵盖了后面 14 个实验 70%的知识点。学习过程中要学会抓重点，比如，第 4～7 章建议花费 40%的时间和精力，而剩余的 14 个实验建议花费 60%的时间和精力，切勿平均分配时间，而且学习过程中要不断总结和归纳。

另外，本书中的程序都严格按照《C 语言软件设计规范（LY-STD001—2019）》编写。设计规范要求每个函数的实现必须有清晰的函数模块信息，包括函数名称、函数功能、输入参数、输出参数、返回值、创建日期和注意事项。由于本书篇幅有限，实验例程中每个函数的实现均省略了函数模块信息，但是，读者在编写程序时，建议完善每个函数的模块信息。"函数实现及其模块信息"（位于本书配套资料包的"08.软件资料"文件夹）罗列了所有函数的实现及其模块信息，供读者开展实验时参考。

深圳市乐育科技有限公司（以下简称"乐育科技"）开发了一系列针对卓越工程师培养的软/硬件开发平台，并在电子工业出版社与各高校教师联合出版了二十余部"卓越工程师培养系列"教材。本书针对兆易创新的 GD32 系列芯片，同样得到了乐育科技的全方位支持，乐育科技不仅开发了本书配套的 GD32E2 杏仁派开发板，还设计了整套开发例程，并参与了本书的编写。兆易创新的金光一及徐杰同样为本书的出版提供了充分的技术支持。电子工业出版社张小乐编辑为本书的出版做了大量的编辑和审校工作。在此一并致以衷心的感谢。特别感谢深圳大学、兆易创新、乐育科技和电子工业出版社的鼎力支持。

钟世达、郭文波、董磊、潘志铭、张沛昌、黄梅贵等参与了全书的编写。由于编者水平有限，书中难免有不成熟和错误的地方，恳请读者批评指正。读者反馈发现的问题、获取相关资料或遇实验平台技术问题，可发信至邮箱：ExcEngineer@163.com。

目　　录

第 1 章 GD32 开发平台和工具

本书主要介绍 GD32E230xx 系列微控制器系统设计的相关知识，硬件平台为 GD32E2 杏仁派开发板。通过学习本书中各个实验的实验原理，基于本书提供的配套实验例程和实验步骤完成实验。

本章首先介绍 GD32E230xx 系列微控制器及 GD32E2 杏仁派开发板，并解释为什么选择 GD32E2 杏仁派开发板作为本书的实验载体；然后说明可以在 GD32E2 杏仁派开发板上开展的实验，以及本书配套的资料包；最后介绍 GD32 微控制器开发工具的安装和配置。

1.1 为什么选择 GD32

兆易创新的 GD32 微控制器是我国高性能通用微控制器领域的领跑者，是 ARM Cortex-M3、Cortex-M4 及 Cortex-M23 内核通用微控制器产品系列，已经发展成为我国 32 位通用微控制器市场的主流之选。所有型号的微控制器在软件和硬件引脚封装方面都保持相互兼容，全面满足各种高中低端嵌入式控制需求和升级，具有高性价比、完善的生态系统和易用性优势，全面支持多层次开发，缩短了设计周期。

自 2013 年推出我国第一个 ARM Cortex 内核的微控制器以来，GD32 微控制器目前已经成为我国最大的 ARM 微控制器家族，共有 28 个产品系列 360 余个型号可供选择。各系列都具有很高的设计灵活性，并可以软/硬件相互兼容，使得用户可以根据项目开发需求在不同型号间自由切换。

GD32 产品家族以 Cortex-M3 和 Cortex-M4 主流型内核为基础，由 GD32F1、GD32F3 和 GD32F4 系列产品构建，并不断向高性能和低成本两个方向延伸。GD32E230xx 系列微控制器基于全新的 Cortex-M23 内核，以超高的性价比替代市场上的 Cortex-M0+产品及部分 8 位机，成为低成本入门级应用的首选。GD32E5 系列微控制器则采用全新的 180MHz Cortex-M33 内核，结合硬件加速器、高精度定时器和混合信号处理功能，加速电机和电源等高精度工业应用实现与落地。

"以触手可及的开发生态为用户提供更好的使用体验"是兆易创新支持服务的理念。兆易创新丰富的生态系统和开放的共享中心，既与用户需求紧密结合，又与合作伙伴互利共生，在蓬勃发展中使多方受益，惠及大众。

兆易创新联合全球合作厂商推出了多种集成开发环境（IDE）、开发套件（EVB）、图形化界面（GUI）、安全组件、嵌入式 AI、操作系统和云连接方案，并打造全新技术网站 GD32MCU.com，提供多个系列的视频教程和短片，可任意点播在线学习，产品手册和软/硬件资料也可随时下载。此外，兆易创新还推出了多周期全覆盖的微控制器开发人才培养计划，从青少年科普到高等教育全面展开，为新一代工程师提供学习与成长的沃土。

1.2 GD32E230xx 系列芯片介绍

在微控制器的选型过程中，以往工程师常常会陷入这样一个困局：一方面为 8 位/16 位微控制器有限的指令和性能，另一方面为 32 位处理器的高成本和高功耗。能否有效地解决这个问题，让工程师不必在性能、成本、功耗等因素中做出取舍和折中？

作为 GD32 微控制器家族基于 Cortex-M23 内核的首个产品系列，GD32E230xx 系列微控制器采用了 55nm 低功耗工艺制程，着眼于低开发预算需求，为取代及提升传统的 8 位和 16 位产品解决方案，并跨越 Cortex-M0/M0+门槛直接进入 32 位 Cortex-M23 内核的开发新时代，带来了一步到位的入门使用体验。

GD32E230xx 系列微控制器提供了 18 个产品型号，包括 LQFP48、LQFP32、QFN32、QFN28、TSSOP20 及 QFN20 这 6 种封装类型，芯片面积从 7mm×7mm～3mm×3mm，以便以很高的设计灵活性和兼容性应对飞速发展的智能应用挑战。

ARM Cortex-M23 是 Cortex-M0 和 Cortex-M0+的继任者，是基于最新的 ARMv8-M 架构的嵌入式微处理器内核；采用冯·诺依曼结构的二级流水线，支持完整的 ARMv8-M 基准指令集，最大限度地提高了代码的紧凑性；并兼容所有的 ARMv6-M 指令，可以帮助工程师轻而易举地将代码从 Cortex-M0/M0+处理器移植至 Cortex-M23。Cortex-M23 内核配备了单周期硬件乘法器、硬件除法器、硬件分频器、嵌套向量中断控制器（NVIC）等独立资源，并强化了调试纠错与追溯能力，更易于开发。后续产品亦可以通过加载 TrustZone 技术，以硬件形式支持可信和非可信软件强制隔离与防护，出色地实现多项安全需求。GD32E230xx 系列微控制器具有小尺寸、低成本、高能效和灵活性的优势，并支持安全性扩展的最新嵌入式应用解决方案。

GD32E230xx 系列超值型新品的主频高达 72MHz，配备了 16～64KB 的嵌入式闪存及 4～8KB 的 SRAM，配合内置的硬件乘法器、硬件除法器和加速单元，在最高主频下的工作性能可达 55DMIPS，CoreMark 测试可达 154 分。同主频下的代码执行效率相比市场上同类 Cortex-M0 产品提高了 40%，相比 Cortex-M0+产品也提高了 30%以上。

GD32E230xx 系列新品不仅拥有超强的高速处理能力，还提供了超多的接口资源来增强连接性。片上集成了多达 5 个 16 位通用定时器、1 个 16 位基本定时器和 1 个多通道 DMA 控制器。通用接口则包括 2 个 USART、2 个 SPI、2 个 I^2C、1 个 I^2S。另外，还提供了 1 个支持三相脉宽调制（PWM）输出和霍尔采集接口的 16 位高级定时器、1 个高速轨到轨输入/输出模拟电压比较器、1 个采样率高达 2.6MSPS 的高性能 12 位 ADC，支持多通道高速数据采集、混合信号处理和电机控制等工业应用需求。

由于 GD32 微控制器拥有丰富的外设、强大的开发工具、易于上手的固件库，在 32 位微控制器选型中，GD32 微控制器已经成为许多工程师的首选。而且经过多年的积累，GD32 微控制器的各种开发资料都非常完善，这也降低了初学者的学习难度。因此，本书选用 GD32 微控制器作为载体，GD32E2 杏仁派开发板上的主控芯片就是封装为 LQFP48 的 GD32E230C8T6，最高主频可达 72MHz。

GD32E230C8T6 芯片拥有的资源包括 8KB SRAM、64KB Flash、1 个 FMC 接口、1 个 NVIC、1 个 EXTI（支持 21 个外部中断/事件请求）、1 个 DMA（支持 5 个通道）、1 个 RTC、1 个 16 位基本定时器、5 个 16 位通用定时器、1 个 16 位高级定时器、1 个独立看门狗定时器、1 个窗口看门狗定时器、1 个 24 位 SysTick、2 个 I^2C、2 个 USART、2 个 SPI、1 个 I^2S、39 个 GPIO、1 个 12 位 ADC（可测量 10 个外部和 2 个内部信号源）和 1 个串行调试接口 SWD 等。

GD32 微控制器可以开发各种产品，如智能小车、无人机、电子体温枪、电子血压计、血糖仪、胎心多普勒、监护仪、呼吸机、智能楼宇控制系统和汽车控制系统等。

1.3　GD32E2 杏仁派开发板电路简介

本书将以 GD32E2 杏仁派开发板为载体对 GD32 微控制器程序设计进行介绍。那么，到底什么是 GD32E2 杏仁派开发板？

GD32E2 杏仁派开发板包括通信–下载模块电路、GD-Link 调试下载模块电路、电源转换电路、SPI Flash 电路、EEPROM 电路、外部晶振（晶体振荡器的简称）电路、蜂鸣器电路、外扩引脚电路、独立按键电路、D/A 转换电路、LED 电路、外扩接口电路和 GD32 微控制器电路。

GD32E2 杏仁派开发板正面和背面如图 1-1 所示，其中，USB$_1$ 为通信–下载模块接口（Type-C 型母座），USB$_2$ 为 GD-Link 调试下载模块接口（Type-C 型母座），J$_{105}$ 为 OLED 显示屏接口（双排 2×4Pin 排母），J$_{103}$ 为 BOOT0 电平选择接口（默认为不接跳线帽），RST（按键）为微控制器的系统复位按键，PWR_LED（蓝色 LED）为电源指示灯，LED$_1$（绿色 LED）和 LED$_2$（蓝色 LED）为信号指示灯，KEY$_1$、KEY$_2$ 和 KEY$_3$ 为普通按键（KEY$_1$ 按下为高电平，不按为低电平；KEY$_2$ 和 KEY$_3$ 按下为低电平，不按为高电平），J$_{101}$ 为外扩引脚，J$_{104}$ 和 J$_{108}$ 为外扩接口。开发板背面印有电路板的名称、版本号、设计日期和"卓越工程师培养系列"微信公众号的二维码，通过关注该公众号，可以获取本书的配套资料包。

图 1-1　GD32E2 杏仁派开发板正面和背面

GD32E2 杏仁派开发板要正常工作，还需要搭配两条 USB 转 Type-C 型连接线和一块 OLED 显示屏。开发板上集成的通信–下载模块和 GD-Link 调试下载模块分别通过一条 USB 转 Type-C 型连接线连接到计算机，通信–下载模块除了可以用于向微控制器下载程序，还可以实现开发板与计算机之间的数据通信；GD-Link 调试下载模块既能下载程序，还能进行在线调试。OLED 显示屏则用于参数显示。GD32E2 杏仁派开发板、OLED 显示屏和计算机的连接图如图 1-2 所示。

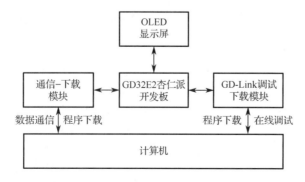

图 1-2　GD32E2 杏仁派开发板、OLED 显示屏和计算机的连接图

1. 通信–下载模块电路

工程师编写完程序后，需要通过通信–下载模块将.hex（或.bin）文件下载到微控制器中。通信–下载模块通过一条 USB 转 Type-C 型连接线与计算机连接，通过计算机上的 GD32 下载工具（如 GigaDevice MCU ISP Programmer），就可以将程序下载到 GD32 微控制器中。通信–下载模块除具备程序下载功能外，还担任着"通信员"的角色，即可以通过通信–下载模块实现计算机与 GD32E2 杏仁派开发板之间的通信。此外，通信–下载模块的 Type-C 接口还为开发板提供 5V 电压。注意，开发板上的 PWR_KEY 为电源开关，通过通信–下载模块的 Type-C 接口引入 5V 电源后，还需要按下电源开关才能使开发板正常工作。

通信–下载模块电路如图 1-3 所示。USB_1 即为 Type-C 接口，可引入 5V 电源。编号为 U_{105} 的芯片 CH340G 为 USB 转串口芯片，可以实现计算机与微控制器之间的通信。J_{109} 为 2×2Pin 双排排针，在使用通信–下载模块之前应先使用跳线帽分别将 CH340_TX 和 USART0_RX、CH340_RX 和 USART0_TX 连接。

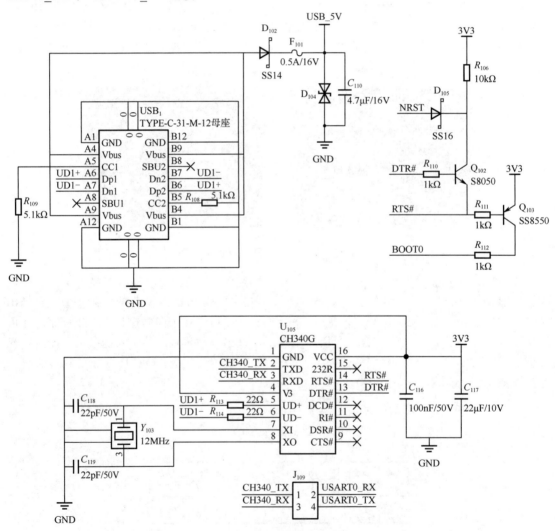

图 1-3　通信–下载模块电路

2．GD-Link 调试下载模块电路

GD-Link 调试下载模块不仅可以下载程序，还可以对 GD32E230C8T6 微控制器进行在线调试。图 1-4 为 GD-Link 调试下载模块电路，USB$_2$ 为 Type-C 接口，同样可引入 5V 电源，USB$_2$ 上的 UD2+ 和 UD2- 通过一个 22Ω 电阻连接到 GD32F103RGT6 芯片，该芯片为 GD-Link 调试下载电路的核心，可通过 SWD 接口对开发板的主控芯片 GD32E230C8T6 进行在线调试或程序下载。

虽然 GD-Link 调试下载模块既可以下载程序，又能进行在线调试，但是无法实现 GD32 微控制器与计算机之间的通信。因此，在设计产品时，建议除了保留 GD-Link 接口，还应保留通信-下载接口。

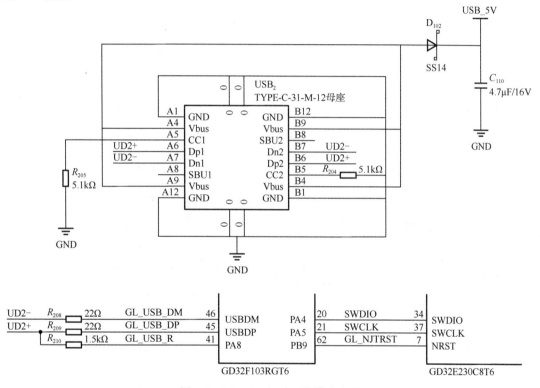

图 1-4　GD-Link 调试下载模块电路

3．电源转换电路

图 1-5 所示为电源转换电路，将 5V 输入电压转换为 3.3V 输出电压。通信-下载模块和 GD-Link 调试下载模块的两个 Type-C 接口均可引入 5V 电源（USB_5V 网络），然后通过电源开关 PWR_KEY 的开合控制开发板的电源，开关闭合时，USB_5V 网络与 5V 电源网络连通，并通过 AMS1117-3.3 芯片转成 3.3V 电压，开发板即可正常工作。D$_{101}$ 为瞬态电压抑制二极管，其功能是防止电源电压过高时损坏芯片。U$_{101}$ 为低压差线性稳压芯片，可将 Vin 端输入的 5V 转化为 3.3V 在 Vout 端输出，此时，电源指示灯 PWR_LED（蓝色）点亮。

4．SPI Flash 电路

图 1-6 所示为 SPI Flash 电路，其中 Flash 型号为 GD25Q16ESIG，这是一款带有先进写保护机制和高速 SPI 总线访问的 2MB 串行 Flash 存储器，该存储器的主要特点为 2MB 的存储空间分成 32 个块，每个块分为 16 个扇区，每个扇区 16 页，每页 256 字节。GD25Q16ESIG 通过 SPI 接口与 GD32E230C8T6 的对应引脚相连，两者之间可以通过 SPI 协议进行通信。

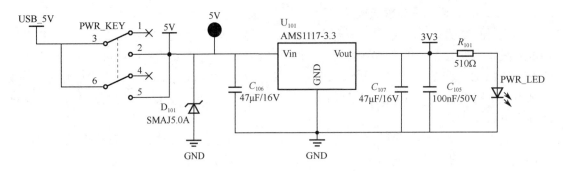

图 1-5　电源转换电路

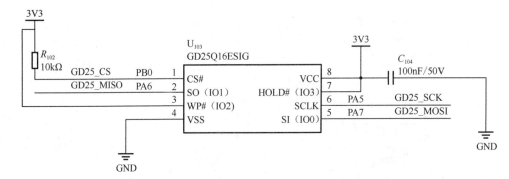

图 1-6　SPI Flash 电路

5. EEPROM 电路

图 1-7 所示为 EEPROM 电路，其中 EEPROM 型号为 AT24C02D-SSHM-T（简记为 AT24C02），这是一个 256 位串行 CMOS EEPROM，内部含有 32 页，每页 8 字节，该器件通过 I^2C 总线进行读/写操作，有一个专门的写保护功能。AT24C02 通过 I^2C 接口与 GD32E230C8T6 的对应引脚相连，两者之间可以通过 I^2C 协议进行通信。

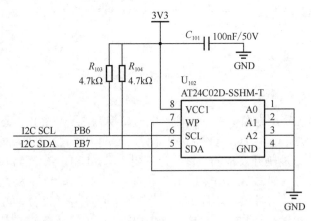

图 1-7　EEPROM 电路

6. 外部晶振电路

GD32 微控制器具有非常强大的时钟系统，除内置高速和低速的时钟系统外，还可以通过外接晶振，为微控制器提供高精度的高速和低速时钟系统。图 1-8 所示为外部晶振电路，

其中 Y_{101} 为 8MHz 无源晶振，连接时钟系统的 HXTAL（外部高速时钟）；Y_{102} 为 32.768kHz 无源晶振，连接时钟系统的 LXTAL（外部低速时钟）。

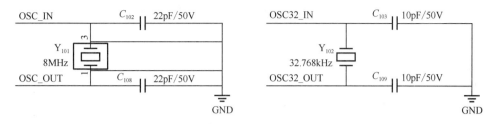

图 1-8　外部晶振电路

7．蜂鸣器电路

蜂鸣器电路如图 1-9 所示，电阻 R_{105} 和 R_{107} 对 BEEP 网络的电压进行分压，当 BEEP 端为高电平时（由微控制器的 I/O 接口控制，高电平通常接近 3.3V），电阻 R_{107} 两端的电压约为 3V，此时三极管 Q_{101} 导通，蜂鸣器负极（G）接地，蜂鸣器鸣叫；当 BEEP 端为低电平时，三极管截止，蜂鸣器静息。

8．外扩引脚电路

GD32E230C8T6 芯片有 39 个通用 I/O（GPIO）接口，分别为 PA0～PA15、PB0～PB15、PC13～PC15、PF0～PF1 和 PF6～PF7，其中 PC14、PC15 连接外部的 32.768kHz 晶振，PF0、PF1 连接外部的 8MHz 晶振。GD32E2 杏仁派开发板通过 J_{101} 双排排针引出 39 个通用 I/O 接口，外扩引脚图如图 1-10 所示。读者可以通过外扩引脚自由扩展外设，提升 GD32E2 杏仁派开发板的利用率。

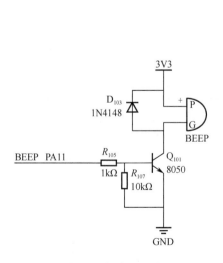

图 1-9　蜂鸣器电路

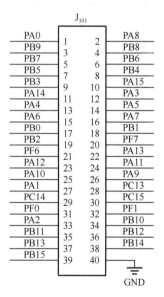

图 1-10　外扩引脚图

9．独立按键电路

GD32E2 杏仁派开发板上有 3 个独立按键，分别为 KEY_1、KEY_2 和 KEY_3，其原理图如图 1-11 所示。KEY_1 按键通过一个 10kΩ 电阻连接到 3.3V 电源网络。按键未按下时，输入 GD32 微控制器的电压为低电平；按键按下时，输入 GD32 微控制器的电压为高电平。KEY_2 和 KEY_3

按键都与一个电容并联，且通过一个 10kΩ 电阻连接到 3.3V 电源网络。按键未按下时，输入 GD32 微控制器的电压为高电平；按键按下时，输入 GD32 微控制器的电压为低电平。KEY_1、KEY_2 和 KEY_3 分别连接到 GD32E230C8T6 芯片的 PA0、PA12 和 PF7 引脚上。

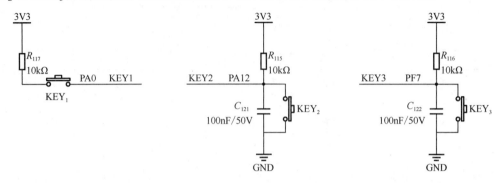

图 1-11　独立按键电路

10. D/A 转换电路

图 1-12 所示为 D/A 转换电路，该电路用于将输入的数字量转换为模拟量并输出。编号为 U_{106} 的 TLC5615 为 D/A 转换芯片，通过 SPI 接口与 GD32E230C8T6 芯片进行数据通信，在接收到 GD32E230C8T6 芯片发送的数据并进行 D/A 转换后，从 OUT 引脚输出模拟信号。电阻 R_{118}、R_{119} 用于分压，由于 TLC5615 的 REFIN 引脚的基准电压为 2.5V，而 TLC5615 芯片的最大输出电压为基准电压的 2 倍，因此，OUT 引脚的最大输出电压将接近 5V，大于 GD32E230C8T6 芯片的正常工作电压 3.3V，经过分压之后的模拟信号（DAC_OUT）的最大电压接近 3V，此时可以直接接入 GD32E230C8T6 芯片的引脚进行后续处理。

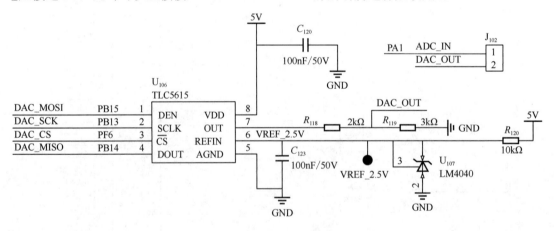

图 1-12　D/A 转换电路

11. LED 电路

除了编号为 PWR_LED 的电源指示 LED，开发板上还有两个 LED，如图 1-13 所示。LED_1 为绿色，与一个 2kΩ 的电阻串联后连接到 GD32E230C8T6 芯片的 PA8 引脚；LED_2 为蓝色，与一个 510Ω 电阻串联后连接到 PB9 引脚。在 LED 电路中，电阻起着分压限流的作用。

12. 外扩接口电路

GD32E2 杏仁派开发板除了将所有通用 I/O 接口通过双排排针引出，还预留了 3 个外扩

接口 J_{105}、J_{104} 和 J_{108}（分别为 EMA、EMB 和 EMC），图 1-14 为外扩接口电路。通过这 3 个外扩接口，GD32E2 杏仁派开发板可以外接使用 I^2C、USART 或 SPI 通信的模块，本书中用 J_{105}（EMA 接口）外接 OLED 显示屏模块进行显示。

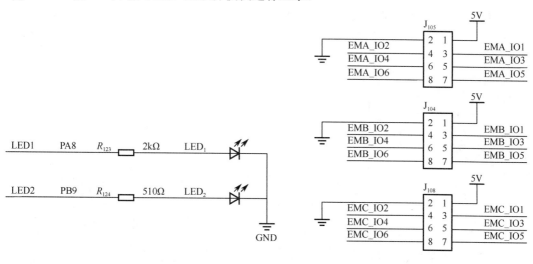

图 1-13　LED 电路　　　　　　　　　　图 1-14　外扩接口电路

OLED 显示屏模块与外扩接口 J_{105} 的引脚连接说明如表 1-1 所示。

表 1-1　引脚连接说明

序　号	名　称	说　明
1	VCC	电源（5V）
2	GND	接地
3	RES（EMA_IO1）	复位引脚，低电平有效，连接 GD32E2 杏仁派开发板的 PB6 引脚
4	NC（EMA_IO2）	未使用，该引脚悬空
5	CS（EMA_IO3）	片选信号引脚，低电平有效，连接开发板的 PA15 引脚
6	SCK（EMA_IO4）	时钟线，连接开发板的 PB3 引脚
7	D/C（EMA_IO5）	数据/命令控制引脚，D/C = 1，传输数据；D/C = 0，传输命令。连接开发板的 PB4 引脚
8	DIN（EMA_IO6）	数据线，连接开发板的 PB5 引脚

13. GD32 微控制器电路

图 1-15 所示的 GD32 微控制器电路是 GD32E2 杏仁派开发板的核心部分，由 GD32 滤波电路、GD32 微控制器和复位电路组成。

电源网络通常存在高频噪声和低频噪声，而大电容对低频有较好的滤波效果，小电容对高频有较好的滤波效果。GD32E230C8T6 有 2 组数字电源-地引脚，即 VDD 和 VSS，还有一组模拟电源-地引脚，即 VDDA 和 VSSA。C_{113}、C_{114}、C_{115} 这 3 个电容用于滤除数字电源引脚上的高频噪声，C_{112} 用于滤除模拟电源引脚上的高频噪声，C_{111} 用于滤除模拟电源引脚上的低频噪声。为了达到良好的滤波效果，还需要在进行 PCB 布局时，尽可能将这些电容摆放在对应的电源-地回路之间，且布线越短越好。

NRST 引脚通过一个 10kΩ 电阻连接 3.3V 电源网络，因此，用于复位的引脚在默认状态下为高电平，只有复位按键按下时，NRST 引脚为低电平，GD32E230C8T6 芯片才进行一次系统复位。

BOOT0 引脚（44 号引脚）为 GD32E230C8T6 芯片的启动模块选择端口，当 BOOT0 为低电平时，系统从内部 Flash 启动。因此，默认情况下，J_{103} 不需要通过跳线帽连接。

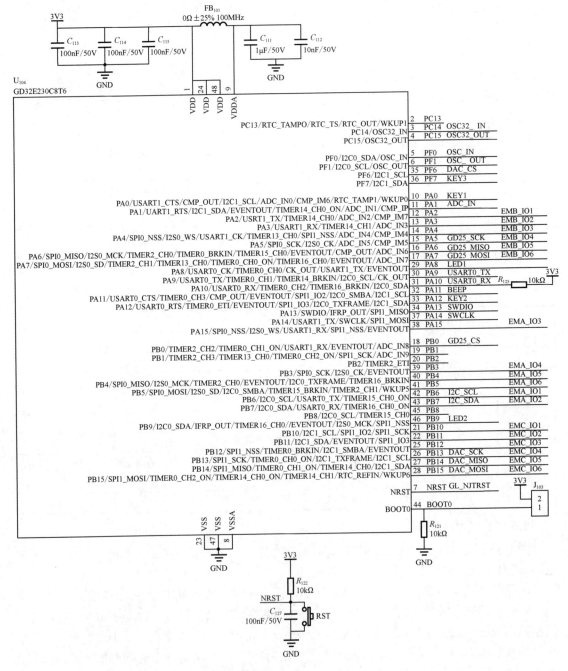

图 1-15　GD32 微控制器电路

1.4　GD32E2 杏仁派开发板可以开展的部分实验

基于本书配套的 GD32E2 杏仁派开发板，可以开展的实验非常丰富，这里仅列出具有代表性的 20 个实验，如表 1-2 所示。其中，实验 15～20 为附加实验，在本书中不予介绍，对应的学习手册存放于本书配套资料包的"08.软件资料"文件夹中。

表 1-2　GD32E2 杏仁派开发板可开展的部分实验清单

序　号	实 验 名 称	序　号	实 验 名 称
1	基准工程	11	定时器与 PWM 输出
2	串口电子钟	12	定时器与输入捕获
3	GPIO 与流水灯	13	DAC
4	GPIO 与独立按键输入	14	ADC
5	串口通信	15	DbgMCU 调试
6	定时器中断	16	RTC 实时时钟
7	SysTick	17	独立看门狗定时器
8	RCU	18	窗口看门狗定时器
9	外部中断	19	软件模拟 I^2C 与读/写 EEPROM
10	OLED 显示	20	软件模拟 SPI 与读/写 Flash

1.5　GD32 微控制器开发工具的安装与配置

自从 2013 年推出 GD32 微控制器至今，与 GD32 微控制器配套的开发工具有很多，如 Keil 公司的 Keil、ARM 公司的 DS-5、Embest 公司的 EmbestIDE、IAR 公司的 EWARM 等。目前国内使用较多的是 EWARM 和 Keil。

EWARM（Embedded Workbench for ARM）是 IAR 公司为 ARM 微处理器开发的一个集成开发环境（简称 IAR EWARM）。与其他 ARM 开发环境相比较，IAR EWARM 具有入门容易、使用方便和代码紧凑的特点。Keil 是 Keil 公司开发的基于 ARM 内核的微控制器集成开发环境，它适合不同层次的开发者，包括专业的应用程序开发工程师和嵌入式软件开发入门者。Keil 包含工业标准的 Keil C 编译器、宏汇编器、调试器、实时内核等组件，支持所有基于 ARM 内核的芯片，能帮助工程师按照计划完成项目。

本书的所有例程均基于 Keil μVision5.30（简称 Keil 5.30）软件，建议读者选择相同版本的开发环境进行实验。

1.5.1　安装 Keil 5.30

双击运行本书配套资料包"02.相关软件\MDK5.30"文件夹中的 MDK5.30.exe 程序，在弹出的如图 1-16 所示的对话框中，单击 Next 按钮。

系统弹出如图 1-17 所示的对话框，勾选 I agree to all the terms of the preceding License Agreement 项，然后单击 Next 按钮。

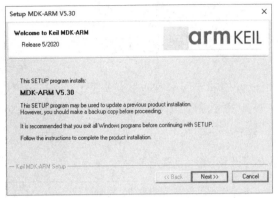

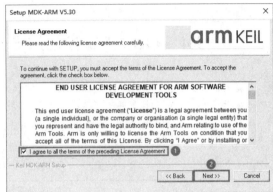

图 1-16　Keil 5.30 安装步骤 1　　　　　　　　图 1-17　Keil 5.30 安装步骤 2

如图 1-18 所示，选择安装路径和包存放路径，这里建议安装在 D 盘（读者也可以自行选择安装路径），然后单击 Next 按钮。

随后，系统弹出如图 1-19 所示的对话框，在 First Name、Last Name、Company Name 和 E-mail 栏输入相应的信息，然后单击 Next 按钮。软件开始安装。

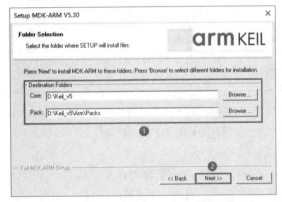

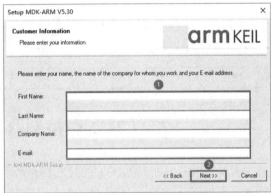

图 1-18　Keil 5.30 安装步骤 3　　　　　　　　图 1-19　Keil 5.30 安装步骤 4

在软件安装过程中，系统会弹出如图 1-20 所示的对话框，勾选"始终信任来自"ARM Ltd"的软件"项，然后单击"安装"按钮。

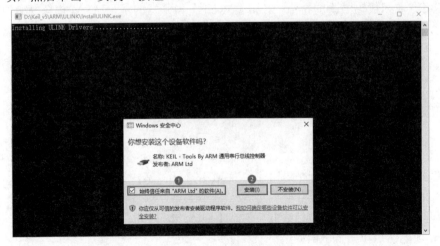

图 1-20　Keil 5.30 安装步骤 5

软件安装完成后，系统弹出如图 1-21 所示的对话框，取消勾选 Show Release Notes 项，然后单击 Finish 按钮。

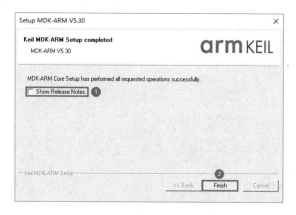

图 1-21　Keil 5.30 安装步骤 6

在如图 1-22 所示的对话框中，取消勾选 Show this dialog at startup 项，然后单击 OK 按钮，最后关闭 Pack Installer 对话框。

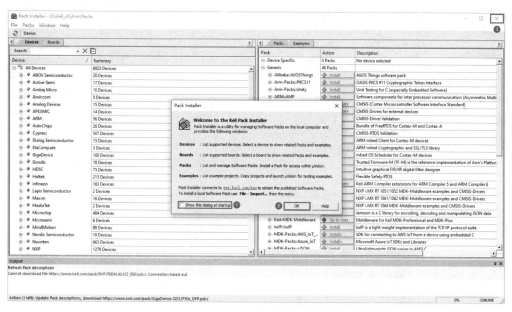

图 1-22　Keil 5.30 安装步骤 7

在资料包的"02.相关软件\MDK5.30"文件夹中，还有 1 个名为 GigaDevice GD32E230_DFP 1.0.0.pack 的文件，该文件为 GD32E230xx 系列微控制器的固件库包。如果使用 GD32E230xx 系列微控制器，则需要安装该固件库包。双击运行 GigaDevice GD32E230_DFP 1.0.0.pack，打开如图 1-23 所示的对话框，直接单击 Next 按钮，固件库包即开始安装。

固件库包安装完成后，弹出如图 1-24 所示的对话框，单击 Finish 按钮。、

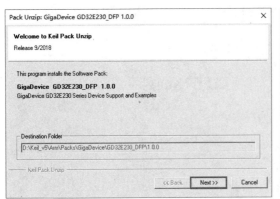

图 1-23   安装固件库包步骤 1

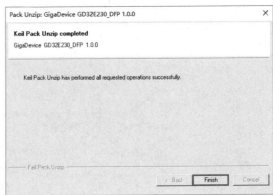

图 1-24   安装固件库包步骤 2

1.5.2   设置 Keil 5.30

Keil 5.30 安装完成后，需要对 Keil 软件进行标准化设置，首先在"开始"菜单找到并单击 Keil μVision5，软件启动之后，在弹出的如图 1-25 所示的对话框中单击"是"按钮。

然后在打开的 Keil μVision 软件界面中，执行菜单栏命令 Edit→Configuration，如图 1-26 所示。

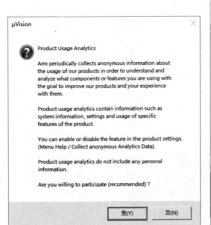

图 1-25   设置 Keil 5.30 步骤 1

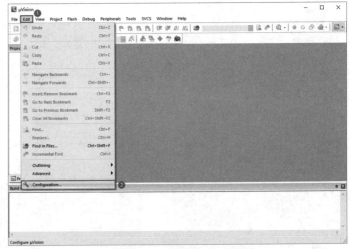

图 1-26   设置 Keil 5.30 步骤 2

系统弹出如图 1-27 所示的 Configuration 对话框，在 Editor 标签页的 Encoding 栏选择 Chinese GB2312(Simplified)，将编码格式改为 Chinese GB2312(Simplified)可以防止代码文件中输入的中文乱码现象；在 C/C++ Files 栏勾选所有选项，将 Tab size 设为 2；在 ASM Files 栏勾选所有选项，将 Tab size 设为 2；在 Other Files 栏勾选所有选项，将 Tab size 设为 2。将缩进的空格数设置为 2 个空格，同时将 Tab 键也设置为 2 个空格，这样可以防止使用不同的编辑器阅读代码时出现代码布局不整齐的现象。设置完成后，单击 OK 按钮。

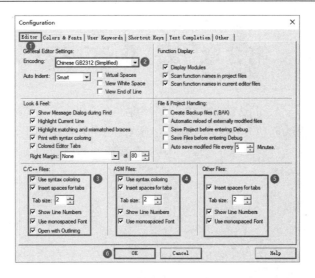

图 1-27　设置 Keil 5.30 步骤 3

本 章 任 务

学习完本章后，下载本书配套的资料包，准备好配套的开发套件，熟悉 GD32E2 杏仁派开发板的电路原理及各模块功能。

本 章 习 题

1．简述 GD32 与兆易创新和 ARM 公司的关系。

2．电源转换电路使用了一个蓝色 LED（PWR_LED）作为电源指示，请问如何通过万用表检测一个 LED 的正、负端？

3．LED 电路中的电阻（R_{123} 和 R_{124}）有什么作用？该电阻阻值的选取标准是什么？

4．电源转换电路中的 5V 电源网络能否使用 3.3V 电源网络？并解释原因。

5．什么是低压差线性稳压电源？请结合 AMS1117-3.3 的数据手册，简述低压差线性稳压电源的特点。

6．低压差线性稳压电源的输入端和输出端均有电容（C_{106}、C_{107}、C_{105}），请解释这些电容的作用。

7．开发板上的测试点有什么作用？哪些点需要添加测试点？请举例说明。

8．独立按键电路中的电容有什么作用？

9．独立按键电路为什么要通过一个电阻连接到 3.3V 电源网络，而不直接连接到 3.3V 电源网络？

第 2 章 基准工程

本书所有实验均基于 Keil μVision5.30 开发环境，在开始 GD32 微控制器程序设计之前，本章先以一个基准工程的创建为例，分 16 个步骤对 Keil 软件的使用，以及工程的编译和程序下载进行介绍。读者通过对本章的学习，主要掌握软件的使用和工具的操作，不需要深入理解代码。

2.1 实 验 内 容

通过学习本实验原理，按照实验步骤创建和编译工程，最后将编译生成的 .hex 和.axf 文件下载到 GD32E2 杏仁派开发板，验证以下基本功能：两个 LED（编号为 LED_1 和 LED_2）每 500ms 交替闪烁；计算机上的串口助手每秒输出一次字符串。

2.2 实 验 原 理

2.2.1 寄存器与固件库

GD32 刚刚面世时就有配套的固件库，基于固件库进行微控制器程序开发十分便捷、高效。然而，在微控制器面世之初，嵌入式开发人员更习惯使用寄存器，很少使用固件库。究竟是基于寄存器开发更快捷还是基于固件库开发更快捷，曾引起了非常激烈的讨论。然而，随着 STM32 固件库的不断完善和普及，越来越多的嵌入式开发人员开始接受并适应基于固件库这种高效率的开发模式。

什么是寄存器开发模式？什么是固件库开发模式？为了便于理解这两种不同的开发模式，下面以日常生活中熟悉的开汽车为例，从芯片设计者的角度来解释。

1. 如何开汽车

开汽车实际上并不复杂，只要能够协调好变速箱（Gear）、油门（Speed）、刹车（Brake，又称制动器）和转向盘（Wheel），基本上就掌握了开汽车的要领。启动车辆时，首先将变速箱从驻车挡切换到前进挡，然后松开刹车紧接着踩油门，需要加速时，将油门踩得深一些，需要减速时，油门适当松开一些。需要停车时，先松开油门，然后踩刹车，在车停稳之后将变速箱从前进挡切换到驻车挡。当然，实际开汽车还需要考虑更多的因素，本例仅为了形象地解释寄存器和固件库开发模式而将其简化了。

2. 汽车芯片

要设计一款汽车芯片，除了 CPU、ROM、RAM 和其他常用外设（如 CMU、PMU、Timer、UART 等），还需要一个汽车控制单元（CCU），如图 2-1 所示。

为了实现对汽车的控制，即控制变速箱、油门、刹车和转向盘，还需要进一步设计与汽车控制单元相关的 4 个寄存器，分别是变速箱控制寄存器（CCU_GEAR）、油门控制寄存器（CCU_SPEED）、刹车控制寄存器（CCU_BRAKE）和转向盘控制寄存器（CCU_WHEEL），如图 2-2 所示。

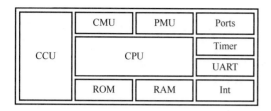

图 2-1　汽车芯片结构图 1

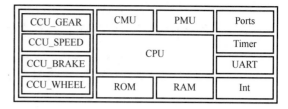

图 2-2　汽车芯片结构图 2

3. 汽车控制单元寄存器（寄存器开发模式）

通过向汽车控制单元寄存器写入不同的值即可实现对汽车的操控，因此首先需要了解这些寄存器的每一位具体的含义是什么，表 2-1 给出了汽车控制单元（CCU）的寄存器地址映射和复位值。

表 2-1　CCU 的寄存器地址映射和复位值

偏移	寄存器	31	30	...	9	8	7	6	5	4	3	2	1	0
00h	CCU_GEAR	保留										GEAR[2:0]		
	复位值											0	0	0
04h	CCU_SPEED	保留					SPEED[7:0]							
	复位值						0	0	0	0	0	0	0	0
08h	CCU_BRAKE	保留					BRAKE[7:0]							
	复位值						1	1	1	1	1	1	1	1
0Ch	CCU_WHEEL	保留					WHEEL[7:0]							
	复位值						0	1	1	1	1	1	1	1

下面依次解释说明变速箱控制寄存器（CCU_GEAR）、油门控制寄存器（CCU_SPEED）、刹车控制寄存器（CCU_BRAKE）和转向盘控制寄存器（CCU_WHEEL）的结构和功能。

1）变速箱控制寄存器（CCU_GEAR）

CCU_GEAR 的结构如图 2-3 所示，对 CCU_GEAR 部分位的解释说明如表 2-2 所示。

图 2-3　CCU_GEAR 的结构

表 2-2　CCU_GEAR 部分位的解释说明

位	名　称	描　述
位 2:0	GEAR[2:0]	挡位选择。000：PARK（驻车挡）；001：REVERSE（倒车挡）；010：NEUTRAL（空挡）；011：DRIVE（前进挡）；100：LOW（低速挡）

2）油门控制寄存器（CCU_SPEED）

CCU_SPEED 的结构如图 2-4 所示，对 CCU_SPEED 部分位的解释说明如表 2-3 所示。

图 2-4　CCU_SPEED 的结构

表 2-3　CCU_SPEED 部分位的解释说明

位	名　称	描　述
位 7:0	SPEED[7:0]	油门选择。0 表示未踩油门，255 表示将油门踩到底

3）刹车控制寄存器（CCU_BRAKE）

CCU_BRAKE 的结构如图 2-5 所示，对 CCU_BRAKE 部分位的解释说明如表 2-4 所示。

图 2-5　CCU_BRAKE 的结构

表 2-4　CCU_BRAKE 部分位的解释说明

位	名　　称	描　　述
位 7:0	BRAKE[7:0]	刹车选择。0 表示未踩刹车，255 表示将刹车踩到底

4）转向盘控制寄存器（CCU_WHEEL）

CCU_WHEEL 的结构如图 2-6 所示，对 CCU_WHEEL 部分位的解释说明如表 2-5 所示。

图 2-6　CCU_WHEEL 的结构

表 2-5　CCU_WHEEL 部分位的解释说明

位	名　　称	描　　述
位 7:0	WHEEL[7:0]	方向选择。0 表示转向盘向左转到底，255 表示转向盘向右转到底

完成汽车芯片设计之后，就可以借助一款合适的集成开发环境（如 Keil 或 IAR）来编写程序，通过向汽车芯片中的寄存器写入不同的值来实现对汽车的操控，这种开发模式称为寄存器开发模式。

4．汽车芯片固件库（固件库开发模式）

寄存器开发模式对于一款功能简单的芯片（如 51 单片机，只有二三十个寄存器），开发起来比较容易。但是，当今市面上主流的微控制器芯片功能都非常强大，如 GD32 微控制器，其寄存器个数为几百甚至更多，而且每个寄存器又有很多功能位，寄存器开发模式就比较复杂。为了方便工程师更好地读/写这些寄存器，提升开发效率，芯片制造商通常会设计一套完整的固件库，通过固件库来读/写芯片中的寄存器，这种开发模式称为固件库开发模式。

例如，设计汽车控制单元的 4 个固件库函数分别是变速箱控制函数 SetCarGear、油门控制函数 SetCarSpeed、刹车控制函数 SetCarBrake 和转向盘控制函数 SetCarWheel，定义如下：

```
int SetCarGear(Car_TypeDef* CAR, int gear);
int SetCarSpeed(Car_TypeDef* CAR, int speed);
int SetCarBrake(Car_TypeDef* CAR, int brake);
int SetCarWheel(Car_TypeDef* CAR, int wheel);
```

由于以上 4 个函数的功能比较类似，下面重点介绍 SetCarGear 函数的功能及实现。

1）SetCarGear 函数的描述

SetCarGear 函数的功能是根据 Car_TypeDef 中指定的参数设置挡位，通过向 CAR_GEAR 写入参数来实现的。具体描述如表 2-6 所示。

表 2-6　SetCarGear 函数的描述

函 数 名	SetCarGear
函 数 原 型	int SetCarGear(Car_TypeDef* CAR, CarGear_TypeDef gear)
功 能 描 述	根据 Car_TypeDef 中指定的参数设置挡位
输入参数 1	CAR：指向 CAR 寄存器组的首地址
输入参数 2	gear：具体的挡位
输 出 参 数	无
返 回 值	设定的挡位是否有效（FALSE 为无效，TRUE 为有效）

Car_TypeDef 定义如下：

```
typedef struct
{
  __IO uint32_t GEAR;
  __IO uint32_t SPEED;
  __IO uint32_t BRAKE;
  __IO uint32_t WHEEL;
}Car_TypeDef;
```

CarGear_TypeDef 定义如下：

```
typedef enum
{
  Car_Gear_Park = 0,
  Car_Gear_Reverse,
  Car_Gear_Neutral,
  Car_Gear_Drive,
  Car_Gear_Low
}CarGear_TypeDef;
```

2）SetCarGear 函数的实现

SetCarGear 函数的实现代码如程序清单 2-1 所示，通过将参数 gear 写入 CAR_GEAR 来实现。返回值用于判断设定的挡位是否有效，当设定的挡位为 0～4 时，即为有效挡位，返回值为 TRUE；当设定的挡位不为 0～4 时，即为无效挡位，返回值为 FALSE。

程序清单 2-1

```
int SetCarGear(Car_TypeDef* CAR, int gear)
{
  int valid = FALSE;

  if(0 <= gear && 4 >= gear)
  {
    CAR_GEAR = gear;
    valid = TRUE;
  }

  return valid;
}
```

通过前面的介绍，相信读者对寄存器开发模式和固件库开发模式，以及这两种开发模式之间的关系有了一定的了解。无论是寄存器开发模式还是固件库开发模式，实际上最终都要配置寄存器，只不过寄存器开发模式是直接读/写寄存器，而固件库开发模式是通过固件库函数间接读/写寄存器。固件库的本质是建立一个新的软件抽象层，因此，固件库开发的优点是基于分层开发带来的高效性，缺点也是由于分层开发导致的资源浪费。

嵌入式开发从最早的基于汇编语言，到基于 C 语言，再到基于操作系统，实际上是一种基于分层的进化；而 GD32 作为高性能的微控制器，其固件库导致的资源浪费远不及它所带来的高效性。因此，我们应该适应基于固件库的先进的开发模式。当然，很多读者会有这样的疑惑：基于固件库的开发是否需要深入学习寄存器？这个疑惑实际上很早就有答案了，比如，我们使用 C 语言开发某一款微控制器，为了设计出更加稳定的系统，还是非常有必要了解汇编指令的。同理，基于操作系统开发，也有必要熟悉操作系统的底层运行机制。兆易创新提供的固件库编写的代码非常规范，注释也比较清晰，读者完全可以通过追踪底层代码来研究固件库是如何读/写寄存器的。

2.2.2　Keil 编辑和编译及程序下载过程

GD32 的集成开发环境有很多种，本书使用的是 Keil。通常，我们会使用 Keil 建立工程、编写程序；然后，编译工程并生成二进制或十六进制文件；最后，将二进制或十六进制文件下载到 GD32 微控制器上运行。但是，整个编译和下载过程究竟做了哪些操作？编译过程到底生成了什么样的文件？编译过程到底使用了哪些工具？下载又使用了哪些工具？下面将对这些问题进行解答。

1．Keil 编辑和编译过程

Keil 编辑和编译过程与其他集成开发环境类似（见图 2-7），分为以下 4 个步骤：①创建工程，并编辑程序，程序分为 C/C++代码（存放于.c 文件）和汇编代码（存放于.s 文件）；②通过编译器 armcc 对.c 文件进行编译，通过编译器 armasm 对.s 文件进行编译，这两种文件编译之后，都会生成一个对应的目标程序（.o 文件），.o 文件的内容主要是从源文件编译得到的机器码，包含代码、数据及调试使用的信息；③通过链接器 armlink 将各个.o 文件

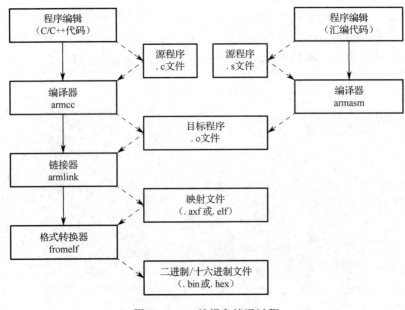

图 2-7　Keil 编辑和编译过程

及库文件链接生成一个映射文件（.axf 或.elf 文件）；④通过格式转换器 fromelf 将.axf 或.elf 文件转换成二进制文件（.bin 文件）或十六进制文件（.hex 文件）。编译过程中使用到的编译器 armcc、armasm，以及链接器 armlink 和格式转换器 fromelf 均位于 Keil 的安装目录下，如果 Keil 默认安装在 C 盘，这些工具就存放在 C:\Keil_v5\ARM\ARMCC\bin 目录下。

2. 程序下载过程

通过 Keil 生成的映射文件（.axf 或.elf）或二进制/十六进制文件（.bin 或.hex），可以使用不同的工具将其下载到 GD32 微控制器上的 Flash 中。上电后，系统会将 Flash 中的文件加载到片上 SRAM，运行整个代码。

本书使用了两种下载程序的方法：第一种方法是使用 Keil 将.axf 文件通过 GD-Link 下载到 GD32 微控制器上的 Flash 中；第二种方法是使用 GigaDevice MCU ISP Programmer 将.hex 文件通过串口下载到 GD32 微控制器上的 Flash 中。

图 2-8 Keil 工程模块分组

2.2.3 GD32 工程模块名称及说明

本书所有实验在 Keil 集成开发环境中建立完成后，工程模块分组均如图 2-8 所示。项目按照模块被分为 App、Alg、HW、OS、TPSW、FW 和 ARM。

GD32 工程模块名称及说明如表 2-7 所示。

表 2-7 GD32 工程模块名称及说明

模 块	名 称	说 明
App	应用层	应用层包括 Main、硬件应用和软件应用文件
Alg	算法层	算法层包括项目算法相关文件，如心电算法文件等
HW	硬件驱动层	硬件驱动层包括 GD32 微控制器的片上外设驱动文件，如 UART0、Timer 等
OS	操作系统层	操作系统层包括第三方操作系统，如 μC/OS III、FreeRTOS 等
TPSW	第三方软件层	第三方软件层包括第三方软件，如 STemWin、FatFs 等
FW	固件库层	固件库层包括与 GD32 微控制器相关的固件库，如 gd23e230_gpio.c 和 gd32e230_gpio.h 文件
ARM	ARM 内核层	ARM 内核层包括启动文件、NVIC、SysTick 等与 ARM 内核相关的文件

2.2.4 相关参考资料

在 GD32 微控制器系统设计过程中，有许多资料可供参考。如 GD32E2 杏仁派开发板的主控芯片型号为 GD32E230C8T6，对应的常用参考资料有：《GD32E230xx 数据手册》《GD32E23x 用户手册（中文版）》《GD32E23x 用户手册（英文版）》《GD32E23x 固件库使用手册》等，这些资料存放在本书配套资料包的"09.参考资料"文件夹下，下面对这些参考资料进行简单的介绍。

1.《GD32E230xx 数据手册》

该手册是 GD32E230xx 系列芯片的数据手册。在开发过程中，选好某一款具体的芯片之后，就需要了解该芯片的主功能引脚定义、默认复用引脚定义、电气特性和封装信息等，读者可以通过该手册查询到这些信息。

2.《GD32E23x 用户手册（中文版）》

该手册是 GD32E23x 系列芯片的用户手册（中文版），主要对 GD32E23x 系列微控制器的外设，如存储器、FMC、RCU、EXTI、GPIO、DMA、DBG、ADC、FWDGT、WWDGT、RTC、TIMER、USART、I²C 和 SPI 等进行介绍，包括各个外设的架构、工作原理、特性及寄存器等。读者在开发过程中会频繁使用到该手册，尤其是查阅某个外设的工作原理和相关寄存器时。

3.《GD32E23x 用户手册（英文版）》

GD32E23x 系列芯片的用户手册（英文版）。

4.《GD32E23x 固件库使用指南》

该指南是 GD32E23x 系列芯片的固件库使用指南。固件库实际上就是读/写寄存器的一系列函数集合，该指南包含了这些固件库函数的使用说明文档，包括封装寄存器的结构体说明、固件库函数说明、固件库函数参数说明，以及固件库函数使用实例等。读者不需要记住这些固件库函数，只需要在 GD32 微控制器开发过程中遇到不清楚的固件库函数时，能够翻阅之后解决问题即可。

本书的每个实验涉及的上述资料均已汇总在每章的"实验原理"一节，因此，读者在开展每章实验时，只需要借助本书和一套 GD32E2 杏仁派开发板，便可大胆踏上学习 GD32 微控制器之路。由于本书是 GD32 微控制器入门书籍，读者在开展本书以外的实验时，遇到书中未涉及的知识点，需要查看以上手册，或者翻阅其他书籍，或借助网络资源。

2.3　实验步骤与代码解析

步骤 1：新建存放工程的文件夹

在计算机的 D 盘下建立一个 GD32E2KeilTest 文件夹，将本书配套资料包的"04.例程资料\Material"文件夹复制到 GD32E2KeilTest 文件夹中，然后在 GD32E2KeilTest 文件夹中新建一个 Product 文件夹。当然，工程保存的文件夹路径读者可以自行选择，不一定放在 D 盘中，但是完整的工程保存的文件夹及命名一定要严格按照要求进行，从细微之处养成良好的规范习惯。

步骤 2：复制和新建文件夹

首先，在 D:\GD32E2KeilTest\Product 文件夹中新建一个名为"01.BaseProject"的文件夹；其次，将"D:\GD32E2KeilTest\Material\01.BaseProject"文件夹中的所有文件夹和文件（包括 Alg、App、ARM、FW、HW、OS、TPSW、readme.txt）复制到"D:\GD32E2KeilTest\Product\01.BaseProject"文件夹中；最后，在"D:\GD32E2KeilTest\Product\01.BaseProject"文件夹中新建一个 Project 文件夹。

步骤 3：新建一个工程

打开 Keil μVision5 软件，执行菜单命令 Project→New μVision Project，在弹出的 Create New Project 对话框中，工程路径选择"D:\GD32E2KeilTest\Product\01.BaseProject\Project"，将工程命名为 GD32KeilPrj，单击"保存"按钮，如图 2-9 所示。

步骤 4：选择对应的微控制器型号

在弹出的如图 2-10 所示的 Select Device for Target 'Target 1'…对话框中，选择对应的微控制器型号。由于开发板上微控制器的型号是 GD32E230C8T6，所以选择 GD32E230C8，然后单击 OK 按钮。

图 2-9　新建一个工程

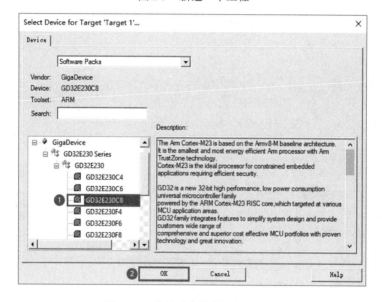

图 2-10　选择对应的微控制器型号

步骤 5：关闭 Manage Run-Time Environment

由于本书使用到微控制器软件接口标准（Cortex Microcontroller Software Interface Standard，CMSIS），因此，在弹出的如图 2-11 所示的 Manage Run-Time Environment 对话框中，先展开 CMSIS 选项，然后在 Sel 一栏中勾选 CORE 对应的选项，最后单击 OK 按钮保存设置并关闭对话框。

步骤 6：删除原有分组并新建分组

关闭 Manage Run-Time Environment 对话框之后，一个简单的工程创建即完成，工程名为 GD32KeilPrj。可以在 Keil 软件界面的左侧看到，Target1 下有一个 Source Group1 分组，这里需要将已有的分组删除，并添加新的分组。首先，单击工具栏中的 🔨 按钮，如图 2-12 所示，在 Project Items 标签页中单击 Groups 栏中的 ✕ 按钮，删除 Source Group 1 分组。

接着，在 Manage Project Items 对话框的 Project Items 标签页中，在 Groups 栏中单击 按钮，依次添加 App、Alg、HW、OS、TPSW、FW 和 ARM 分组，如图 2-13 所示。注意，可以通过单击上、下箭头按钮调整分组的顺序。

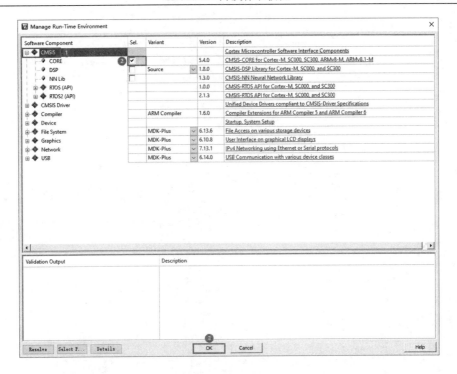

图 2-11　设置 Manage Run-Time Environment

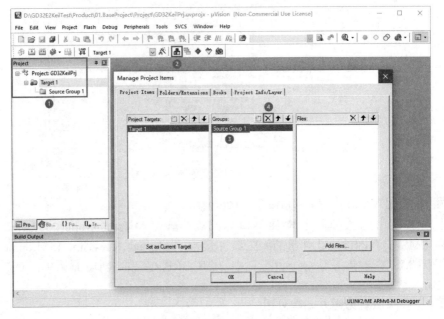

图 2-12　删除原有的 Source Group1 分组

步骤 7：向分组添加文件

如图 2-14 所示，在 Manage Project Items 对话框的 Groups 栏，单击选择 App，然后单击 Add Files 按钮。在弹出的 Add Files to Group 'App'对话框中，查找范围选择 "D:\GD32E2KeilTest\ Product\01.BaseProject\App\Main"。接着单击选择 Main.c 文件，最后单击 Add 按钮，将 Main.c 文件添加到 App 分组。注意，也可以在 Add Files to Group 'App'对话框中通过双击 Main.c 文件向 App 分组添加该文件。

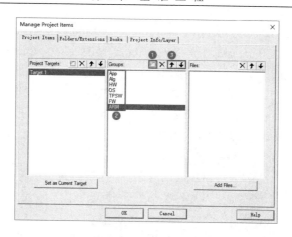

图 2-13　添加新分组

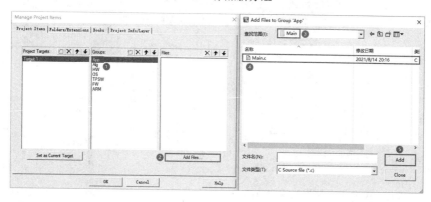

图 2-14　向 App 分组添加 Main.c 文件

用同样的方法，将"D:\GD32E2KeilTest\Product\01.BaseProject\App\LED"路径下的 LED.c 文件添加到 App 分组，完成 App 分组文件添加后的效果如图 2-15 所示。

将"D:\GD32E2KeilTest\Product\01.BaseProject\HW\RCU"路径下的 RCU.c 文件、"D:\GD32E2KeilTest\Product\01.BaseProject\HW\Timer"路径下的 Timer.c 文件、"D:\GD32E2KeilTest\Product\01.BaseProject\HW\UART0"路径下的 Queue.c 文件和 UART0.c 文件分别添加到 HW 分组，完成 HW 分组文件添加后的效果如图 2-16 所示。

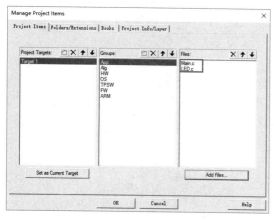

图 2-15　完成 App 分组文件添加后的效果

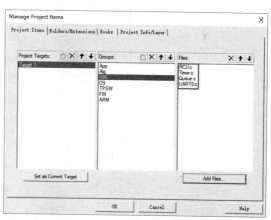

图 2-16　完成 HW 分组文件添加后的效果

将 "D:\GD32E2KeilTest\Product\01.BaseProject\FW\Source" 路径下的 gd32e230_fmc.c、gd32e230_gpio.c、gd32e230_misc.c、gd32e230_rcu.c、gd32e230_timer.c、gd32e230_usart.c 文件添加到 FW 分组，完成 FW 分组文件添加后的效果如图 2-17 所示。

将 "D:\GD32E2KeilTest\Product\01.BaseProject\ARM\System" 路径下的 gd32e230_it.c、system_gd32e230.c、startup_gd32e230.s 文件添加到 ARM 分组，再将 "D:\GD32E2KeilTest\Product\01.BaseProject\ARM\NVIC" 路径下的 NVIC.c 文件和 "D:\GD32E2KeilTest\Product\01.BaseProject\ARM\SysTick" 路径下的 SysTick.c 文件添加到 ARM 分组，完成 ARM 分组文件添加后的效果如图 2-18 所示，单击 OK 按钮保存所有设置。注意，向 ARM 分组添加 startup_gd32e230.s 文件时，需要在 "文件类型" 下拉菜单中选择 Asm Source file 或 All files。

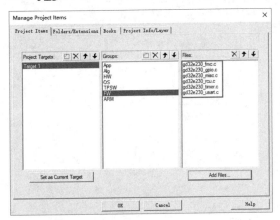
图 2-17　完成 FW 分组文件添加后的效果

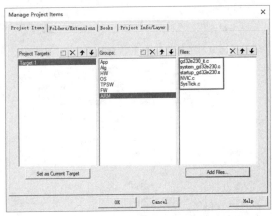
图 2-18　完成 ARM 分组文件添加后的效果

步骤 8：勾选 Use MicroLIB 项

为了方便调试，本书在很多地方都使用了 printf 语句。在 Keil 中使用 printf 语句，需要勾选 Use MicroLIB 项，如图 2-19 所示。首先单击工具栏中的 按钮，然后在弹出的 Options for Target 'Target1'对话框中单击 Target 标签页，最后勾选 Use MicroLIB 项。

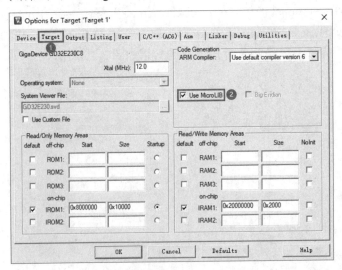
图 2-19　勾选 Use MicroLIB 项

步骤 9：勾选 Create HEX File 项

通过 GD-Link 既可以下载.hex 文件，也可以下载.axf 文件到 GD32 微控制器的内部 Flash。Keil 默认编译时不生成.hex 文件，如果需要生成.hex 文件，则需要勾选 Create HEX File 项。如图 2-20 所示，首先单击工具栏中的 按钮，然后在弹出的 Options for Target 'Target1'对话框中单击 Output 标签页，最后勾选 Create HEX File 项。注意，通过 GD-Link 下载.hex 文件一般要使用 GD-Link Programmer 软件，限于篇幅，这里不再介绍，读者可以自行尝试通过 GD-Link 下载.hex 文件到 GD32E230C8T6 的内部 Flash。

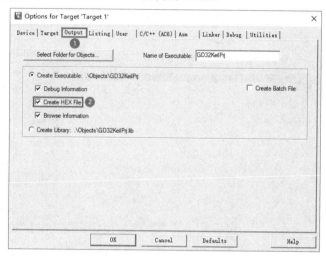

图 2-20　勾选 Create HEX File 项

步骤 10：添加宏定义和头文件路径

GD32 微控制器的固件库具有非常强的兼容性，通过宏定义就可以区分使用在不同型号的微控制器，而且可以通过宏定义选择是否使用标准库。如图 2-21 所示，首先，单击工具栏中的 按钮，在弹出的 Options for Target 'Target1'对话框中单击 C/C++标签页；然后，在 Define 栏中输入 GD32E230，表示使用的微控制器型号为 GD32E230xx 系列；最后，将 Warnings 级别设置为 AC5-like Warnings。

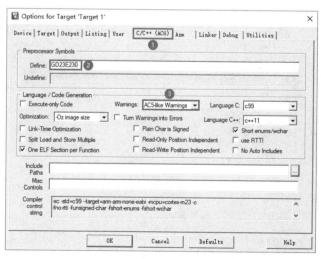

图 2-21　添加宏定义

添加完成分组中.c 文件和.s 文件后，还需要添加头文件路径，这里以添加 Main.h 头文件路径为例进行介绍。如图 2-22 所示，首先，单击工具栏中的 🛠 按钮；然后，在弹出的 Options for Target 'Target1'对话框中：①单击 C/C++（AC6）标签页；②单击"文件夹设定"按钮；③单击"新建路径"按钮；④将路径选择到"D:\GD32E2KeilTest\Product\01.BaseProject\App\Main"；⑤单击 OK 按钮。这样就可以完成 Main.h 头文件路径的添加。

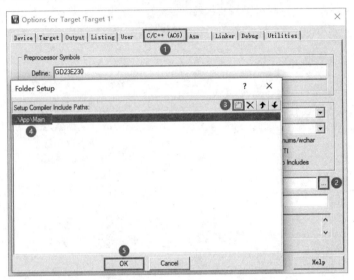

图 2-22　添加 Main.h 头文件路径

与添加 Main.h 头文件路径的方法类似，依次添加其他头文件路径"D:\GD32E2KeilTest\Product\01.BaseProject\App\LED""D:\GD32E2KeilTest\Product\01.BaseProject\App\DataType""D:\GD32E2KeilTest\Product\01.BaseProject\HW\RCU""D:\GD32E2KeilTest\Product\01.BaseProject\HW\Timer""D:\GD32E2KeilTest\Product\01.BaseProject\HW\UART0""D:\GD32E2KeilTest\Product\01.BaseProject\FW\Include""D:\GD32E2KeilTest\Product\01.BaseProject\ARM\NVIC""D:\GD32E2KeilTest\Product\01.BaseProject\ARM\System""D:\GD32E2KeilTest\Product\01.BaseProject\ARM\SysTick"。所有的头文件路径添加完成后的效果如图 2-23 所示，单击 OK 按钮保存设置。

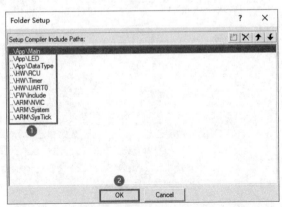

图 2-23　添加完所有头文件路径的效果

步骤 11：程序编译

完成以上步骤后，就可以对整个程序进行编译了。单击工具栏中的🔨（Rebuild）按钮对整个程序进行编译。当 Build Output 栏出现 "FromELF: creating hex file…" 时，表示已经成功生成.hex 文件，出现 "0 Error(s), 0 Warning(s)" 表示编译成功，如图 2-24 所示。

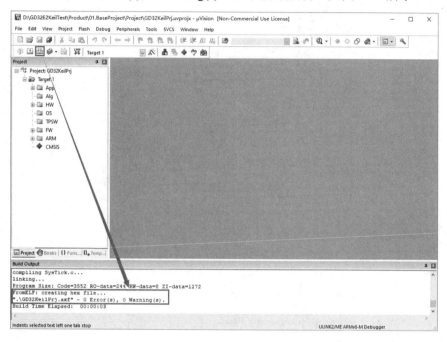

图 2-24　程序编译

步骤 12：通过 GD-Link 下载程序

取出开发套件中的两条 USB 转 Type-C 型连接线和 GD32E2 杏仁派开发板（将 OLED 显示屏插在开发板的 J_{105} 母座上）。将两条连接线的 Type-C 接口端接入开发板的通信-下载（编号为 USB_1）和 GD-LINK（编号为 USB_2）接口，然后将两条连接线的 USB 接口端均插到计算机的 USB 接口，如图 2-25 所示。

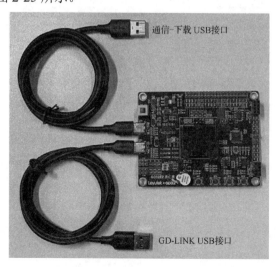

图 2-25　GD32E2 杏仁派开发板连接实物图

打开 Keil μVision5 软件, 如图 2-26 所示, 单击工具栏中的 ⚒ 按钮, 进入设置界面。

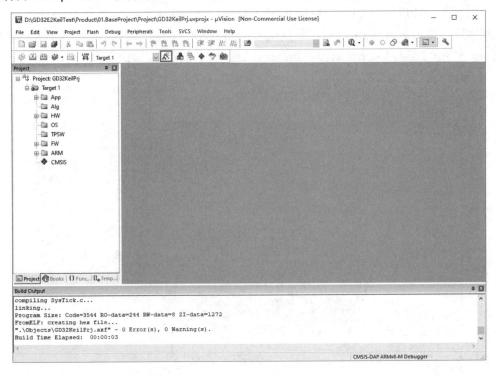

图 2-26　GD-Link 调试模式设置步骤 1

在弹出的 Options for Target 'Target1'对话框的 Debug 标签页中, 在 Use 后的下拉列表中选择 CMSIS-DAP ARMv8-M Debugger, 然后单击 Settings 按钮, 如图 2-27 所示。

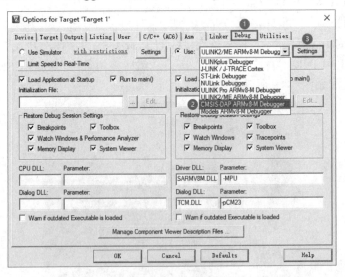

图 2-27　GD-Link 调试模式设置步骤 2

在弹出的 CMSIS-DAP ARMv8-M Target Driver Setup 对话框的 Debug 标签页中, 在 Port 下拉列表中选择 SW; 在 Max Clock 下拉列表中选择 1MHz, 如图 2-28 所示。

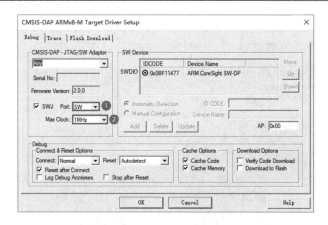

图 2-28　GD-Link 调试模式设置步骤 3

再打开 CMSIS-DAP ARMv8-M Target Driver Setup 对话框的 Flash Download 标签页，勾选 Reset and Run 项，最后单击 OK 按钮，如图 2-29 所示。

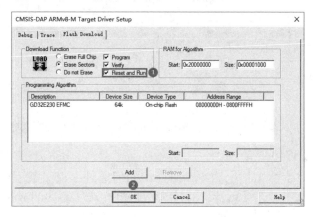

图 2-29　GD-Link 调试模式设置步骤 4

在 Options for Target 'Target 1'对话框的 Utilities 标签页中，勾选 Use Debug Driver 和 Update Target before Debugging 项，最后单击 OK 按钮，如图 2-30 所示。

图 2-30　GD-Link 调试模式设置步骤 5

GD-Link 调试模式设置完成后，确保 GD32E2 杏仁派开发板上的 GD-LINK 接口（USB$_2$）通过 USB 转 Type-C 型连接线连接到计算机之后，就可以在如图 2-31 所示的界面中单击工具栏中的 按钮，将程序下载到 GD32E230C8T6 微控制器的内部 Flash。下载成功后，在 Bulid Output 栏中会出现方框中所示内容。

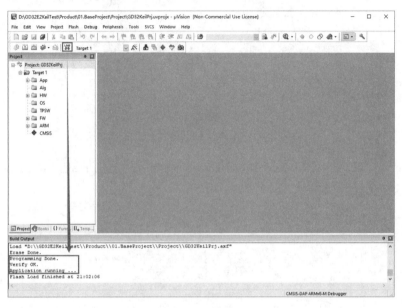

图 2-31 通过 GD-Link 向 GD32E2 杏仁派开发板下载程序成功界面

步骤 13：安装 CH340 驱动

图 2-32 安装 CH340 驱动

下面介绍如何通过串口下载程序。通过串口下载程序，还需要借助开发板上集成的通信-下载模块，因此，要先安装通信-下载模块驱动。

在本书配套资料包的"02.相关软件\CH340 驱动(USB 串口驱动)_XP_WIN7 共用"文件夹中，双击运行 SETUP.EXE，单击"安装"按钮，在弹出的 DriverSetup 对话框中单击"确定"按钮，如图 2-32 所示。

驱动安装成功后，将开发板上的通信-下载接口（USB$_1$）通过 USB 转 Type-C 型连接线连接到计算机，然后在计算机的设备管理器中找到 USB 串口，如图 2-33 所示。注意，串口号不一定是 COM3，每台计算机有可能会不同。

步骤 14：通过 GigaDevice MCU ISP Programmer 下载程序

在本书配套资料包的"02.相关软件\串口烧录工具\GigaDevice_MCU_ISP_Programmer_V3.0.2.5782_1"文件夹中找到并双击 GigaDevice MCU ISP Programmer.exe 软件，如图 2-34 所示。

在弹出的如图 2-35 所示的 GigaDevice ISP Programmer 3.0.2.5782 对话框中，Port Name 选择 COM3（需在设备管理器中查看串口号），Baut Rate 选择 57600，Boot Switch 选择 Automatic，Boot Option 选择 RTS 高电平复位，DTR 高电平进 Bootloader，最后单击 Next 按钮。

然后，在弹出的如图 2-36 所示的对话框中单击 Next 按钮。

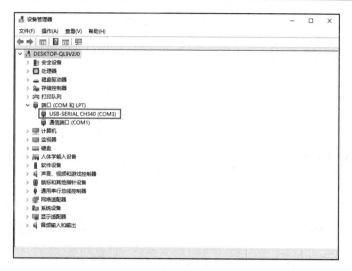

图 2-33 计算机设备管理器中显示 USB 串口信息

图 2-34 程序下载步骤 1

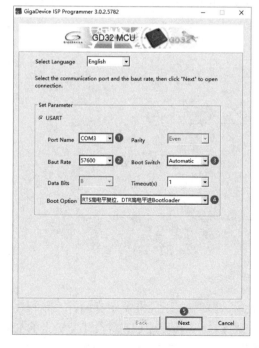

图 2-35 程序下载步骤 2

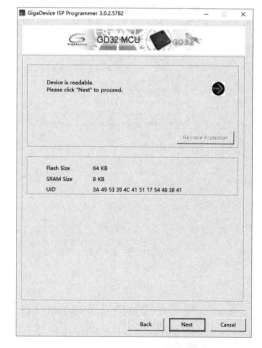

图 2-36 程序下载步骤 3

在弹出的如图 2-37 所示的对话框中单击 Next 按钮。

在弹出的如图 2-38 所示的对话框中，点选 Download to Device 项，然后单击 OPEN 按钮定位编译生成的.hex 文件。

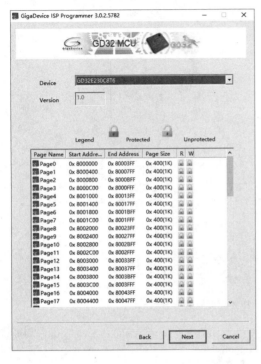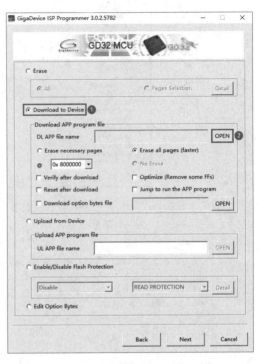

图 2-37　程序下载步骤 4　　　　　　　　　　　图 2-38　程序下载步骤 5

在 "D:\GD32E2KeilTest\Product\01.BaseProject\Project\Objects" 目录下，找到 GD32KeilPrj.hex 文件并单击 Open 按钮，如图 2-39 所示。

图 2-39　程序下载步骤 6

在图 2-38 所示对话框中单击 Next 按钮开始下载，出现如图 2-40 所示界面，表示程序下载成功。注意，使用 GigaDevice MCU ISP Programmer 成功下载程序后，需按开发板上的 RST 按键进行复位，程序才会运行。

步骤 15：通过串口助手查看接收数据

首先，确保在开发板的 J_{109} 排针上已用跳线帽分别将 U_TX 和 PA10 引脚、U_RX 和 PA9 引脚连接。然后，在本书配套资料包的"02.相关软件\串口助手"文件夹中找到并双击 sscom42.exe（串口助手软件），如图 2-41 所示。选择正确的串口号，波特率选择 115200，取消勾选"HEX 显示"项，然后单击"打开串口"按钮。当窗口中每秒输出一次"This is the first GD32E230 Project, by Zhangsan"时，表示实验成功。注意，实验完成后，在串口助手软件中先单击"关闭串口"按钮关闭串口，再断开 GD32E2 杏仁派开发板的电源。

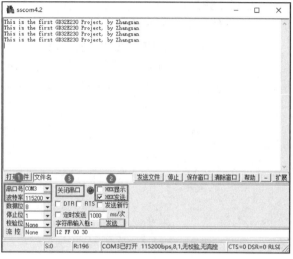

图 2-40　程序下载步骤 7　　　　　　　　　　图 2-41　串口助手操作步骤

步骤 16：查看 GD32E2 杏仁派开发板的工作状态

此时可以观察到开发板上电源指示灯（编号为 PWR_LED，蓝色）正常显示，绿色 LED（编号为 LED_1）和蓝色 LED（编号为 LED_2）每 500ms 交替闪烁，如图 2-42 所示。

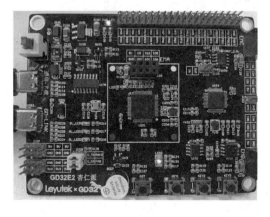

图 2-42　GD32E2 杏仁派开发板正常工作状态示意图

本 章 任 务

学习完本章后，严格按照程序设计的步骤，进行软件标准化设置、创建工程、编译并生成.hex 和.axf 文件、将程序下载到 GD32E2 杏仁派开发板，查看运行结果。

本 章 习 题

1．为什么要对 Keil 进行软件标准化设置？

2．GD32E2 杏仁派开发板上的主控芯片型号是什么？该芯片的内部 Flash 和内部 SRAM 的大小分别是多少？

3．在创建基准工程时使用了宏定义 GD32E230，该宏定义的作用是什么？

4．在创建基准工程时，为什么要勾选 Use MicroLIB 项？

5．在创建基准工程时，为什么要勾选 Create HEX File 项？

6．查找资料，总结.hex、.bin 和.axf 文件的区别。

第3章 串口电子钟

通过第 2 章的学习，初步掌握了工程的创建、编译和下载验证方法。本章将通过串口电子钟实验，介绍微控制器程序设计的基本思路和本书配套实验例程的程序架构，带领读者进入微控制器程序设计的世界。

3.1 实 验 内 容

本实验主要包括以下内容：①将 RunClock 模块添加至工程，并在应用层调用 RunClock 模块的 API 函数，实现基于 GD32E230C8T6 微控制器串口的电子钟功能；②将时钟的初始值设为 23:59:50，通过计算机上的串口助手每秒输出一次时间值，格式为 Now is xx:xx:xx；③将编译生成的.hex 或.axf 文件下载到 GD32E2 杏仁派开发板；④打开串口助手软件，查看电子钟运行是否正常。

3.2 实 验 原 理

3.2.1 RunClock 模块函数

RunClock 模块由 RunClock.h 和 RunClock.c 文件实现，这两个文件位于本书配套资料包的 "04.例程资料\Material\02.UARTClock\App\RunClock" 文件夹中。RunClock 模块有 6 个 API 函数，分别为 InitRunClock、RunClockPer2ms、PauseClock、GetTimeVal、SetTimeVal 和 DispTime，下面对这 6 个 API 函数进行介绍。

1．InitRunClock 函数

InitRunClock 函数的功能是初始化 RunClock 模块，通过对 s_iHour、s_iMin 和 s_iSec 这 3 个内部变量赋值 0 来实现。该函数的描述如表 3-1 所示。

2．RunClockPer2ms 函数

RunClockPer2ms 函数的功能是以 2ms 为最小单位运行时钟系统，该函数每执行 500 次，变量 s_iSec 递增一次。该函数的描述如表 3-2 所示。

表 3-1　InitRunClock 函数的描述

函 数 名	InitRunClock
函 数 原 型	void InitRunClock(void)
功 能 描 述	初始化 RunClock 模块
输 入 参 数	void
输 出 参 数	无
返 回 值	void

表 3-2　RunClockPer2ms 函数的描述

函 数 名 称	RunClockPer2ms
函 数 原 型	void RunClockPer2ms(void)
功 能 描 述	时钟计数，每 2ms 调用一次
输 入 参 数	void
输 出 参 数	无
返 回 值	void

3．PauseClock 函数

PauseClock 函数的功能是启动和暂停时钟。该函数的描述如表 3-3 所示。

表 3-3　PauseClock 函数的描述

函 数 名	PauseClock
函 数 原 型	void PauseClock(signed short flag)
功 能 描 述	实现时钟的启动和暂停
输 入 参 数	flag：时钟启动或暂停标志位。1：暂停时钟；0：启动时钟
输 出 参 数	无
返 回 值	void

例如，通过 PauseClock 函数暂停时钟运行的代码如下：

```
PauseClock(1);
```

4. GetTimeVal 函数

GetTimeVal 函数的功能是获取当前时间值，时间值的类型由 type 决定。该函数的描述如表 3-4 所示。

表 3-4　GetTimeVal 函数的描述

函 数 名	GetTimeVal
函 数 原 型	signed short GetTimeVal(unsigned char type)
功 能 描 述	获取当前的时间值
输 入 参 数	type：时间值的类型
输 出 参 数	无
返 回 值	获取到的当前时间值（小时、分钟或秒），类型由参数 type 决定

例如，通过 GetTimeVal 函数获取当前时间值的代码如下：

```
unsigned char hour;
unsigned char min;
unsigned char sec;
hour = GetTimeVal(TIME_VAL_HOUR);
min  = GetTimeVal(TIME_VAL_MIN);
sec  = GetTimeVal(TIME_VAL_SEC);
```

5. SetTimeVal 函数

SetTimeVal 函数的功能是根据参数 timeVal 设置当前的时间值，时间值的类型由 type 决定。该函数的描述如表 3-5 所示。

表 3-5　SetTimeVal 函数的描述

函 数 名	SetTimeVal
函 数 原 型	void SetTimeVal(unsigned char type, signed short timeVal)
功 能 描 述	设置当前的时间值
输 入 参 数	type：时间值的类型；timeVal：要设置的时间值类型
输 出 参 数	无
返 回 值	void

例如，通过 SetTimeVal 函数将当前时间设置为 23:59:50，代码如下：

```
SetTimeVal(TIME_VAL_HOUR, 23);
SetTimeVal(TIME_VAL_MIN, 59);
SetTimeVal(TIME_VAL_SEC, 50);
```

6. DispTime 函数

DispTime 函数的功能是根据参数 hour、min 和 sec 显示当前的时间，通过 printf 函数来实现。该函数的描述如表 3-6 所示。

表 3-6　DispTime 函数的描述

函 数 名	DispTime
函 数 原 型	void DispTime(signed short hour, signed short min, signed short sec)
功 能 描 述	显示当前的时间
输 入 参 数	hour：当前的小时值；min：当前的分钟值；sec：当前的秒值
输 出 参 数	无
返 回 值	void

例如，当前时间是 23:59:50，通过 DispTime 函数显示当前时间，代码如下：

```
DispTime(23, 59, 50);
```

3.2.2　函数调用框架

图 3-1 为本实验的函数调用框架，Timer 模块的 TIMER15 用于产生 2ms 标志位，TIMER16 用于产生 1s 标志位；Main 模块通过获取和清除 2ms、1s 标志位，实现 Proc2msTask 函数中的核心语句块每 2ms 执行一次，Proc1SecTask 函数中的核心语句块每 1s 执行一次。Main 模块调用 RunClock 模块中的 InitRunClock 函数初始化时钟的计数值，调用 PauseClock 函数启动时钟运行，通过 SetTimeVal 函数设置初始时间值；Proc2msTask 函数调用 RunClock 模块的 RunClockPer2ms 函数，实现 RunClock 模块内部静态变量 s_iHour/s_iMin/s_iSec 的计数功能，进而实现时钟的运行。时间显示是由 RunClock 模块中的 GetTimeVal 函数获取时钟计数值，再将计数值通过 DispTime 函数中的 printf 语句输出实现的，Proc1SecTask 函数每秒调用一次 DispTime 函数。

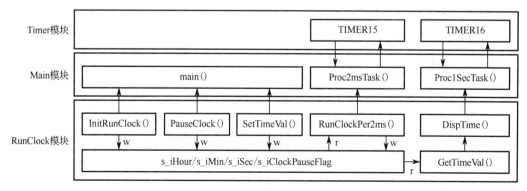

图 3-1　串口电子钟实验函数调用架构（r 表示读，w 表示写）

3.2.3 Proc2msTask 与 Proc1SecTask

Proc2msTask 和 Proc1SecTask 是本书经常用到的函数，它们的工作机制类似，下面以 Proc2msTask 函数为例说明。Proc2msTask 函数的实现代码如程序清单 3-1 所示。注意，需要每 2ms 执行一次的代码一定要放在 if 语句中。

程序清单 3-1

```
static  void  Proc2msTask(void)
{
  if(Get2msFlag())        //检查 2ms 标志位状态
  {
    //用户代码，此处代码 2ms 执行一次
    Clr2msFlag();         //清除 2ms 标志位
  }
}
```

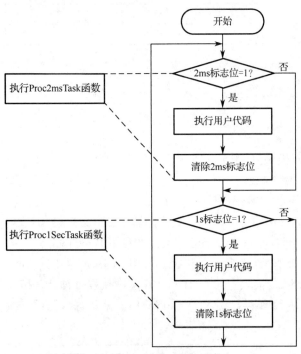

图 3-2 main 函数的 while 语句具体执行过程

Proc2msTask 函数在 main 函数的 while 语句中被调用，每隔几微秒执行一次，具体间隔取决于各中断服务函数及 Proc1SecTask 函数的执行时间。如果 Proc2msTask 函数约每 10μs 执行一次，Get2msFlag 函数用于读取 2ms 标志位的值并判断是否为 1，该标志位在 TIMER15 的中断服务函数中被置为 1，TIMER15 的中断服务函数每 2ms 执行一次，因此 2ms 标志位也是每 2ms 被置为 1 一次。如果 2ms 标志位为 1，则执行用户代码，执行完毕，清除 2ms 标志位，然后执行 Proc1SecTask 函数，接着继续判断 2ms 标志位；如果 2ms 标志位不为 1，则执行 Proc1SecTask 函数，然后继续判断 2ms 标志位。main 函数的 while 语句具体执行过程如图 3-2 所示。

3.2.4 程序架构

本实验的程序架构如图 3-3 所示，该图简要介绍了程序开始运行后各个函数的执行和调用流程，图中仅列出了与本实验相关的一部分函数。下面解释说明程序架构。

（1）在 main 函数中调用 InitHardware 函数进行硬件相关模块初始化，在 InitHardware 函数中对 RCU、NVIC、UART、定时器和 LED 等模块进行初始化，这些模块是实现本实验不可或缺的部分，在后续的实验中将会详细介绍，这里仅应用，不做说明。

（2）调用 InitSoftware 函数进行软件相关模块初始化。在 InitSoftware 函数中调用 InitRunClock 函数初始化 RunClock 模块，将小时、分钟、秒的计数值全部清零。

（3）调用 PauseClock 函数启动时钟，并通过 SetTimeVal 设置初始时间值，包括小时值、分钟值和秒值。

（4）调用 Proc2msTask 函数进行 2ms 任务处理，在该函数中调用 RunClockPer2ms 函数进行时钟计数，并调用 LEDFlicker 函数实现开发板上的两个 LED 交替闪烁。

（5）2ms 任务之后再调用 Proc1SecTask 函数进行 1s 任务处理，在该函数中，先通过 GetTimeVal 函数获取当前时间值，再调用 DispTime 函数将当前时间值通过串口助手打印出来。

（6）Proc2msTask 和 Proc1SecTask 均在 while 循环中调用，因此，Proc1SecTask 函数执行完后将再次执行 Proc2msTask 函数。循环调用上述函数，即可实现电子钟的功能。

在图 3-3 中，编号为①、②、⑥和⑨的函数在 Main.c 文件中声明和实现；编号为③、④、⑤、⑦、⑩和⑪的函数在 RunClock.h 文件中声明，在 RunClock.c 文件中实现；编号为⑧的 LEDFlicker 函数在 LED.h 文件中声明，在 LED.c 文件中实现，该函数的功能是使开发板上的 LED_1 和 LED_2 交替闪烁，具体实现原理将在第 4 章详细介绍。

本实验的主要目的是介绍微控制器程序设计的模块化思想，将实现某一具体功能的函数集成在一个模块中，并向外预留函数接口，通过包含该模块的头文件即可调用模块中的内部变量或函数等，再根据模块类型将模块置于对应的分组中。另外，通过本实验，还可以了解本书配套实验例程的基本程序架构，模块的初始化在 Main 模块的 InitHardware 和 InitSoftware 函数中进行，前者用于初始化硬件相关模块，后者用于初始化软件相关模块，需要循环调用的函数则置于 Proc2msTask 或 Proc1SecTask 函数中，还可以通过对 2ms 进行计数来自定义函数的调用周期。

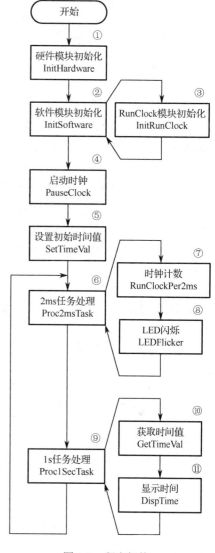

图 3-3　程序架构

掌握微控制器程序设计的模块化思想十分重要，模块化的程序不仅有利于开发，还便于后期维护。模块化的设计思想结合实验例程固定的程序架构，可以使初学者快速掌握微控制器程序开发要领。

3.3　实验步骤与代码解析

步骤 1：复制并编译原始工程

首先，将"D:\GD32E2KeilTest\Material\02.UARTClock"文件夹复制到"D:\GD32E2KeilTest\Product"文件夹中。然后，双击运行"D:\GD32E2KeilTest\Product\02.UARTClock\Project"文件夹中的 GD32KeilPrj.uvprojx，单击工具栏中的🔲按钮，进行编译。当 Build Output 栏中出现

"FromELF: creating hex file…" 时，表示已经成功生成.hex 文件，出现 "0 Error(s), 0 Warnning(s)" 表示编译成功。最后，将.axf 文件下载到 GD32E230C8T6 芯片的内部 Flash，按下 GD32E2 杏仁派开发板上的 RST 按键进行复位，观察开发板上的两个 LED 是否交替闪烁，同时打开串口助手，观察是否每秒输出一次 "This is the first GD32E230 Project, by Zhangsan"。如果两个 LED 交替闪烁、串口助手正常输出字符串，表示原始工程正确，可以进入下一步操作。

步骤 2：添加 RunClock 文件对

首先，将 "D:\GD32E2KeilTest\Product\02.UARTClock\App\RunClock" 文件夹中的 RunClock.c 添加到 App 分组。然后，将 "D:\GD32E2KeilTest\Product\02.UARTClock\App\RunClock" 路径添加到 Include Paths 栏。

步骤 3：完善串口电子钟应用层

在 Project 面板中，双击打开 Main.c 文件，在 Main.c 文件的 "包含头文件" 区的最后，添加代码#include "RunClock.h"，如程序清单 3-2 所示。这样就可以在 Main.c 文件中调用 RunClock 模块的枚举和 API 函数等，实现对 RunClock 模块的操作。

程序清单 3-2

```
/**********************************************************************
*                          包含头文件
**********************************************************************/
#include "Main.h"
#include "DataType.h"
#include "gd32e230x_conf.h"
#include "NVIC.h"
#include "SysTick.h"
#include "RCU.h"
#include "Timer.h"
#include "UART0.h"
#include "LED.h"
#include "RunClock.h"
```

在 Main.c 文件的 InitSoftware 函数中，添加调用 InitRunClock 函数的代码，如程序清单 3-3 所示，这样就实现了对 RunClock 模块的初始化。

程序清单 3-3

```
/**********************************************************************
* 函数名称：InitSoftware
* 函数功能：所有与软件相关的模块初始化函数都放在此函数中
* 输入参数：void
* 输出参数：void
* 返 回 值：void
* 创建日期：2021 年 07 月 01 日
* 注    意：
**********************************************************************/
static void InitSoftware(void)
{
  InitRunClock();            //初始化 RunClock 模块
}
```

在 Main.c 文件的 Proc2msTask 函数中，添加调用 RunClockPer2ms 函数的代码，如程序清单 3-4 所示。再次强调，一定要将调用 RunClockPer2ms 函数的代码放在 if 语句中，这样才表示 RunClockPer2ms 函数每 2ms 执行一次。

程序清单 3-4

```
/************************************************************************
* 函数名称：Proc2msTask
* 函数功能：2ms 处理任务
* 输入参数：void
* 输出参数：void
* 返 回 值：void
* 创建日期：2021 年 07 月 01 日
* 注    意：
************************************************************************/
static  void  Proc2msTask(void)
{
  if(Get2msFlag())            //判断 2ms 标志位状态
  {
    RunClockPer2ms();         //每 2ms 运行一次该函数

    LEDFlicker(250);          //调用闪烁函数

    Clr2msFlag();             //清除 2ms 标志位
  }
}
```

实验要求每秒输出一次时间，因此，需要在 Main.c 文件的 Proc1SecTask 函数中添加调用 DispTime 函数的代码。DispTime 函数的参数包括小时、分钟、秒，需要先定义 hour、min 和 sec 时间值变量，然后通过 GetTimeVal 函数获取这 3 个时间值，代码如程序清单 3-5 所示。这样即可实现每秒获取一次时间值（包括小时、分钟、秒），并通过微控制器的串口发送到计算机的串口助手显示出来。由于 DispTime 函数是通过串口输出时间的，因此需要注释掉 if 语句中的 printf 语句。

程序清单 3-5

```
/************************************************************************
* 函数名称：Proc1SecTask
* 函数功能：1s 处理任务
* 输入参数：void
* 输出参数：void
* 返 回 值：void
* 创建日期：2021 年 07 月 01 日
* 注    意：
************************************************************************/
static  void  Proc1SecTask(void)
{
  signed short hour;
  signed short min;
  signed short sec;
```

```
  if(Get1SecFlag())                                    //判断 1s 标志位状态
  {
    //printf("This is the first GD32E230 Project, by Zhangsan\r\n");

    hour = GetTimeVal(TIME_VAL_HOUR);
    min  = GetTimeVal(TIME_VAL_MIN);
    sec  = GetTimeVal(TIME_VAL_SEC);

    DispTime(hour, min, sec);

    Clr1SecFlag();                                     //清除 1s 标志位
  }
}
```

在 main 函数中，添加调用 PauseClock 和 SetTimeVal 函数的代码，如程序清单 3-6 所示。PauseClock 函数用于启动和暂停时钟，SetTimeVal 函数用于设置初始时间值。根据实验要求，将初始时间设定为 23：59：50，然后通过 PauseClock 函数启动时钟。

程序清单 3-6

```
/*********************************************************************************
* 函数名称: main
* 函数功能: 主函数
* 输入参数: void
* 输出参数: void
* 返 回 值: int
* 创建日期: 2021 年 07 月 01 日
* 注    意:
*********************************************************************************/
int main(void)
{
  InitHardware();                                      //初始化硬件相关函数
  InitSoftware();                                      //初始化软件相关函数

  printf("Init System has been finished.\r\n" );       //打印系统状态

  PauseClock(FALSE);
  SetTimeVal(TIME_VAL_HOUR, 23);
  SetTimeVal(TIME_VAL_MIN, 59);
  SetTimeVal(TIME_VAL_SEC, 50);

  while(1)
  {
    Proc2msTask();                                     //2ms 处理任务
    Proc1SecTask();                                    //1s 处理任务
  }
}
```

步骤 4：编译及下载验证

代码编写完成后，单击 ▦ 按钮进行编译。编译结束后，Build Output 栏中出现 "0 Error(s)，0 Warning(s)"，表示编译成功。然后，参见图 2-31，通过 Keil μVision5 软件将.axf 文件下载到 GD32E2 杏仁派开发板。下载完成后，确保在开发板的 J₁₀₉ 排针上，已用跳线帽分别将 U_TX 和 PA10 引脚、U_RX 和 PA9 引脚连接。打开串口助手，可以看到时间值每秒输出一次，格式为 Now is xx:xx:xx，如图 3-4 所示。同时，可以看到开发板上的 LED₁ 和 LED₂ 交替闪烁，表示实验成功。注意，下载完成后，时钟即开始从初始值计数，而打开串口助手后，将从当前时钟值开始打印，因此，在打开串口之前的时钟值将无法打印。

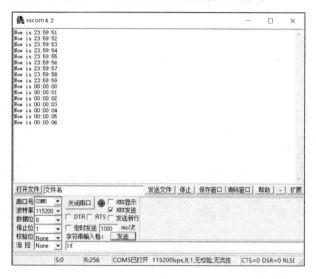

图 3-4　串口电子钟实验结果

本 章 任 务

2021 年共有 365 天，将 2021 年 1 月 1 日作为计数起点，即计数 1，将 2021 年 12 月 31 日作为计数终点，即计数 365。计数 1 代表"2021 年 1 月 1 日-星期五"，计数 10 代表"2021 年 1 月 10 日-星期日"。根据串口电子钟实验原理，基于 GD32E2 杏仁派开发板设计一个实验，实现每秒计数递增一次，计数范围为 1～365，并通过 printf 语句每秒输出一次计数对应的年、月、日、星期，结果通过计算机上的串口助手显示。此外，可以设置日期的初始值，例如，将初始日期设置为"2021 年 1 月 10 日-星期日"，第 1 秒输出"2021 年 1 月 11 日-星期一"、第 2 秒输出"2021 年 1 月 12 日-星期二"，以此类推。

任务提示：

（1）仿照小时、分钟、秒，定义 3 个变量用于进行月、日、星期计数。

（2）进行日期计数时，应根据当前月份的天数设置计数上限值。根据天数的不同，将 12 个月份分为 3 组：1、3、5、7、8、10、12 月有 31 天；4、6、9、11 月份有 30 天；2 月 28 天。

（3）程序的整体架构基本不变，只需仿照 RunClockPer2ms 函数编写用于进行日期计数的函数 RunDataPer2ms 即可。

本 章 习 题

1. Proc2msTask 函数的核心语句块如何实现每 2ms 执行一次？
2. Proc1SecTask 函数的核心语句块如何实现每秒执行一次？
3. PauseClock 函数如何实现电子钟的运行和暂停？
4. RunClockPer2ms 函数为什么要每 2ms 执行一次？

第4章 GPIO 与流水灯

本章开始，将对 GD32E2 杏仁派开发板上可以完成的代表性实验进行详细介绍。GPIO 与流水灯实验旨在通过编写一个简单的流水灯程序，让读者了解 GD32E23x 系列[①]微控制器的部分 GPIO 功能，并掌握基于寄存器和固件库的 GPIO 配置和使用方法。

4.1　实　验　内　容

通过学习 LED 电路原理图、GD32E23x 系列微控制器的系统架构与存储器映射，以及 GPIO 功能框图、寄存器和固件库函数，基于 GD32E2 杏仁派开发板设计一个流水灯程序，使得开发板上的两个 LED（LED_1 和 LED_2）交替闪烁，每个 LED 的点亮时间和熄灭时间均为 500ms。

4.2　实　验　原　理

4.2.1　LED 电路原理图

GPIO 与流水灯实验涉及的硬件包括 2 个位于 GD32E2 杏仁派开发板上的 LED（LED_1 和 LED_2），以及分别与 LED_1 和 LED_2 串联的限流电阻 R_{123} 和 R_{124}，LED_1 通过 2kΩ 电阻连接到 GD32E230C8T6 芯片的 PA8 引脚，LED_2 通过 510Ω 电阻连接到 PB9 引脚，如图 4-1 所示。PA8 为高电平时，LED_1 点亮，PA8 为低电平时，LED_1 熄灭；同样，PB9 为高电平时，LED_2 点亮，PB9 为低电平时，LED_2 熄灭。

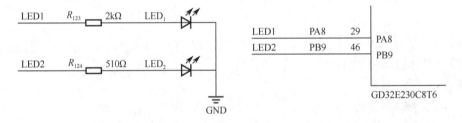

图 4-1　LED 硬件电路

4.2.2　GD32E23x 系列微控制器的系统架构与存储器映射

从本实验开始，将深入讲解 GD32E23x 系列微控制器的各种片上外设，在讲解之前，先分别介绍 GD32E23x 系列微控制器的系统架构和存储器映射。

1. 系统架构

GD32E23x 系列微控制器的系统架构如图 4-2 所示。图中的 AHB Matrix（AHB 矩阵）是

---

① 鉴于兆易创新官方用户手册仅提供了 GD32E23x 系列的系统架构，而本书所讲解的 GD32E230xx 系列为 GD32E23x 系列的子集，故应参照其系统架构来学习、开发。

一个基于 AMBA 5.0 AHB-LITE 的多层总线，这个结构使得系统中的多个主机和从机之间的并行通信成为可能。该 AHB 矩阵中包含属于 Cortex-M23 内核的 AHB 总线及内核外的 DMA 共 2 个主机。该 AHB 矩阵还连接了 4 个从机，分别为 FMC（Flash Memory Controller）、内部 SRAM、AHB1 和 AHB2。

　　AHB2 连接 GPIO 端口。AHB1 连接 AHB 外设，包括 2 个 AHB-APB 总线桥。AHB-APB 总线桥提供了 AHB1 和两条 APB 总线之间的全同步连接。两条 APB 总线连接了所有的 APB 外设。

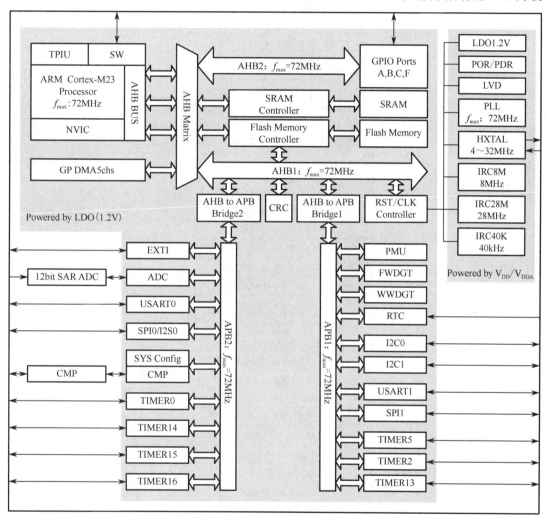

图 4-2　GD32E23x 系列微控制器的系统架构图

2. 存储器映射

　　程序存储器、数据存储器、寄存器和 GPIO 端口都在同一个线性的 4GB 地址空间之内。这是 Cortex-M23 的最大地址范围，因为它的地址总线宽度是 32 位。另外，为了降低不同客户在相同应用时的软件复杂度，存储映射是按 Cortex-M23 提供的规则预先定义的。同时，一部分地址空间由 ARM Cortex-M23 的系统外设所占用。表 4-1 为 GD32E23x 系列微控制器的存储器映射表，显示了 GD32E23x 系列微控制器的存储器映射，包括代码、SRAM、外设和其他预先定义的区域。几乎每个外设都分配了 1KB 的地址空间，这样可以简化每个外设的地址译码。

表 4-1　GD32E23x 系列微控制器的存储器映射表

预先定义的地址空间	总　　线	地 址 范 围	外 设 名 称
未定义	—	0xE000 0000～0xE00F FFFF	Cortex-M23 内部外设
片外外设	—	0xA000 0000～0xDFFF FFFF	保留
外部 RAM	—	0x6000 0000～0x9FFF FFFF	保留
外设	AHB1	0x5004 0000～0x5FFF FFFF	保留
		0x5000 0000～0x5003 FFFF	保留
	AHB2	0x4800 1800～0x4FFF FFFF	保留
		0x4800 1400～0x4800 17FF	GPIOF
		0x4800 1000～0x4800 13FF	保留
		0x4800 0C00～0x4800 0FFF	保留
		0x4800 0800～0x4800 0BFF	GPIOC
		0x4800 0400～0x4800 07FF	GPIOB
		0x4800 0000～0x4800 03FF	GPIOA
	AHB1	0x4002 4400～0x47FF FFFF	保留
		0x4002 4000～0x4002 43FF	保留
		0x4002 3400～0x4002 3FFF	保留
		0x4002 3000～0x4002 33FF	CRC
		0x4002 2400～0x4002 2FFF	保留
		0x4002 2000～0x4002 23FF	FMC
		0x4002 1400～0x4002 1FFF	保留
		0x4002 1000～0x4002 13FF	RCU
		0x4002 0400～0x4002 0FFF	保留
		0x4002 0000～0x4002 03FF	DMA
	APB2	0x4001 8000～0x4001 FFFF	保留
		0x4001 5C00～0x4001 7FFF	保留
		0x4001 5800～0x4001 5BFF	DBG
		0x4001 4C00～0x400157FF	保留
		0x4001 4800～0x4001 4BFF	TIMER16
		0x4001 4400～0x400 147FF	TIMER15
		0x4001 4000～0x4001 43FF	TIMER14
		0x4001 3C00～0x4001 3FFF	保留
		0x4001 3800～0x4001 3BFF	USART0
		0x4001 3400～0x4001 37FF	保留
		0x4001 3000～0x4001 33FF	SPI0/I2S0
		0x4001 2C00～0x4001 2FFF	TIMER0
		0x4001 2800～0x4001 2BFF	保留
		0x4001 2400～0x4001 27FF	ADC
		0x4001 0800～0x4001 23FF	保留
		0x4001 0400～0x4001 07FF	EXTI
		0x4001 0000～0x4001 03FF	SYSCFG+CMP

续表

预先定义的地址空间	总　　线	地 址 范 围	外 设 名 称
外设	APB1	0x4000 CC00～0x4000 FFFF	保留
		0x4000 c800～0x4000 CBFF	保留
		0x4000 C400～0x4000 CTFF	保留
		0x4000 C000～0x4000 C3FF	保留
		0x4000 8000～0x4000 BFFF	保留
		0x4000 7C00～0x4000 7FFF	保留
		0x4000 7800～0x4000 7BFF	保留
		0x4000 7400～0x4000 77FF	保留
		0x4000 7000～0x4000 73FF	PMU
		0x4000 6400～0x4000 6FFF	保留
		0x4000 6000～0x4000 63FF	保留
		0x4000 5C00～0x4000 5FFF	保留
		0x4000 5800～0x4000 5BFF	I2C1
		0x4000 5400～0x4000 57FF	I2C0
		0x4000 4800～0x4000 53FF	保留
		0x4000 4400～0x4000 47FF	USART1
		0x4000 4000～0x4000 43FF	保留
		0x4000 3C00～0x4000 3FFF	保留
		0x4000 3800～0x4000 3BFF	SPI1
		0x4000 3400～0x4000 37FF	保留
		0x4000 3000～0x4000 33FF	FWDGT
		0x4000 2C00～0x4000 2FFF	WWDGT
		0x4000 2800～0x4000 2BFF	RTC
		0x4000 2400～0x4000 27FF	保留
		0x4000 2000～0x4000 23FF	TIMER13
		0x4000 1400～0x4000 1FFF	保留
		0x4000 1000～0x4000 13FF	TIMER5
		0x4000 0800～0x4000 0FFF	保留
		0x4000 0400～0x4000 07FF	TIMER2
		0x4000 0000～0x4000 03FF	保留
SRAM	—	0x20002000～0x3FFFFFFF	保留
		0x20000000～0x20001FFF	SRAM
代码	—	0x1FFFF810～0x1FFFFFFF	保留
		0x1FFFF800～0x1FFFF80F	Option Bytes
		0x1FFFEC00～0x1FFFF7FF	System Memory
		0x08010000～0x1FFFEBFF	保留
		0x08000000～0x0800FFFF	Main Flash Memory
		0x00010000～0x07FFFFFF	保留
		0x00000000～0x0000FFFF	Aliased to Flash or System Memory

4.2.3　GPIO 功能框图

本节涉及部分 GPIO 寄存器的相关知识，关于 GD32E23x 系列微控制器的 GPIO 相关寄存器将在 4.2.4 节详细介绍。

微控制器的 I/O 引脚可以通过寄存器配置为各种不同的功能，如输入或输出，所以又被称为 GPIO（General Purpose Input Output，通用输入/输出端口）。下面以 GD32E230xx 系列微控制器为例进行介绍。GD32E230xx 系列微控制器最多可提供 39 个 GPIO，GPIO 又被分为 GPIOA、GPIOB、GPIOC 和 GPIOF 共 4 组，GPIOA 和 GPIOB 端口各有 0～15（PA0～PA15，PB0～PB15）共 32 个不同的引脚，GPIOC 端口有 PC13～PC15 共 3 个不同的引脚，GPIOF 组端口有 PF0～PF1 和 PF6～PF7 共 4 个不同的引脚。对于不同型号的 GD32E230xx 系列微控制器，端口的组数和引脚数不相同，读者可以参考相应芯片的数据手册。

每个 GPIO 端口都可以通过 32 位控制寄存器（GPIOx_CTL）配置为 GPIO 输入、GPIO 输出、备用功能或模拟模式。引脚 AFIO（Alternate Function Input Output，复用输入/输出）为输入/输出引脚，是通过使能 AFIO 功能来选择的。当端口配置为输出（GPIO 输出或 AFIO 输出）时，可以通过 GPIO 输出模式寄存器（GPIOx_OMODE）配置为推挽或开漏模式。输出端口的最大速度可以通过 GPIO 输出速度寄存器（GPIOx_OSPD）来配置。每个端口可以通过 GPIO 上拉/下拉寄存器（GPIOx_PUD）配置为悬空（无上拉/下拉电阻）、上拉或下拉模式。

GPIO 与流水灯实验的 GPIO 功能框图如图 4-3 所示。在本实验中，两个 LED 引脚对应的 GPIO 配置为推挽输出模式，因此，下面依次介绍输出相关寄存器、输出驱动和 I/O 引脚、ESD 保护及上拉/下拉电阻。

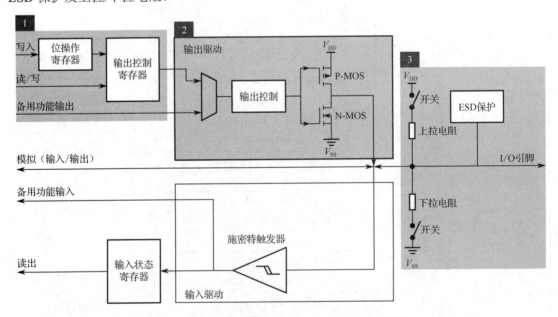

图 4-3　GPIO 功能框图（分析 GPIO 与流水灯实验）

1. 输出相关寄存器

输出相关寄存器包括端口位操作寄存器（GPIOx_BOP）和端口输出控制寄存器（GPIOx_OCTL）。可以通过更改 GPIOx_OCTL 中的值，达到更改 GPIO 引脚电平的目的。然而，写 GPIOx_OCTL 是一次性更改 16 个引脚的电平，这样就很容易把一些不需要更改的引脚电平更改为非预期值。为了准确修改某一个或某几个引脚的电平，例如，要将 GPIOx_OCTL[0]更改为 1、将 GPIOx_OCTL[14]更改为 0，可以先将 GPIOx_OCTL 的值读取到一个临时变量地址（temp），然后将 temp[0]更改为 1、将 temp[14]更改为 0，最后将 temp 写入 GPIOx_OCTL，如图 4-4 所示。

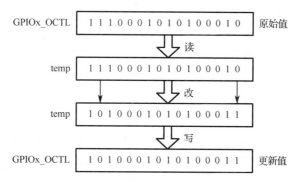

图 4-4　"读→改→写"方式修改 GPIOx_OCTL

然而，这种"读→改→写"方式不仅效率低，而且操作繁杂，为了简化操作，提升效率，可以通过修改端口位操作寄存器（GPIOx_BOP）的值来实现。该寄存器由 16 位端口清除位（对应 16 个引脚，向某一位写入 1 即可设置 GPIOx_OCTL 对应位为 0，向某一位写入 0，GPIOx_OCTL 对应位不受影响）和 16 位端口设置位（对应 16 个引脚，向某一位写入 1 即可设置 GPIOx_OCTL 对应位为 1，向某一位写入 0，GPIOx_OCTL 对应位不受影响）组成。同样是将 GPIOx_OCTL 的值由 1110001010100010 更改为 1010001010100011，实际上是将 GPIOx_OCTL[0]从 0 更改为 1，将 GPIOx_OCTL[14]从 1 更改为 0，有了 GPIOx_BOP，就只需要向 GPIOx_BOP 写入 01000000000000000000000000000001 即可。GPIOx_BOP [30]为 1 表示将 GPIOx_OCTL[14]从 1 更改为 0，GPIOx_BOP[0]为 1 表示将 GPIOx_OCTL[0]从 0 更改为 1，GPIOx_BOP 的其他位为 0 表示不需要更改其他 GPIOx_OCTL 对应位的值。通过 GPIOx_BOP 修改 GPIOx_OCTL 的过程如图 4-5 所示。

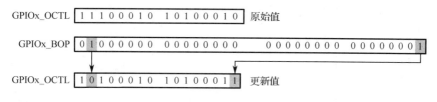

图 4-5　通过 GPIOx_BOP 修改 GPIOx_OCTL 的过程

2. 输出驱动

输出驱动既可以配置为推挽模式，也可以配置为开漏模式，本实验的两个 LED 均配置为推挽模式，下面简要介绍推挽模式的工作机理。

输出驱动模块中包含两个 MOS 管，上方连接 V_{DD} 的为 P-MOS 管，下方连接 V_{SS} 的为 N-MOS 管。这两个 MOS 管组成一个 CMOS 反相器，当输出驱动模块的输出控制端为高电平时，上方的 P-MOS 管关闭，下方的 N-MOS 管导通，I/O 引脚对外输出低电平；当输出控制端为低电平时，上方的 P-MOS 管导通，下方的 N-MOS 管关闭，I/O 引脚对外输出高电平。当 I/O 引脚高、低电平切换时，两个 MOS 管轮流导通，P-MOS 管负责灌电流，N-MOS 管负责拉电流，使其负载能力和开关速度均比普通方式有较大的提高。推挽输出的低电平大约为 0V，高电平大约为 3.3V。

3. I/O 引脚、ESD 保护及上拉/下拉电阻

进行 I/O 配置时，可以选择配置为上拉模式、下拉模式或悬空模式，即通过控制上拉/下拉电阻的通断来实现。上拉即为将引脚的默认电平设置为高电平（接近 V_{DD}）；下拉即为将引脚的默认电平设置为低电平（接近 V_{SS}）；悬空时，引脚的默认电平不定。

I/O 引脚上还集成了 ESD 保护模块。ESD 又称静电放电，其显著特点是高电位和作用时间短，不仅影响电子元器件的使用寿命，严重时甚至会导致元器件损坏。ESD 保护模块可有效防止静电放电对芯片产生的不良影响。

4.2.4　GPIO 部分寄存器

每个 GPIO 端口有 12 个寄存器，本实验涉及的 GPIO 寄存器包括 4 个 32 位端口配置寄存器（GPIOx_CTL、GPIOx_OMODE、GPIOx_OSPD 和 GPIOx_PUD）、1 个 32 位端口输出控制寄存器（GPIOx_OCTL）、1 个 32 位端口位操作寄存器（GPIOx_BOP）、1 个 32 位端口位清除寄存器（GPIOx_BC）。下面介绍这些寄存器。

1. 端口控制寄存器（GPIOx_CTL）、端口输出模式寄存器（GPIOx_OMODE）、端口输出速度寄存器（GPIOx_OSPD）和端口上拉/下拉寄存器（GPIOx_PUD）

4.2.3 节已经介绍了 GD32E230xx 系列微控制器的 GPIO 可以通过寄存器配置成多种模式。每个 GPIO 端口通过 CTLy[1:0]、OMy[0]、OSPDy[1:0]和 PUDy[1:0]（y = 0, 1, …, 15）配置为多种模式中的一种，如表 4-2 所示。

表 4-2　端口位配置表

配 置 模 式			CTLy	OMy	PUDy	OSPDy
GPIO 输入	—	悬空	00	x	00	—
		上拉			01	
		下拉			10	
GPIO 输出	推挽	悬空	01	0	00	x0：输出最大速度 2MHz；01：输出最大速度 10MHz；11：输出最大速度 50MHz
		上拉			01	
		下拉			10	
	开漏	悬空		1	00	
		上拉			01	
		下拉			10	
AFIO 输入	x	悬空	10	x	00	—
		上拉			01	
		下拉			10	
AFIO 输出	推挽	悬空	10	0	00	x0：输出最大速度 2MHz；01：输出最大速度 10MHz；11：输出最大速度 50MHz
		上拉			01	
		下拉			10	
	开漏	悬空		1	00	
		上拉			01	
		下拉			10	
ANALOG	x	x	11	x	xx	—

GD32E230xx 系列微控制器的部分 GPIO 端口有 16 个引脚，比如，GPIOA 有 PA0～PA15 共 16 个引脚，每个引脚都需要 7bit（分别为 CTLy[1:0]、OMy [0]、OSPDy[1:0]、PUDy[1:0]）进行输入/输出模式及输出速率的配置，因此，每组 GPIO 端口就需要有 112bit。作为 32 位微控制器，GD32E230xx 系列微控制器安排了 4 组寄存器，分别是端口控制寄存器（GPIOx_CTL）、端口输出模式寄存器（GPIOx_OMODE）、端口输出速度寄存器（GPIOx_OSPD）和端口上拉/下拉寄存器（GPIOx_PUD），分别简称为 CTL、OMODE、OSPD 和 PUD，以上 4 组寄存器的结构、偏移地址和复位值分别如图 4-6、图 4-7、图 4-8 和图 4-9 所示。

偏移地址：0x00

复位值：端口 A 0x2800 0000；其他端口 0x0000 0000

31	30	29	28	27	26	25	24	23	22	21	20	19	18	17	16
CTL15[1:0]		CTL14[1:0]		CTL13[1:0]		CTL12[1:0]		CTL11[1:0]		CTL10[1:0]		CTL9[1:0]		CTL8[1:0]	
r/w		r/w		r/w		r/w		r/w		r/w		r/w		r/w	

15	14	13	12	11	10	9	8	7	6	5	4	3	2	1	0
CTL7[1:0]		CTL6[1:0]		CTL5[1:0]		CTL4[1:0]		CTL3[1:0]		CTL2[1:0]		CTL1[1:0]		CTL0[1:0]	
r/w		r/w		r/w		r/w		r/w		r/w		r/w		r/w	

图 4-6　GPIOx_CTL 的结构、偏移地址和复位值

偏移地址：0x04

复位值：0x0000 0000

31	30	29	28	27	26	25	24	23	22	21	20	19	18	17	16
保留															

15	14	13	12	11	10	9	8	7	6	5	4	3	2	1	0
OM15	OM14	OM13	OM12	OM11	OM10	OM9	OM8	OM7	OM6	OM5	OM4	OM3	OM2	OM1	OM0
r/w	r/w	r/w	r/w	r/w	r/w	r/w	r/w	r/w	r/w	r/w	r/w	r/w	r/w	r/w	r/w

图 4-7　GPIOx_OMODE 的结构、偏移地址和复位值

偏移地址：0x08

复位值：端口 A 0x0C00 0000；其他端口 0x0000 0000

31	30	29	28	27	26	25	24	23	22	21	20	19	18	17	16
OSPD15[1:0]		OSPD14[1:0]		OSPD13[1:0]		OSPD12[1:0]		OSPD11[1:0]		OSPD10[1:0]		OSPD9[1:0]		OSPD8[1:0]	
r/w		r/w		r/w		r/w		r/w		r/w		r/w		r/w	

15	14	13	12	11	10	9	8	7	6	5	4	3	2	1	0
OSPD7[1:0]		OSPD6[1:0]		OSPD5[1:0]		OSPD4[1:0]		OSPD3[1:0]		OSPD2[1:0]		OSPD1[1:0]		OSPD0[1:0]	
r/w		r/w		r/w		r/w		r/w		r/w		r/w		r/w	

图 4-8　GPIOx_OSPD 的结构、偏移地址和复位值

偏移地址：0x0C

复位值：端口 A 0x2400 0000；其他端口 0x0000 0000

31	30	29	28	27	26	25	24	23	22	21	20	19	18	17	16
PUD15[1:0]		PUD14[1:0]		PUD13[1:0]		PUD12[1:0]		PUD11[1:0]		PUD10[1:0]		PUD9[1:0]		PUD8[1:0]	
r/w		r/w		r/w		r/w		r/w		r/w		r/w		r/w	

15	14	13	12	11	10	9	8	7	6	5	4	3	2	1	0
PUD7[1:0]		PUD6[1:0]		PUD5[1:0]		PUD4[1:0]		PUD3[1:0]		PUD2[1:0]		PUD1[1:0]		PUD0[1:0]	
r/w		r/w		r/w		r/w		r/w		r/w		r/w		r/w	

图 4-9　GPIOx_PUD 的结构、偏移地址和复位值

图 4-6～图 4-9 中只标注了偏移地址，未标注绝对地址，因为 GD32E230xx 系列微控制器

最多有 4 组 GPIO 端口，即 GPIOA、GPIOB、GPIOC 和 GPIOF（又称 PA、PB、PC 和 PF），如果标注绝对地址，就需要将每组端口的 CTL、OMODE、OSPD 和 PUD 全部罗列出来，既没有意义，也没有必要。通过偏移地址计算绝对地址也非常简单，比如要计算 GPIOA 端口 OMODE 的绝对地址，可以先查看 GPIOA 的起始地址，从图 4-10 可以确定 GPIOA 的起始地址为 0x48000000，OMODE 的偏移地址为 0x04，因此，GPIOA 的 OMODE 的绝对地址通过计算 0x48000000+0x04 就可以得出为 0x48000004。又比如，要计算 GPIOC 端口 PUD 的绝对地址，可以先查看 GPIOC 的起始地址，从图 4-10 可以确定 GPIOC 的起始地址为 0x48000800，PUD 的偏移地址为 0x0C，因此，GPIOC 的 PUD 的绝对地址通过计算 0x48000800+0x0C 就可以得出为 0x4800080C。

地 址 范 围	外 设	偏移地址	寄 存 器	偏移地址	寄 存 器
0x4800 1400~0x4800 17FF	GPIOF	0x00	GPIOx_CTL	0x18	GPIOx_BOP
0x4800 1000~0x4800 13FF	保留	0x04	GPIOx_OMODE	0x1C	GPIOx_LOCK
0x4800 0C00~0x4800 0FFF	保留	0x08	GPIOx_OSPD	0x20	GPIOx_AFSEL0
0x4800 0800~0x4800 0BFF	GPIOC	0x0C	GPIOx_PUD	0x24	GPIOx_AFSEL1
0x4800 0400~0x4800 07FF	GPIOB	0x10	GPIOx_ISTAT	0x28	GPIOx_BC
0x4800 0000~0x4800 03FF	GPIOA	0x14	GPIOx_OCTL	0x2C	GPIOx_TG

GPIOA的起始地址 0x4800 0000
+ OMODE的偏移地址 0x04
GPIOA的OMODE的绝对地址 0x4800 0004

GPIOC的起始地址 0x4800 0800
+ PUD的偏移地址 0x0C
GPIOC的PUD的绝对地址 0x4800 080C

图 4-10 GPIOA 的 OMODE 和 GPIOC 的 PUD 绝对地址的计算过程

CTL 用于控制 GPIO 端口的输入、输出、备用功能或模拟模式，OMODE 用于控制 GPIO 端口输出推挽/开漏模式，OSPD 用于控制 GPIO 端口的输出最大速度，PUD 用于控制 GPIO 端口的上拉/下拉模式。以上 4 组寄存器各个位的解释说明分别如表 4-3、表 4-4、表 4-5 和表 4-6 所示。

表 4-3   GPIOx_CTL 各个位的解释说明

位/位域	名 称	描 述
31:30	CTL15[1:0]	Pin15 配置位。该位由软件置位和清除。参照 CTL0[1:0]的描述
29:28	CTL14[1:0]	Pin14 配置位。该位由软件置位和清除。参照 CTL0[1:0]的描述
⋮	⋮	⋮
1:0	CTL0[1:0]	Pin0 配置位。该位由软件置位和清除。 00：GPIO 输入模式（复位值）；01：GPIO 输出模式；10：备用功能模式；11：模拟模式（输入和输出）

表 4-4   GPIOx_OMODE 各个位的解释说明

位/位域	名 称	描 述
31:16	保留	必须保持复位值
15	OM15	Pin15 输出模式位。该位由软件置位和清除。参照 OM0 的描述
14	OM14	Pin14 输出模式位。该位由软件置位和清除。参照 OM0 的描述
⋮	⋮	⋮
0	OM0	Pin0 输出模式位。该位由软件置位和清除。 0：输出推挽模式（复位值）；1：输出开漏模式

表 4-5　GPIOx_OSPD 各个位的解释说明

位/位域	名　称	描　　述
31:30	OSPD15[1:0]	Pin15 配置位。该位由软件置位和清除。参照 OSPD0[1:0]的描述
29:28	OSPD14[1:0]	Pin14 配置位。该位由软件置位和清除。参照 OSPD0[1:0]的描述
⋮	⋮	⋮
1:0	OSPD0[1:0]	Pin 0 输出最大速度位。该位由软件置位和清除。 x0：输出最大速度 2MHz（复位值）；01：输出最大速度 10MHz；11：输出最大速度 50MHz

表 4-6　GPIOx_PUD 各个位的解释说明

位/位域	名　称	描　　述
31:30	PUD15[1:0]	Pin15 配置位。该位由软件置位和清除。参照 PUD0[1:0]的描述
29:28	PUD14[1:0]	Pin14 配置位。该位由软件置位和清除。参照 PUD0[1:0]的描述
⋮	⋮	⋮
1:0	PUD0[1:0]	Pin0 配置上拉位或下拉位。该位由软件置位和清除。 00：悬空模式，无上拉/下拉电阻（复位值）；01：端口上拉模式；10：端口下拉模式；11：保留

2. 端口输出控制寄存器（GPIOx_OCTL）

GPIOx_OCTL 是一组 GPIO 端口的 16 个引脚的输出控制寄存器，因此只用了低 16 位。该寄存器为可读可写，从该寄存器读取的数据可以用于判断某组 GPIO 端口的输出状态，向该寄存器写数据可以控制某组 GPIO 的输出电平。GPIOx_OCTL 的结构、偏移地址和复位值，以及各个位的解释说明如图 4-11 和表 4-7 所示。GPIOx_OCTL 通常简称为 OCTL。

偏移地址：0x14

复位值：0x0000 0000

31	30	29	28	27	26	25	24	23	22	21	20	19	18	17	16
保留															

15	14	13	12	11	10	9	8	7	6	5	4	3	2	1	0
OCTL 15	OCTL 14	OCTL 13	OCTL 12	OCTL 11	OCTL 10	OCTL 9	OCTL 8	OCTL 7	OCTL 6	OCTL 5	OCTL 4	OCTL 3	OCTL 2	OCTL 1	OCTL 0
r/w	r/w	r/w	r/w	r/w	r/w	r/w	r/w	r/w	r/w	r/w	r/w	r/w	r/w	r/w	r/w

图 4-11　GPIOx_OCTL 的结构、偏移地址和复位值

表 4-7　GPIOx_OCTL 各个位的解释说明

位/位域	名　称	描　　述
31:16	保留	必须保持复位值
15:0	OCTLy	端口输出数据（y=0，⋯，15）。该位由软件置位和清除。 0：引脚输出低电平；1：引脚输出高电平

例如，通过寄存器操作的方式，将 PA4 输出设置为高电平，且 GPIOA 端口的其他引脚电平不变，代码如下：

```
unsigned int temp;
temp = GPIO_OCTL(GPIOA);
```

```
temp = (temp & 0xFFFFFFEF) | 0x00000010;
GPIO_OCTL(GPIOA) = temp;
```

　　这里修改端口 A 的寄存器的值时，没有使用到 GPIOA_OCTL，似乎与前面关于寄存器的描述不符，这是因为在 GD32E230xx 系列微控制器的 GPIO 固件库头文件 gd32e230_gpio.h 中，并没有关于 GPIOA_OCTL 等寄存器名称的定义，其关于 GPIO 端口的寄存器的宏定义如下：

```
/* GPIOx(x=A,B,C,F) definitions */
#define GPIOA            (GPIO_BASE + 0x00000000U)
#define GPIOB            (GPIO_BASE + 0x00000400U)
#define GPIOC            (GPIO_BASE + 0x00000800U)
#define GPIOF            (GPIO_BASE + 0x00001400U)

/* registers definitions */
#define GPIO_CTL(gpiox)    REG32((gpiox) + 0x00U)  /*!< GPIO port control register */
#define GPIO_OMODE(gpiox)  REG32((gpiox) + 0x04U)  /*!< GPIO port output mode register */
#define GPIO_OSPD(gpiox)   REG32((gpiox) + 0x08U)  /*!< GPIO port output speed register */
…
```

　　GPIO_CTL(gpiox)中的 gpiox 即表示 GPIO 端口，如 GPIO_CTL(GPIOA)表示 GPIOA 端口的 GPIO_CTL 寄存器中存放的值，而不是寄存器的地址。因此，如果要修改 GPIOA 的 GPIO_OCTL 的值，直接对 GPIO_OCTL(GPIOA)进行赋值即可。

3．端口位操作寄存器（GPIOx_BOP）

　　GPIOx_BOP 用于设置 GPIO 端口的输出位为 0 或 1。该寄存器和 OCTL 有着类似的功能，都可以用来设置 GPIO 端口的输出。GPIOx_BOP 的结构、偏移地址和复位值，以及各个位的解释说明如图 4-12 和表 4-8 所示。GPIOx_BOP 通常简称为 BOP。

偏移地址: 0x18
复位值: 0x0000 0000

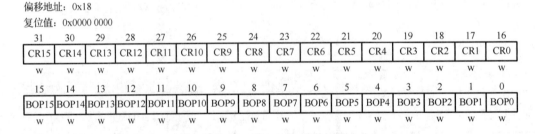

图 4-12　GPIOx_BOP 的结构、偏移地址和复位值

表 4-8　GPIOx_BOP 各个位的解释说明

位/位域	名　称	描　述
31:16	CRy	端口清除位 y（y=0, …, 15）。该位由软件置位和清除。 0: 相应的 OCTLy 位没有改变；1: 设置相应的 OCTLy 位为 0
15:0	BOPy	端口置位位 y（y=0, …, 15）。该位由软件置位和清除。 0: 相应的 OCTLy 位没有改变；1: 设置相应的 OCTLy 位为 1

　　通过 BOP 和 OCTL 都可以将 GPIO 端口的输出位设置为 0 或 1，那这两种寄存器有什么区别？下面以 4 个实例进行说明。

　　（1）通过 OCTL 将 PA4 的输出设置为 1，且 PA 端口的其他引脚状态保持不变，代码如下：

```
unsigned int temp;
temp = GPIO_OCTL(GPIOA);
temp = (temp & 0xFFFFFFEF) | 0x00000010;
GPIO_OCTL(GPIOA) = temp;
```

（2）通过 BOP 将 PA4 的输出设置为 1，且 PA 端口的其他引脚状态保持不变，代码如下：

```
GPIO_BOP(GPIOA) = 1 << 4;
```

（3）通过 OCTL 将 PA4 的输出设置为 0，且 PA 端口的其他引脚状态保持不变，代码如下：

```
unsigned int temp;
temp = GPIO_OCTL(GPIOA);
temp = temp & 0xFFFFFFEF;
GPIO_OCTL(GPIOA) = temp;
```

（4）通过 BOP 将 PA4 的输出设置为 0，且 PA 端口的其他引脚状态保持不变，代码如下：

```
GPIO_BOP(GPIOA) = 1 << (16+4);
```

从上面的 4 个实例可以得出以下结论：①如果不是对某一组 GPIO 端口的所有引脚输出状态进行更改，而是对其中一个或若干引脚状态进行更改，通过 OCTL 需要经过“读→改→写”三步，通过 BOP 只需要一步；②向 BOP 的某一位写 0 对相应的引脚输出不产生影响，如果要将某一组 GPIO 端口的一个引脚设置为 1，只需要向对应的 BOPy 写 1，其余写 0；③如果要将某一组 GPIO 端口的一个引脚设置为 0，只需要向对应的 CRy 写 1，其余写 0。

4．端口位清除寄存器（GPIOx_BC）

GPIOx_BC 用于设置 GPIO 端口的输出位为 0，GPIOx_BC 的结构、偏移地址和复位值，以及部分位的解释说明如图 4-13 和表 4-9 所示。GPIOx_BC 通常简称为 BC。

偏移地址：0x28
复位值：0x0000 0000

31	30	29	28	27	26	25	24	23	22	21	20	19	18	17	16
保留															

15	14	13	12	11	10	9	8	7	6	5	4	3	2	1	0
CR15	CR14	CR13	CR12	CR11	CR10	CR9	CR8	CR7	CR6	CR5	CR4	CR3	CR2	CR1	CR0
w	w	w	w	w	w	w	w	w	w	w	w	w	w	w	w

图 4-13　GPIOx_BC 的结构、偏移地址和复位值

表 4-9　GPIOx_BC 部分位的解释说明

位/位域	名　称	描　述
31:16	保留	必须保持复位值
15:0	CRy	清除端口 x 的位 y（y=0, …, 15）。该位由软件置位和清除。 0：相应 OCTLy 位没有改变；1：清除相应的 OCTLy 位

例如，通过 BC 将 PA4 的输出设置为 0，且 PA 端口的其他引脚状态保持不变，代码如下：

```
GPIO_BC(GPIOA) = 1 << 4;
```

除了以上介绍的 7 种寄存器，GD32E230xx 系列微控制器的 GPIO 相关寄存器还有 5 种，

由于在本实验中并未涉及，这里不做介绍，感兴趣的读者可参见《GD32E23x 用户手册（中文版）》或《GD32E23x 用户手册（英文版）》（上述文件存放在资料包的 "09.参考资料" 文件下）。

4.2.5　GPIO 部分固件库函数

本实验涉及的 GPIO 固件库函数包括 gpio_mode_set、gpio_output_options_set、gpio_bit_set、gpio_bit_reset、gpio_bit_write 和 gpio_output_bit_get，这些函数在 gd32e230_gpio.h 文件中声明，在 gd32e230_gpio.c 文件中实现。本书所涉及的固件库版本均为 "2018-06-19, V1.0.0"。下面仅介绍上述列出的部分固件库函数。

1．gpio_mode_set 函数

gpio_mode_set 函数的功能是设置 GPIOA、GPIOB、GPIOC、GPIOF 端口的任意引脚的功能和上拉/下拉电阻模式，通过向 GPIOx_CTL 和 GPIOx_PUD 写入参数来实现。具体描述如表 4-10 所示。

表 4-10　gpio_mode_set 函数的描述

函 数 名	gpio_mode_set
函 数 原 型	void gpio_mode_set(uint32_t gpio_periph, uint32_t mode, uint32_t pull_up_down, uint32_t pin)
功 能 描 述	设置 GPIO 模式
输入参数 1	gpio_periph：GPIOx(x=A, B, C, F)
输入参数 2	mode：GPIO 引脚模式
输入参数 3	pull_up_down：GPIO 引脚上拉/下拉电阻设置
输入参数 4	pin：GPIO 引脚
输 出 参 数	无
返 回 值	void

（1）参数 mode 用于设置 GPIO 引脚模式，可取值如表 4-11 所示。

（2）参数 pull_up_down 用于设置 GPIO 引脚上拉/下拉电阻模式，可取值如表 4-12 所示。

表 4-11　参数 mode 的可取值

可 取 值	描 述
GPIO_MODE_INPUT	输入模式
GPIO_MODE_OUTPUT	输出模式
GPIO_MODE_AF	备用功能模式
GPIO_MODE_ANALOG	模拟模式

表 4-12　参数 pull_up_down 的可取值

可 取 值	描 述
GPIO_PUPD_NONE	悬空模式，无上拉/下拉电阻
GPIO_PUPD_PULLUP	带上拉电阻
GPIO_PUPD_PULLDOWN	带下拉电阻

（3）参数 pin 用于设置选中引脚的编号，可取值如表 4-13 所示。

表 4-13　参数 pin 的可取值

可 取 值	描 述
GPIO_PIN_x	引脚选择（y=0, 1, …, 15）
GPIO_PIN_ALL	所有引脚

例如，配置 PA4 为上拉输入模式，代码如下：

```
gpio_mode_set(GPIOA, GPIO_MODE_INPUT, GPIO_PUPD_PULLUP, GPIO_PIN_4);
```

2. gpio_output_options_set 函数

gpio_output_options_set 函数的功能是设置 GPIOA、GPIOB、GPIOC、GPIOF 端口的任意引脚的输出模式和速度，通过向 GPIOx_OMODE 和 GPIOx_OSPD 写入参数来实现。具体描述如表 4-14 所示。

表 4-14　gpio_output_options_set 函数的描述

函 数 名	gpio_output_options_set
函 数 原 型	void gpio_output_options_set(uint32_t gpio_periph, uint8_t otype, uint32_t speed, uint32_t pin)
功 能 描 述	设置 GPIO 输出模式和速度
输 入 参 数 1	gpio_periph：GPIOx(x=A, B, C, F)
输 入 参 数 2	otype：GPIO 引脚输出模式
输 入 参 数 3	speed：GPIO 引脚输出最大速度
输 入 参 数 4	pin：GPIO 引脚
输 出 参 数	无
返 回 值	void

（1）参数 otype 用于设置 GPIO 引脚输出模式，可取值如表 4-15 所示。

（2）参数 speed 用于设置 GPIO 引脚输出最大速度，可取值如表 4-16 所示。

表 4-15　参数 otype 的可取值

可 取 值	描　　述
GPIO_OTYPE_PP	推挽输出模式
GPIO_OTYPE_OD	开漏输出模式

表 4-16　参数 speed 的可取值

可 取 值	描　　述
GPIO_OSPEED_2MHZ	输出最大速度为 2MHz
GPIO_OSPEED_10MHZ	输出最大速度为 10MHz
GPIO_OSPEED_50MHZ	输出最大速度为 50MHz

（3）参数 pin 用于设置选中引脚的编号，可取值如表 4-17 所示。

表 4-17　参数 pin 的可取值

可 取 值	描　　述
GPIO_PIN_x	引脚选择（x=0, …, 15）
GPIO_PIN_ALL	所有引脚

例如，配置 PA4 为推挽输出模式，输出最大速度为 2MHz，代码如下：

```
gpio_output_options_set(GPIOA, GPIO_OTYPE_PP, GPIO_OSPEED_2MHZ, GPIO_PIN_4);
```

3. gpio_bit_write 函数

gpio_bit_write 函数的功能是向引脚写入 0 或 1，通过向 GPIOx_BOP 和 GPIOx_BC 写入参数来实现。具体描述如表 4-18 所示。

表 4-18   gpio_bit_write 函数的描述

函 数 名	gpio_bit_write
函 数 原 型	void gpio_bit_write(uint32_t gpio_periph, uint32_t pin, bit_status bit_value)
功 能 描 述	向引脚写入 0 或 1
输入参数 1	gpio_periph：GPIOx(x=A, B, C, F)
输入参数 2	pin：GPIO 引脚
输入参数 3	bit_value：写入引脚的值
输 出 参 数	无
返 回 值	void

表 4-19   参数 bit_value 的可取值

可 取 值	描 述
RESET	清除引脚值（写 0）
SET	设置引脚值（写 1）

参数 bit_value 用于设置写入引脚的值，可取值如表 4-19 所示。

例如，向 PA4 引脚写 1，代码如下：

```
gpio_bit_write(GPIOA, GPIO_PIN_4, SET);
```

4．gpio_output_bit_get 函数

gpio_output_bit_get 函数的功能是获取引脚的输出值，通过读 GPIOx_OCTL 来实现。具体描述如表 4-20 所示。

表 4-20   gpio_output_bit_get 函数的描述

函 数 名	gpio_output_bit_get
函 数 原 型	FlagStatus gpio_output_bit_get(uint32_t gpio_periph, uint32_t pin)
功 能 描 述	获取引脚的输出值
输入参数 1	gpio_periph：GPIOx(x=A, B, C, F)
输入参数 2	pin：GPIO 引脚
输 出 参 数	无
返 回 值	引脚电平（SET/RESET）

例如，读取 PA4 引脚的电平，代码如下：

```
gpio_output_bit_get (GPIOA, GPIO_PIN_4);
```

本实验还涉及以下函数：

（1）gpio_bit_set 函数，用于置位引脚值，即向引脚写 1。

（2）gpio_bit_reset 函数，用于复位引脚值，即向引脚写 0。

关于以上固件库函数及更多其他 GPIO 固件库函数的函数原型、输入/输出参数及用法等信息可参见《GD32E23x 固件库使用指南》。

4.2.6   RCU 部分寄存器

本实验涉及的 RCU 寄存器只有 AHB 使能寄存器（RCU_AHBEN），该寄存器的结构、偏移地址和复位值如图 4-14 所示，部分位的解释说明如表 4-21 所示。这里只对该寄存器进行简单介绍，第 9 章将详细介绍 RCU。

偏移地址：0x14
复位值：0x0000 0014

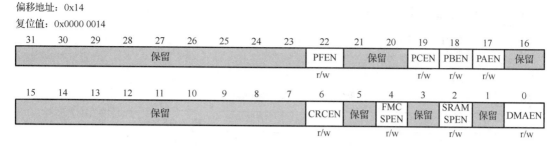

图 4-14　RCU_AHBEN 的结构、偏移地址和复位值

表 4-21　RCU_AHBEN 部分位的解释说明

位/位域	名　称	描　　　述
22	PFEN	GPIOF 时钟使能。由软件置 1 或清零。 0：GPIOF 时钟关闭；1：GPIOF 时钟开启
19	PCEN	GPIOC 时钟使能。由软件置 1 或清零。 0：GPIOC 时钟关闭；1：GPIOC 时钟开启
18	PBEN	GPIOB 时钟使能。由软件置 1 或清零。 0：GPIOB 时钟关闭；1：GPIOB 时钟开启
17	PAEN	GPIOA 时钟使能。由软件置 1 或清零。 0：GPIOA 时钟关闭；1：GPIOA 时钟开启
6	CRCEN	CRC 时钟使能。由软件置 1 或清零。 0：CRC 时钟关闭；1：CRC 时钟开启
4	FMCSPEN	FMC 时钟使能。由软件置 1 或清零来开启/关闭在睡眠模式下的 FMC 时钟。 0：关闭睡眠模式下的 FMC 时钟；1：开启睡眠模式下的 FMC 时钟
2	SRAMSPEN	SRAM 接口时钟使能。由软件置 1 或清零来开启/关闭在睡眠模式下的 SRAM 时钟。 0：关闭睡眠模式下的 SRAM 接口时钟；1：开启睡眠模式下的 SRAM 接口时钟
0	DMAEN	DMA 时钟使能。由软件置 1 或清零。 0：关闭 DMA 时钟；1：开启 DMA 时钟

4.2.7　RCU 部分固件库函数

本实验涉及的 RCU 固件库函数包括 rcu_periph_clock_enable。该函数在 gd32e230_rcu.h 文件中声明，在 gd32e230_rcu.c 文件中实现。

rcu_periph_clock_enable 函数的功能是使能总线上相应外设的时钟，具体描述如表 4-22 所示。

表 4-22　rcu_periph_clock_enable 函数的描述

函　数　名	rcu_periph_clock_enable
函　数　原　型	void rcu_periph_clock_enable(rcu_periph_enum periph)
功　能　描　述	使能外设时钟
输　入　参　数	periph：RCU 外设
输　出　参　数	无
返　回　值	void

参数 periph 为待使能的 RCU 外设，可取值如表 4-23 所示。

例如，使能 GPIOA 时钟，代码如下：

```
rcu_periph_reset_enable(RCU_GPIOA);
```

表 4-23　参数 periph 的可取值

可　取　值	描　　述
RCU_GPIOx	GPIOx 时钟（x=A, B, C, F）
RCU_DMA	DMA 时钟
RCU_CRC	CRC 时钟
RCU_CFGCMP	CFGCMP 时钟
RCU_ADC	ADC 时钟
RCU_TIMERx	TIMERx 时钟（x=0, 2, 5, 13, 14, 15, 16）
RCU_SPIx	SPIx 时钟（x=0, 1）
RCU_USARTx	USARTx 时钟（x=0, 1）
RCU_WWDGT	WWDGT 时钟
RCU_I2Cx	I2Cx 时钟（x=0, 1）
RCU_PMU	PMU 时钟
RCU_RTC	RTC 时钟
RCU_DBGMCU	DBGMCU 时钟

4.2.8　程序架构

本实验的程序架构如图 4-15 所示，该图简要介绍了程序开始运行后各个函数的执行和调用流程，图中仅列出了与本实验相关的一部分函数。下面解释说明程序架构图。

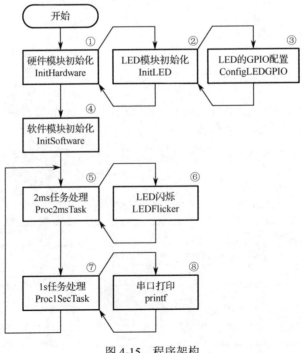

图 4-15　程序架构

（1）在 main 函数中调用 InitHardware 函数进行硬件相关模块初始化，包含 RCU、NVIC、定时器和 LED 等模块，这里仅介绍 LED 模块初始化函数 InitLED。在 InitLED 函数中调用 ConfigLEDGPIO 函数对 LED 对应的 GPIO（PA8 和 PB9）进行配置。

（2）调用 InitSoftware 函数进行软件相关模块初始化，本实验中，InitSoftware 函数为空。

（3）调用 Proc2msTask 函数进行 2ms 任务处理，在该函数中，调用 LEDFlicker 函数改变 LED 的状态。

（4）2ms 任务之后再调用 Proc1SecTask 函数进行 1s 任务处理，在该函数中，调用 printf 函数打印字符串，可以通过计算机上的串口助手查看。

（5）Proc2msTask 和 Proc1SecTask 均在 while 循环中调用，因此，Proc1SecTask 函数执行完后将再次执行 Proc2msTask 函数。循环调用 LEDFlicker 函数，即可实现 LED 闪烁的功能。

在图 4-15 中，编号为①、④、⑤和⑦的函数在 Main.c 文件中声明和实现；编号为②和⑥的函数在 LED.h 文件中声明，在 LED.c 文件中实现；编号为③的函数在 LED.c 文件中声明和实现。

本实验编程要点：

（1）GPIO 配置，通过调用固件库函数使能对应的 GPIO 端口时钟和配置 GPIO 引脚的功能模式等。

（2）通过调用 GPIO 相关固件库函数来实现读/写引脚的电平。

（3）LED 闪烁逻辑的实现，即在固定的时间间隔后同时改变两个 LED 的状态。

实现 LED 的点亮和熄灭，本质上即为控制对应的 GPIO 输出高、低电平，通过调用 GPIO 相关固件库函数即可。

在本实验中，初步介绍了 GPIO 部分寄存器和固件库函数的功能和用法，为后续实验奠定基础。GD32E23x 系列微控制器有着丰富的外设资源，相应地，也包含一系列寄存器和固件库函数，篇幅所限，本书无法一一列举，读者可自行查阅数据手册等官方参考资料。养成查阅官方参考资料的习惯对程序开发人员十分重要，对初学者更是大有裨益。掌握各个外设的寄存器和固件库函数的功能及用法，将使程序开发变得更加灵活简单。

4.3　实验步骤与代码解析

步骤 1：复制并编译原始工程

首先，将"D:\GD32E2KeilTest\Material\03.GPIOLED"文件夹复制到"D:\GD32E2KeilTest\Product"文件夹中。然后，双击运行"D:\GD32E2KeilTest\Product\03.GPIOLED\Project"文件夹中的 GD32KeilPrj.uvprojx，单击工具栏中的 按钮。当 Build Output 栏出现"FromELF: creating hex file..."时，表示已经成功生成.hex 文件，出现"0 Error(s), 0 Warnning(s)"表示编译成功。最后，将.axf 文件下载到 GD32E230C8T6 芯片的内部 Flash，然后按下 GD32E2 杏仁派开发板的 RST 按键进行复位，打开串口助手，观察是否每秒输出一次"This is the first GD32E230 Project, by Zhangsan"。本实验实现的是两个 LED 交替闪烁功能，因此，Material 提供的"03.GPIOLED"工程中的 LED 模块是空白的，开发板上不会出现两个 LED 交替闪烁的现象。如果串口助手正常输出字符串，表示原始工程是正确的，接着就可以进入下一步操作。

步骤 2：添加 LED 文件对

首先，将"D:\GD32E2KeilTest\Product\03.GPIOLED\App\LED"文件夹中的 LED.c 添加到 App 分组。然后，将"D:\GD32E2KeilTest\Product\03.GPIOLED\App\LED"路径添加到 Include Paths 栏。

步骤 3：完善 LED.h 文件

完成 LED 文件对添加之后，就可以在 LED.c 文件中添加包含 LED.h 头文件的代码了，如图 4-16 所示。具体做法：①在 Project 面板中，双击打开 LED.c 文件；②根据实际情况完善模块信息；③在 LED.c 文件的"包含头文件"区，添加代码#include "LED.h"；④单击🛠按钮进行编译；⑤编译结束后，Build Output 栏出现"0 Error(s), 0 Warning(s)"，表示编译成功；⑥LED.c 目录下会出现 LED.h，表示成功包含 LED.h 头文件。建议每次进行代码更新或更改之后，都进行一次编译，这样可以及时定位到问题。

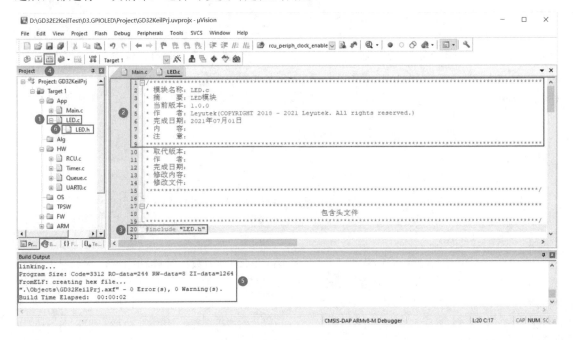

图 4-16　添加 LED 文件夹路径

在 LED.c 文件中添加代码#include "LED.h"之后，就可以添加防止重编译处理代码了，如图 4-17 所示。具体做法：①在 Project 面板中，展开 LED.c；②双击 LED.c 下的 LED.h；③根据实际情况完善模块信息；④在打开的 LED.h 文件中，添加防止重编译处理代码；⑤添加完防止重编译处理代码之后，单击工具栏中的🛠按钮进行编译；⑥编译结束后，Build Output 栏出现"0 Error(s), 0 Warning(s)"，表示编译成功。注意，防止重编译处理宏的命名格式是将头文件名改为大写，单词之间用下画线隔开，且首尾添加下画线，如 LED.h 的防止重编译处理宏命名为_LED_H_，又如 KeyOne.h 的防止重编译处理宏命名为_KEY_ONE_H_。

在 LED.h 文件的"API 函数声明"区，添加如程序清单 4-1 所示的 API 函数声明代码。InitLED 函数主要是初始化 LED 模块，每个模块都有模块初始化函数，在使用前，要先在 Main.c 模块的 InitHardware 或 InitSoftware 函数中通过调用模块初始化函数的代码进行模块初始化，硬件相关的模块在 InitHardware 函数中初始化，软件相关的模块在 InitSoftware 函数中初始化。LEDFlicker 函数实现的是 GD32E2 杏仁派开发板上的 LED_1 和 LED_2 的电平翻转。

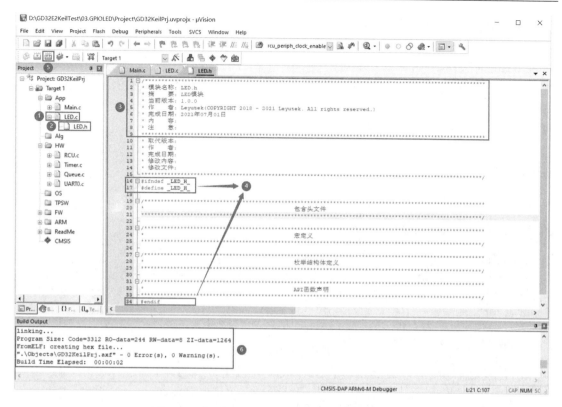

图 4-17　在 LED.h 文件中添加防止重编译处理代码

程序清单 4-1

```
void   InitLED(void);                    //初始化 LED 模块
void   LEDFlicker(unsigned short cnt);   //控制 LED 闪烁
```

步骤 4：完善 LED.c 文件

在 LED.c 文件的"包含头文件"区的最后，添加代码#include "gd32e230x_conf.h"。gd32e230x_conf.h 中包含了 GD32E230xx 系列微控制器的各种固件库头文件，当然，也包含 GPIO 的固件库头文件 gd32e230_gpio.h。LED 模块主要是对 GPIO 相关的寄存器进行操作，包含 gd32e230_gpio.h，即可以使用 GPIO 的固件库函数对 GPIO 相关的寄存器进行间接操作。因此，也可在 LED.c 文件的"包含头文件"区的最后添加代码#include "gd32e230_gpio.h"。

在 LED.c 文件的"内部函数声明"区，添加内部函数的声明代码，如程序清单 4-2 所示。本书规定，所有的内部函数都必须在"内部函数声明"区声明，且无论是内部函数的声明还是实现，都必须加 static 关键字，表示该函数只能在其所在文件的内部调用。

程序清单 4-2

```
static  void  ConfigLEDGPIO(void);       //配置 LED 的 GPIO
```

在 LED.c 文件的"内部函数实现"区，添加 ConfigLEDGPIO 函数的实现代码，如程序清单 4-3 所示。下面按照顺序解释说明 ConfigLEDGPIO 函数中的语句。

（1）GD32E2 杏仁派开发板的 LED$_1$ 和 LED$_2$ 分别与 GD32E230C8T6 芯片的 PA8 和 PB9 相连接，因此需要通过 rcu_periph_clock_enable 函数使能 GPIOA 和 GPIOB 时钟。该函数涉

及 RCU_AHBEN 的 PAEN 和 PBEN，可参见图 4-14 和表 4-21。

（2）通过 gpio_mode_set 函数将 PA8 和 PB9 配置为输出模式，且引脚悬空，通过 gpio_output_options_set 函数将 PA8 和 PB9 设置为推挽输出模式，并将两个引脚的输出最大速度配置为 50MHz。这两个函数涉及 GPIOx_CTL、GPIOx_OMODE、GPIOx_OSPD 和 GPIOx_PUD，可参见图 4-6、图 4-7、图 4-8 和图 4-9，以及表 4-3、表 4-4、表 4-5 和表 4-6。

（3）通过 gpio_bit_set 函数和 gpio_bit_reset 函数将 PA8 和 PB9 的默认电平分别设置为高电平和低电平。这两个函数涉及 GPIOx_BOP 和 GPIOx_BC，通过 GPIOx_BOP 设置高电平，通过 GPIOx_BC 设置低电平。

程序清单 4-3

```
static  void  ConfigLEDGPIO(void)
{
  //使能 RCU 相关时钟
  rcu_periph_clock_enable(RCU_GPIOA);             //使能 GPIOA 的时钟
  gpio_mode_set(GPIOA, GPIO_MODE_OUTPUT, GPIO_PUPD_NONE, GPIO_PIN_8);       //设置 GPIO 模式
  gpio_output_options_set(GPIOA, GPIO_OTYPE_PP, GPIO_OSPEED_50MHZ, GPIO_PIN_8);
                                                  //设置 GPIO 输出模式及速度
  gpio_bit_set(GPIOA, GPIO_PIN_8);                //将 LED1 默认状态设置为点亮

  rcu_periph_clock_enable(RCU_GPIOB);             //使能 GPIOB 的时钟
  gpio_mode_set(GPIOB, GPIO_MODE_OUTPUT, GPIO_PUPD_NONE, GPIO_PIN_9);       //设置 GPIO 模式
  gpio_output_options_set(GPIOB, GPIO_OTYPE_PP, GPIO_OSPEED_50MHZ, GPIO_PIN_9);
                                                  //设置 GPIO 输出模式及速度
  gpio_bit_reset(GPIOB, GPIO_PIN_9);              //将 LED2 默认状态设置为熄灭
}
```

在 LED.c 文件的"API 函数实现"区，添加 API 函数的实现代码，如程序清单 4-4 所示。LED.c 文件的 API 函数只有两个，分别是 InitLED 和 LEDFlicker 函数。InitLED 函数作为 LED 模块的初始化函数，调用 ConfigLEDGPIO 函数实现对 LED 模块的初始化。LEDFlicker 作为 LED 的闪烁函数，通过改变 GPIO 引脚电平实现 LED 的闪烁，其参数 cnt 用于控制闪烁的周期，例如该参数为 250，由于 LEDFlicker 函数每隔 2ms 被调用一次，因此 LED 每 500ms 交替闪烁一次。

程序清单 4-4

```
void InitLED(void)
{
  ConfigLEDGPIO();                               //配置 LED 的 GPIO
}

void LEDFlicker(unsigned short cnt)
{
  static unsigned short s_iCnt;                  //定义静态变量 s_iCnt 作为计数器

  s_iCnt++;                                      //计数器的计数值加 1

  if(s_iCnt >= cnt)                              //计数器的计数值大于或等于 cnt
  {
```

```
  s_iCnt = 0;                              //重置计数器的计数值为 0

  //LED1 状态取反，实现 LED1 闪烁
  gpio_bit_write(GPIOA, GPIO_PIN_8, 1 - gpio_output_bit_get(GPIOA, GPIO_PIN_8));

  //LED2 状态取反，实现 LED2 闪烁
  gpio_bit_write(GPIOB, GPIO_PIN_9, 1 - gpio_output_bit_get(GPIOB, GPIO_PIN_9));
  }
}
```

步骤 5：完善 GPIO 与流水灯实验应用层

在 Project 面板中，双击打开 Main.c 文件，在 Main.c 文件的"包含头文件"区的最后，添加代码#include "LED.h"。这样就可以在 Main.c 文件中调用 LED 模块的宏定义和 API 函数等，实现对 LED 模块的操作。

在 Main.c 文件的 InitHardware 函数中，添加调用 InitLED 函数的代码，如程序清单 4-5 所示，这样就实现了对 LED 模块的初始化。

程序清单 4-5

```
static  void  InitHardware(void)
{
  SystemInit();                           //系统初始化
  InitRCU();                              //初始化 RCU 模块
  InitNVIC();                             //初始化 NVIC 模块
  InitUART0(115200);                      //初始化 UART 模块
  InitTimer();                            //初始化 Timer 模块
  InitSysTick();                          //初始化 SysTick 模块
  InitLED();                              //初始化 LED 模块
}
```

在 Main.c 文件的 Proc2msTask 函数中，添加调用 LEDFlicker 函数的代码，如程序清单 4-6 所示，这样就可以实现 GD32E2 杏仁派开发板上的 LED$_1$ 和 LED$_2$ 每 500ms 交替闪烁一次的功能。注意，LEDFlicker 函数必须放置在 if 语句之内，才能保证该函数每 2ms 被调用一次。

程序清单 4-6

```
static  void  Proc2msTask(void)
{
  if(Get2msFlag())                        //判断 2ms 标志位状态
  {
    LEDFlicker(250);                      //调用闪烁函数

    Clr2msFlag();                         //清除 2ms 标志位
  }
}
```

步骤 6：编译及下载验证

代码编写完成后，单击▦按钮进行编译。编译结束后，Build Output 栏中出现"0 Error(s), 0 Warning(s)"，表示编译成功。然后，参见图 2-31，通过 Keil μVision5 软件将.axf 文件下载

到 GD32E2 杏仁派开发板。下载完成后，按下开发板上的 RST 按键进行复位，可以观察到开发板上的 LED$_1$ 和 LED$_2$ 交替闪烁，表示实验成功。

本 章 任 务

基于 GD32E2 杏仁派开发板，编写程序实现 LED 编码计数功能。假设 LED 熄灭为 0，点亮为 1，编写程序通过两个 LED 实现编码计数功能，初始状态的 LED$_1$ 和 LED$_2$ 均熄灭（00），第二状态的 LED$_1$ 熄灭、LED$_2$ 点亮（01），第三状态的 LED$_1$ 点亮、LED$_2$ 熄灭（10），第四状态为 LED$_1$ 点亮、LED$_2$ 点亮（11），按照"初始状态→第二状态→第三状态→第四状态→初始状态"循环执行，两个相邻状态之间的间隔为 1s。

任务提示：

（1）可使用静态变量作为状态计数器，每个数值对应 LED 的一种状态。

（2）可仿照 LEDFlicker 函数编写 LEDCounter 函数，并在 Proc1SecTask 函数中调用 LEDCounter 函数实现 LED 编码计数功能。

本 章 习 题

1．GPIO 有哪些工作模式？

2．GPIO 有哪些寄存器？CTL 和 OMODE 的功能是什么？

3．计算 GPIO_BOP(GPIOA)的绝对地址。

4．gpio_mode_set 函数的作用是什么？该函数具体操作了哪些寄存器？

5．如何通过固件库函数使能 GPIOC 时钟？

6．LEDFlicker 函数中通过 static 关键字定义了一个 s_iCnt 变量，这个关键字的作用是什么？

第 5 章 GPIO 与独立按键输入

GD32E230xx 系列微控制器的 GPIO 既能作为输入使用，也能作为输出使用。第 4 章通过一个简单的 GPIO 与流水灯实验介绍了 GPIO 的输出功能，本章将以一个简单的 GPIO 与独立按键输入实验为例，介绍 GPIO 的输入功能。

5.1 实 验 内 容

通过学习 GD3E2 杏仁派开发板上的独立按键电路原理图、GPIO 功能框图、GPIO 部分寄存器、固件库函数，以及按键去抖原理，基于 GD32E2 杏仁派开发板设计一个独立按键程序。每次按下一个按键，通过串口助手输出按键按下的信息，比如 KEY$_1$ 按下时，输出 KEY1 PUSH DOWN；按键弹起时，输出按键弹起的信息，比如 KEY$_2$ 弹起时，输出 KEY2 RELEASE。在进行独立按键程序设计时，需要对按键的抖动进行处理，即每次按下时，只能输出一次按键按下信息，每次弹起时，也只能输出一次按键弹起信息。

5.2 实 验 原 理

5.2.1 独立按键电路原理图

独立按键硬件电路如图 5-1 所示。本实验涉及的硬件包括 3 个独立按键（KEY$_1$、KEY$_2$ 和 KEY$_3$），以及与独立按键串联的 10kΩ 限流电阻、与独立按键并联的 100nF 滤波电容，KEY1 网络连接到 GD32E230C8T6 芯片的 PA0 引脚，KEY2 网络连接到 PA12，KEY3 网络连接到 PF7。对于 KEY$_2$ 和 KEY$_3$ 按键，按键弹起时，输入芯片引脚上的电平为高电平，按键按下时，输入芯片引脚上的电平为低电平。KEY$_1$ 按键的电路与另外两个按键的不同之处是，连接 KEY1 网络的 PA0 引脚除了可以用作 GPIO，还可以通过配置备用功能来实现芯片的唤醒。在本实验中，PA0 用作 GPIO，且被配置为下拉输入模式。因此，KEY$_1$ 按键弹起时，PA0 引脚为低电平，KEY$_1$ 按键按下时，PA0 引脚为高电平。

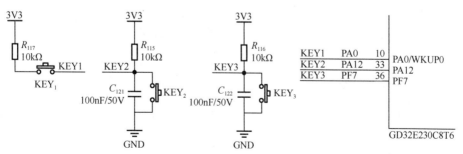

图 5-1 独立按键硬件电路

5.2.2　GPIO 功能框图

GPIO 与独立按键输入实验的 GPIO 功能框图如图 5-2 所示。在本实验中，3 个独立按键引脚对应的 GPIO 配置为输入模式，因此，下面依次介绍 I/O 引脚、ESD 保护、上拉/下拉电阻、施密特触发器和输入控制寄存器。

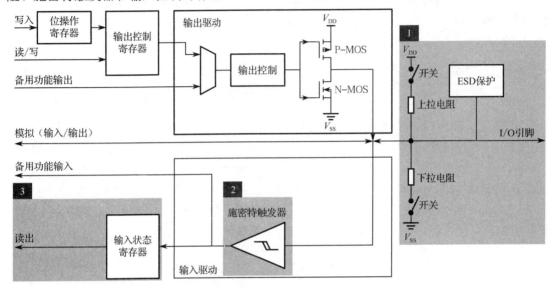

图 5-2　GPIO 功能框图

1．I/O 引脚、ESD 保护和上拉/下拉电阻

独立按键与 GD32E230C8T6 的 I/O 引脚相连接，通过第 4 章我们已经知道 ESD 保护模块可有效防止静电对芯片产生的不良影响，I/O 引脚还可以配置为上拉或下拉输入模式。由于本实验中的 KEY_2 和 KEY_3 按键在电路中通过一个 $10k\Omega$ 电阻连接到 3.3V 电源，因此，为了保持电路的一致性，内部也需要通过寄存器配置为上拉输入模式。KEY_1 按键则需要配置为下拉输入模式。

2．施密特触发器

经过上拉或下拉电路的输入信号，依然是模拟信号，而本实验将独立按键的输入视为数字信号，因此，还需要通过施密特触发器将输入的模拟信号转换为数字信号。

3．输入数据寄存器

经过施密特触发器转换之后的数字信号会存储在端口输入状态寄存器（GPIOx_ISTAT）中，通过读取 GPIOx_ISTAT 即可获得 I/O 引脚的电平状态。

5.2.3　GPIO 部分寄存器

第 4 章已经对 GD32E230xx 系列微控制器的部分 GPIO 寄存器进行了介绍，本节主要介绍 GPIOx_ISTAT。

端口输入状态寄存器（GPIOx_ISTAT）用于读取一组 GPIO 端口的 16 个引脚的输入电平状态，因此只用了低 16 位。该寄存器为只读，其结构、偏移地址和复位值，以及部分位的解释说明如图 5-3 和表 5-1 所示。GPIOx_ISTAT 也常常简称为 ISTAT。

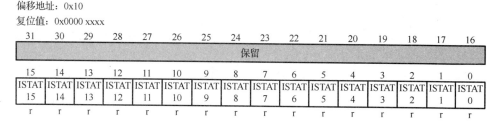

图 5-3　GPIOx_ISTAT 的结构、偏移地址和复位值

表 5-1　GPIOx_ISTAT 部分位的解释说明

位/位域	名　　称	描　　述
31:16	保留	必须保持复位值
15:0	ISTATy	端口输入状态位（y=0, …, 15）。这些位由软件置位和清除。 0：引脚输入信号为低电平；1：引脚输入信号为高电平

5.2.4　GPIO 部分固件库函数

第 4 章已经介绍了 GPIO 部分固件库函数，包括 gpio_mode_set、gpio_output_options_set、gpio_bit_write 和 gpio_output_bit_get，本实验还涉及 gpio_input_bit_get 函数，该函数同样在 gd32e230_gpio.h 文件中声明，在 gd32e230_gpio.c 文件中实现。

gpio_input_bit_get 函数的功能是读取指定外设端口引脚的电平值，每次读取一位，高电平为 1，低电平为 0，通过读取 GPIOx_ISTAT 来实现。具体描述如表 5-2 所示。

表 5-2　gpio_input_bit_get 函数的描述

函　数　名	gpio_input_bit_get
函　数　原　型	FlagStatus gpio_input_bit_get(uint32_t gpio_periph, uint32_t pin)
功　能　描　述	获取引脚的输入值
输入参数 1	gpio_periph：GPIOx（x =A, B, C, F）
输入参数 2	pin：GPIO 引脚
输　出　参　数	无
返　回　值	SET 或 RESET

例如，读取 PA2 引脚的电平，代码如下：

```
FlagStatus pa2Value;
pa2Value = gpio_input_bit_get(GPIOA, GPIO_PIN_2);
```

5.2.5　按键去抖原理

独立按键常常用作二值输入器件，GD32E2 杏仁派开发板上有 3 个独立按键 KEY_1、KEY_2 和 KEY_3。其中，KEY_2 和 KEY_3 均为上拉模式，即按键弹起时，输入芯片引脚上的电平为高电平，按键按下时，输入芯片引脚上的电平为低电平。KEY_1 为下拉模式，即按键弹起时，输入芯片引脚上的电平为低电平，按键按下时，输入芯片引脚上的电平为高电平。

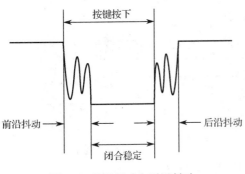

图 5-4　前沿抖动和后沿抖动

目前，市面上绝大多数按键都是机械式开关结构，而机械式开关的核心部件为弹性金属簧片，因而在开关切换的瞬间，在接触点会出现来回弹跳的现象，按键弹起时，也会出现类似的情况，这种情况被称为抖动。按键按下时产生前沿抖动，按键弹起时产生后沿抖动，如图 5-4 所示。不同类型的按键，其最长抖动时间也有差别，抖动时间的长短和按键的机械特性有关，一般为 5～10ms，而通常手动按下按键持续的时间大于 100ms。于是，可以基于两个时间的差异，取一个中间值（如 80ms）作为界限，将小于 80ms 的信号视为抖动脉冲，大于 80ms 的信号视为按键按下。

　　独立按键去抖原理图如图 5-5 所示，这里以 KEY$_2$ 和 KEY$_3$ 按键为例，按键未按下时为高电平，按键按下时为低电平，因此，对于理想按键，按键按下时就可以立刻检测到低电平，按键弹起时就可以立刻检测到高电平。但是，对于实际按键，未按下时为高电平，按键一旦按下，就会产生前沿抖动，抖动持续时间为 5～10ms，接着，芯片引脚会被检测到稳定的低电平；按键弹起时，会产生后沿抖动，抖动持续时间依然为 5～10ms，接着，芯片引脚会被检测到稳定的高电平。去抖实际上是每 10ms 检测一次连接到按键的引脚电平，如果连续检测到 8 次低电平，即低电平持续时间超过 80ms，则表示识别到按键按下。同理，按键按下后，如果连续检测到 8 次高电平，即高电平持续时间超过 80ms，则表示识别到按键弹起。

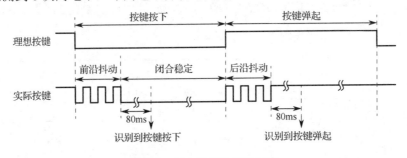

图 5-5　独立按键去抖原理图

　　独立按键去抖程序设计流程图如图 5-6 所示，先启动一个 10ms 定时器，然后每 10ms 读取一次按键值。如果连续 8 次检测到的电平均为按键按下电平（GD32E2 杏仁派开发板的 KEY$_1$ 按键按下电平为高电平，KEY$_2$ 和 KEY$_3$ 按键按下电平为低电平），且按键按下标志为 TRUE，则将按键按下标志置为 FALSE，同时处理按键按下函数，如果按键按下标志为 FALSE，表示按键按下事件已经得到处理，则继续检查定时器是否产生 10ms 溢出。对于按键弹起也一样，如果当前为按键按下状态，且连续 8 次检测到的电平均为按键弹起电平（GD32E2 杏仁派开发板的 KEY$_1$ 按键弹起电平为低电平，KEY$_2$ 和 KEY$_3$ 按键弹起电平为高电平），且按键弹起标志为 FALSE，则将按键弹起标志置为 TRUE，同时处理按键弹起函数，如果按键弹起标志为 TRUE，表示按键弹起事件已经得到处理，则继续检查定时器是否产生 10ms 溢出。

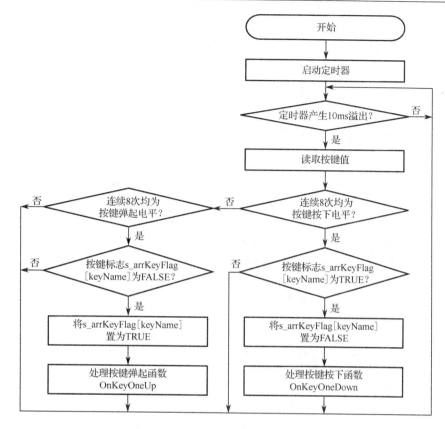

图 5-6　独立按键去抖程序设计流程图

5.2.6　程序架构

本实验的程序架构如图 5-7 所示，该图简要介绍了程序开始运行后各个函数的执行和调用流程，图中仅列出了与本实验相关的一部分函数。下面解释说明程序架构图。

（1）在 main 函数中调用 InitHardware 函数进行硬件相关模块初始化，包含 RCU、NVIC、定时器、KeyOne 和 ProcKeyOne 模块，这里仅介绍按键模块初始化函数 InitKeyOne。在 InitKeyOne 函数中调用 ConfigKeyOneGPIO 函数对 3 个按键对应的 GPIO（PA0、PA12 和 PF7）进行配置，并对表示按键按下的数组变量进行赋值。

（2）调用 InitSoftware 函数进行软件相关模块初始化，在本实验中，InitSoftware 函数为空。

（3）调用 Proc2msTask 函数进行 2ms 任务处理，在该函数中，调用 ScanKeyOne 函数依次扫描 3 个按键的状态，经过去抖处理后，如果判断到某一按键有效按下或弹起，且按键标志位正确，则调用对应按键的按下和弹起响应函数。

（4）2ms 任务之后再调用 Proc1SecTask 函数进行 1s 任务处理，在本实验中，没有需要处理的 1s 任务。

（5）Proc2msTask 和 Proc1SecTask 均在 while 循环中调用，因此，Proc1SecTask 函数执行完后将再次执行 Proc2msTask 函数。循环调用 ScanKeyOne 函数进行按键扫描。

在图 5-7 中，编号为①、⑤、⑥和⑨的函数在 Main.c 文件中声明和实现；编号为②和⑦的函数在 KeyOne.h 文件中声明，在 KeyOne.c 文件中实现；编号为③的函数在 KeyOne.c 文件中声明和实现；编号为⑧中的按键按下和弹起响应函数在 ProcKeyOne.h 文件中声明，在 ProcKeyOne.c 文件中实现。

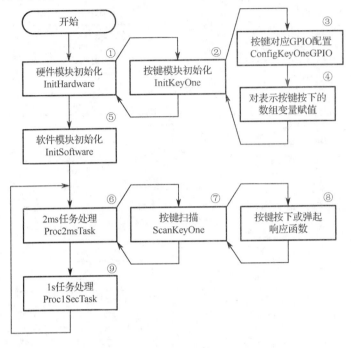

图 5-7　程序架构

本实验编程要点：

（1）按键对应的 GPIO 配置，包括对应外设的时钟使能和配置 GPIO 的功能模式。

（2）用 8 位无符号字节型变量来表示按键按下和弹起的状态，对于 KEY_1，变量值为 0xFF 表示按键按下，为 0x00 表示按键弹起；KEY_2 和 KEY_3 则与 KEY_1 相反。将该变量初始化为按键按下状态对应的值后，通过对该变量进行取反即可表示按键弹起状态。

（3）按键去抖原理的实现，每 10ms 读取一次按键对应引脚的电平，通过移位操作将 8 次读取到的电平依次存放于无符号字节型变量的 8 个位中。若变量值与按键按下或弹起对应的值相等，即表示检测到按键的有效按下和弹起。

（4）当检测到某一按键的有效按下或弹起时，利用函数指针调用对应按键的按下或弹起响应函数。

以上要点均在 KeyOne.c 文件中实现，KeyOne.c 文件为按键驱动文件，向外提供了按键扫描的接口函数 ScanKeyOne。理解按键驱动的原理以及 ScanKeyOne 函数的实现过程和功能用法，即可掌握本实验的核心知识点。

5.3　实验步骤与代码解析

步骤 1：复制并编译原始工程

首先，将"D:\GD32E2KeilTest\Material\04.GPIOKEY"文件夹复制到"D:\GD32E2KeilTest\Product"文件夹中。然后，双击运行"D:\GD32E2KeilTest\Product\04.GPIOKEY\Project"文件夹中的 GD32KeilPrj.uvprojx。编译通过后，下载程序并进行复位，观察开发板上的两个 LED

是否交替闪烁。如果两个 LED 交替闪烁，串口助手正常输出字符串，表示原始工程是正确的，可以进入下一步操作。

步骤 2：添加 KeyOne 和 ProcKeyOne 文件对

首先，将"D:\GD32E2KeilTest\Product\04.GPIOKEY\App\KeyOne"文件夹中的 KeyOne.c 和 ProcKeyOne.c 添加到 App 分组。然后，将"D:\GD32E2KeilTest\Product\04.GPIOKEY\App\KeyOne"路径添加到 Include Paths 栏。

步骤 3：完善 KeyOne.h 文件

单击 🔨 按钮进行编译，编译结束后，在 Project 面板中，双击 KeyOne.c 下的 KeyOne.h。在 KeyOne.h 文件的"包含头文件"区，添加代码#include "DataType.h"。KeyOne.c 包含了 KeyOne.h，而 KeyOne.h 又包含了 DataType.h，因此，相当于 KeyOne.c 包含了 DataType.h，在 KeyOne.c 中使用 DataType.h 中的宏定义等，就不需要再重复包含头文件 DataType.h。

DataType.h 文件主要是一些宏定义，如程序清单 5-1 所示。第一部分是一些常用数据类型的缩写替换；第二部分是字节、半字和字的组合及拆分操作，这些操作在代码编写过程中使用非常频繁，例如求一个半字的高字节，正常操作是((BYTE)(((WORD)(hw) >> 8) & 0xFF))，而使用 HIBYTE(hw)就显得简洁明了；第三部分是一些布尔数据、空数据及无效数据的定义，例如 TRUE 实际上是 1，FALSE 实际上是 0，而无效数据 INVALID_DATA 实际上是-100。

程序清单 5-1

```
typedef signed char          i8;
typedef signed short         i16;
typedef signed int           i32;
typedef unsigned char        u8;
typedef unsigned short       u16;
typedef unsigned int         u32;

typedef int                  BOOL;
typedef unsigned char        BYTE;
typedef unsigned short       HWORD;                            //2 字节组成一个半字
typedef unsigned int         WORD;                             //4 字节组成一个字
typedef long                 LONG;

#define LOHWORD(w)           ((HWORD)(w))                      //字的低半字
#define HIHWORD(w)           ((HWORD)(((WORD)(w) >> 16) & 0xFFFF))   //字的高半字

#define LOBYTE(hw)           ((BYTE)(hw) )                     //半字的低字节
#define HIBYTE(hw)           ((BYTE)(((WORD)(hw) >> 8) & 0xFF))      //半字的高字节

//2 字节组成一个半字
#define MAKEHWORD(bH, bL)    ((HWORD)(((BYTE)(bL)) | ((HWORD)((BYTE)(bH))) << 8))

//两个半字组成一个字
#define MAKEWORD(hwH, hwL)   ((WORD)(((HWORD)(hwL)) | ((WORD)((HWORD)(hwH))) << 16))

#define TRUE          1
#define FALSE         0
#define NULL          0
#define INVALID_DATA  -100
```

在 KeyOne.h 文件的"宏定义"区添加按键按下电平宏定义代码，如程序清单 5-2 所示。

程序清单 5-2

```
//各个按键按下的电平
#define   KEY_DOWN_LEVEL_KEY1      0xFF           //0xFF 表示 KEY1 按下为高电平
#define   KEY_DOWN_LEVEL_KEY2      0x00           //0x00 表示 KEY2 按下为低电平
#define   KEY_DOWN_LEVEL_KEY3      0x00           //0x00 表示 KEY3 按下为低电平
```

在 KeyOne.h 文件的"枚举结构体"区，添加如程序清单 5-3 所示的枚举声明代码。这些枚举主要是按键名的定义，例如 KEY_1 的按键名为 KEY_NAME_KEY1，对应值为 0；KEY_3 的按键名为 KEY_NAME_KEY3，对应值为 2。

程序清单 5-3

```
typedef enum
{
  KEY_NAME_KEY1 = 0,                            //KEY1
  KEY_NAME_KEY2,                                //KEY2
  KEY_NAME_KEY3,                                //KEY3
  KEY_NAME_MAX
}EnumKeyOneName;
```

在 KeyOne.h 文件的"API 函数声明"区，添加如程序清单 5-4 所示的 API 函数声明代码。InitKeyOne 函数用于初始化 KeyOne 模块。ScanKeyOne 函数用于按键扫描，该函数建议每 10ms 调用一次，即每 10ms 读取一次按键电平。

程序清单 5-4

```
void   InitKeyOne(void);                        //初始化 KeyOne 模块
void   ScanKeyOne(unsigned char keyName, void(*OnKeyOneUp)(void), void(*OnKeyOneDown)(void));
//每 10ms 调用一次
```

步骤 4：完善 KeyOne.c 文件

在 KeyOne.c 文件的"包含头文件"区的最后，添加代码#include "gd32e230x_conf.h"。

在 KeyOne.c 文件的"宏定义"区，添加如程序清单 5-5 所示的宏定义代码。这些宏定义主要是定义读取 GD32E2 杏仁派开发板上 3 个按键的电平状态。

程序清单 5-5

```
//KEY1 为读取 PA0 引脚电平
#define KEY1     (gpio_input_bit_get(GPIOA, GPIO_PIN_0))
//KEY2 为读取 PA12 引脚电平
#define KEY2     (gpio_input_bit_get(GPIOA, GPIO_PIN_12))
//KEY3 为读取 PF7 引脚电平
#define KEY3     (gpio_input_bit_get(GPIOF, GPIO_PIN_7))
```

在 KeyOne.c 文件的"内部变量定义"区，添加内部变量的定义代码，如程序清单 5-6 所示。

程序清单 5-6

```
//按键按下时的电平，0xFF 表示按下为高电平，0x00 表示按下为低电平
static  unsigned char  s_arrKeyDownLevel[KEY_NAME_MAX];//使用前要在 InitKeyOne 函数中进行初始化
```

在 KeyOne.c 文件的"内部函数声明"区，添加内部函数的声明代码，如程序清单 5-7
所示。

程序清单 5-7

```
static  void  ConfigKeyOneGPIO(void);        //配置按键的 GPIO
```

在 KeyOne.c 文件的"内部函数实现"区，添加 ConfigKeyOneGPIO 函数的实现代码，如
程序清单 5-8 所示。下面按照顺序对 ConfigKeyOneGPIO 函数中的语句进行解释说明。

（1）GD32E2 杏仁派开发板的 KEY1、KEY2 和 KEY3 网络分别与 GD32E230C8T6 芯片
的 PA0、PA12 和 PF7 相连接，因此需要通过 rcu_periph_clock_enable 函数使能 GPIOA 和 GPIOF
时钟。

（2）通过 gpio_mode_set 函数将 PA0 配置为下拉输入模式，将 PA12 和 PF7 配置为上拉输
入模式。

程序清单 5-8

```
static  void  ConfigKeyOneGPIO(void)
{
  //使能 RCU 相关时钟
  rcu_periph_clock_enable(RCU_GPIOA);          //使能 GPIOA 时钟
  rcu_periph_clock_enable(RCU_GPIOF);          //使能 GPIOF 时钟

  gpio_mode_set(GPIOA, GPIO_MODE_INPUT, GPIO_PUPD_PULLDOWN, GPIO_PIN_0);   //配置 PA0 为下拉输入模式
  gpio_mode_set(GPIOA, GPIO_MODE_INPUT, GPIO_PUPD_PULLUP, GPIO_PIN_12);    //配置 PA12 为上拉输入模式
  gpio_mode_set(GPIOF, GPIO_MODE_INPUT, GPIO_PUPD_PULLUP, GPIO_PIN_7);     //配置 PF7 为上拉输入模式
}
```

在 KeyOne.c 文件的"API 函数实现"区，添加 API 函数的实现代码，如程序清单 5-9 所
示。KeyOne.c 文件中只有两个 API 函数，分别为 InitKeyOne 和 ScanKeyOne。InitKeyOne 作
为 KeyOne 模块的初始化函数，该函数调用 ConfigKeyOneGPIO 函数配置独立按键的 GPIO；
然后，分别设置 3 个按键按下时的电平（KEY$_1$ 为高电平，KEY$_2$ 和 KEY$_3$ 为低电平）。ScanKeyOne
为按键扫描函数，每 10ms 调用一次。该函数有 3 个参数，分别为 keyName、OnKeyOneUp
和 OnKeyOneDown。其中，keyName 为按键名称，取值为 KeyOne.h 文件中定义的枚举值；
OnKeyOneUp 为按键弹起的响应函数名，由于函数名也是指向函数的指针，因此 OnKeyOneUp
也为指向 OnKeyOneUp 函数的指针；OnKeyOneDown 为按键按下的响应函数名，也为指向
OnKeyOneDown 函数的指针。OnKeyOneUp 和 OnKeyOneDown 均为函数指针，因此
(*OnKeyOneUp)() 为按键弹起的响应函数，(*OnKeyOneDown)() 为按键按下的响应函数。
ScanKeyOne 函数的实现过程可以参考图 5-6 所示的流程图。

程序清单 5-9

```
void InitKeyOne(void)
{
  ConfigKeyOneGPIO(); //配置按键的 GPIO

  s_arrKeyDownLevel[KEY_NAME_KEY1] = KEY_DOWN_LEVEL_KEY1;   //按键 KEY₁ 按下时为高电平
  s_arrKeyDownLevel[KEY_NAME_KEY2] = KEY_DOWN_LEVEL_KEY2;   //按键 KEY₂ 按下时为低电平
```

```
    s_arrKeyDownLevel[KEY_NAME_KEY3] = KEY_DOWN_LEVEL_KEY3;   //按键 KEY3 按下时为低电平
}

void ScanKeyOne(unsigned char keyName, void(*OnKeyOneUp)(void), void(*OnKeyOneDown)(void))
{
  static  unsigned char  s_arrKeyVal[KEY_NAME_MAX];
                              //定义一个 unsigned char 类型的数组，用于存放按键的数值
  static  unsigned char  s_arrKeyFlag[KEY_NAME_MAX];
                              //定义一个 unsigned char 类型的数组，用于存放按键的标志位

  s_arrKeyVal[keyName] = s_arrKeyVal[keyName] << 1;  //左移一位

  switch (keyName)
  {
    case KEY_NAME_KEY1:
      s_arrKeyVal[keyName] = s_arrKeyVal[keyName] | KEY1;    //按下/弹起时，KEY1 为 1/0
      break;
    case KEY_NAME_KEY2:
      s_arrKeyVal[keyName] = s_arrKeyVal[keyName] | KEY2;    //按下/弹起时，KEY2 为 0/1
      break;
    case KEY_NAME_KEY3:
      s_arrKeyVal[keyName] = s_arrKeyVal[keyName] | KEY3;    //按下/弹起时，KEY3 为 0/1
      break;
    default:
      break;
  }

  //按键标志位的值为 TRUE 时，判断是否有按键有效按下
  if(s_arrKeyVal[keyName] == s_arrKeyDownLevel[keyName] && s_arrKeyFlag[keyName] == TRUE)
  {
    (*OnKeyOneDown)();                //执行按键按下的响应函数
    s_arrKeyFlag[keyName] = FALSE;    //表示按键处于按下状态，按键标志位的值更改为 FALSE
  }

  //按键标志位的值为 FALSE 时，判断是否有按键有效弹起
  else if(s_arrKeyVal[keyName] == (unsigned char)(~s_arrKeyDownLevel[keyName]) && s_arrKeyFlag
[keyName] == FALSE)
  {
    (*OnKeyOneUp)();                  //执行按键弹起的响应函数
    s_arrKeyFlag[keyName] = TRUE;     //表示按键处于弹起状态，按键标志位的值更改为 TRUE
  }
}
```

步骤 5：完善 ProcKeyOne.h 文件

单击■按钮进行编译，编译结束后，在 Project 面板中，双击 ProcKeyOne.c 下的 ProcKeyOne.h。在 ProcKeyOne.h 文件的"API 函数声明"区，添加如程序清单 5-10 所示的代码。InitProcKeyOne 函数主要用于初始化 ProcKeyOne 模块；ProcKeyUpKeyx 函数（x = 1, 2, 3）用于处理按键弹起事件，在检测到按键有效弹起时会调用该函数；ProcKeyDownKeyx 函数（x = 1, 2, 3）用于处理按键按下事件，在检测到按键有效按下时会调用该函数。

程序清单 5-10

```
/*****************************************************************************
*                                API 函数声明
*****************************************************************************/
void  InitProcKeyOne(void);        //初始化 ProcKeyOne 模块

void  ProcKeyDownKey1(void);       //处理 KEY₁ 按下的事件，即 KEY₁ 按键按下的响应函数
void  ProcKeyUpKey1(void);         //处理 KEY₁ 弹起的事件，即 KEY₁ 按键弹起的响应函数
void  ProcKeyDownKey2(void);       //处理 KEY₂ 按下的事件，即 KEY₂ 按键按下的响应函数
void  ProcKeyUpKey2(void);         //处理 KEY₂ 弹起的事件，即 KEY₂ 按键弹起的响应函数
void  ProcKeyDownKey3(void);       //处理 KEY₃ 按下的事件，即 KEY₃ 按键按下的响应函数
void  ProcKeyUpKey3(void);         //处理 KEY₃ 弹起的事件，即 KEY₃ 按键弹起的响应函数
```

步骤 6：完善 ProcKeyOne.c 文件

在 ProcKeyOne.c 文件的"包含头文件"区的最后，添加包含头文件的代码。ProcKeyOne 主要用于处理按键按下和弹起事件，这些事件通过串口输出按键按下和弹起的信息，需要调用串口相关的 printf 函数，因此，除了包含 ProcKeyOne.h，还需要包含 UART0.h，如程序清单 5-11 所示。

程序清单 5-11

```
#include "UART0.h"
```

在 ProcKeyOne.c 文件的"API 函数实现"区，添加 API 函数的实现代码，如程序清单 5-12 所示。ProcKeyOne.c 文件中有 7 个 API 函数，分为三类，分别为 ProcKeyOne 模块初始化函数 InitProcKeyOne、按键弹起事件处理函数 ProcKeyUpKeyx、按键按下事件处理函数 ProKeyDownKeyx。注意，由于 3 个按键的按下和弹起事件处理函数类似，因此在程序清单 5-12 中只列出了 KEY₁ 按键的按下和弹起事件处理函数，KEY₂ 和 KEY₃ 的处理函数请读者自行添加。

程序清单 5-12

```
void InitProcKeyOne(void)
{

}

void ProcKeyDownKey1(void)
{
  printf("KEY1 PUSH DOWN\r\n");       //打印按键状态
}

void ProcKeyUpKey1(void)
{
  printf("KEY1 RELEASE\r\n");          //打印按键状态
}
```

步骤 7：完善 GPIO 与独立按键输入实验应用层

在 Project 面板中，双击打开 Main.c 文件，在 Main.c 文件的"包含头文件"区的最后，添加代码#include "KeyOne.h"和#include "ProcKeyOne.h"。这样就可以在 Main.c 文件中调用 KeyOne 和 ProcKeyOne 模块的宏定义和 API 函数等，实现对按键模块的操作。

在 Main.c 文件的 InitHardware 函数中，添加调用 InitKeyOne 和 InitProcKeyOne 函数的代码，如程序清单 5-13 所示，这样就实现了对按键模块的初始化。

程序清单 5-13

```
static  void  InitHardware(void)
{
  SystemInit();                    //系统初始化
  InitRCU();                       //初始化 RCU 模块
  InitNVIC();                      //初始化 NVIC 模块
  InitUART0(115200);               //初始化 UART0 模块
  InitTimer();                     //初始化 Timer 模块
  InitLED();                       //初始化 LED 模块
  InitSysTick();                   //初始化 SysTick 模块
  InitKeyOne();                    //初始化 KeyOne 模块
  InitProcKeyOne();                //初始化 ProcKeyOne 模块
}
```

在 Main.c 文件的 Proc2msTask 函数中，添加调用 ScanKeyOne 函数的代码，如程序清单 5-14 所示。ScanKeyOne 函数需要每 10ms 调用一次，而 Proc2msTask 函数的 if 语句中的代码每 2ms 执行一次，因此，需要通过设计一个计数器（变量 s_iCnt5）进行计数，当计数器从 0 计数到 4 时（经过 5 个 2ms），执行一次 ScanKeyOne 函数，这样就实现了每 10ms 进行一次按键扫描。注意，s_iCnt5 必须定义为静态变量，需要加 static 关键字，如果不加，则退出函数之后，s_iCnt5 分配的存储空间会被自动释放。独立按键按下和弹起时，会通过串口输出提示信息，这里不需要每秒输出一次"This is the first GD32E230 Project, by Zhangsan"，因此，还需要注释掉 Proc1SecTask 函数中的 printf 语句。

程序清单 5-14

```
static  void  Proc2msTask(void)
{
  static signed short s_iCnt5 = 0;

  if(Get2msFlag())      //判断 2ms 标志位状态
  {
    LEDFlicker(250);      //调用 LED 闪烁函数

    if(s_iCnt5 >= 4)
    {
      ScanKeyOne(KEY_NAME_KEY1, ProcKeyUpKey1, ProcKeyDownKey1);
      ScanKeyOne(KEY_NAME_KEY2, ProcKeyUpKey2, ProcKeyDownKey2);
      ScanKeyOne(KEY_NAME_KEY3, ProcKeyUpKey3, ProcKeyDownKey3);

      s_iCnt5 = 0;
    }
    else
    {
      s_iCnt5++;
    }

    Clr2msFlag();      //清除 2ms 标志位
  }
}
```

步骤 8：编译及下载验证

代码编写完成并编译通过后，下载程序并进行复位。打开串口助手，依次按下 GD32E2 杏仁派开发板上的 KEY₁、KEY₂ 和 KEY₃ 按键，可以在串口助手中看到输出如图 5-8 所示的按键按下和弹起提示信息，同时，开发板上的 LED₁ 和 LED₂ 交替闪烁，表示实验成功。

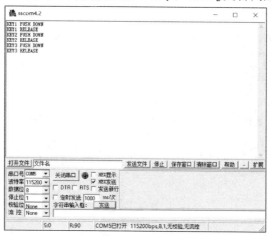

图 5-8　GPIO 与独立按键输入实验结果

本 章 任 务

基于 GD32E2 杏仁派开发板，编写程序实现通过按键切换 LED 编码计数方向。假设 LED 熄灭为 0，点亮为 1，初始状态为 LED₁ 和 LED₂ 均熄灭（00），第二状态为 LED₁ 熄灭、LED₂ 点亮（01），第三状态为 LED₁ 点亮、LED₂ 熄灭（10），第四状态为 LED₁ 和 LED₂ 均点亮（11）。按下 KEY₁ 按键，按照"初始状态→第二状态→第三状态→第四状态→初始状态"方向进行递增编码计数；按下 KEY₃ 按键，按照"初始状态→第四状态→第三状态→第二状态→初始状态"方向进行递减编码计数。无论是递增编码计数，还是递减编码计数，两个相邻状态的间隔均为 1s。

任务提示：

（1）KeyOne 文件对为按键的驱动文件，在按键对应 GPIO 不变的情况下，编写完成后不需要再修改。在本章任务的程序中，按键的动作应添加在 ProcKeyOne.c 文件中，如按键按下的动作应添加在 ProcKeyDownKeyx 函数中，按键弹起的动作应添加在 ProcKeyUpKeyx 函数中。

（2）定义一个变量表示按键按下标志，在 KEY₁ 和 KEY₃ 的按键按下响应函数中设置该标志为按键按下。然后仿照 LEDFlicker 函数编写函数，在 LEDCounter 函数中先判断按键按下标志，如果有按键按下，则开始进行递增或递减编码。

（3）分别单独观察 LED₁ 和 LED₂ 的状态变化情况：在递增编码时，LED₁ 每隔 2s 切换一次状态；在递减编码时，LED₁ 第一次切换状态需要 1s，随后每隔 2s 切换一次状态。而 LED₂ 无论在递增编码还是在递减编码时，均为每隔 1s 切换一次状态。因此，可分别定义两个变量对 LED₁ 和 LED₂ 计数，计数完成后，翻转引脚电平实现 LED 状态切换。

本 章 习 题

1．GPIO 的 ISTAT 的功能是什么？

2．计算 GPIOA 的 ISTAT 的绝对地址。

3．gpio_input_bit_get 函数的作用是什么？该函数具体操作了哪些寄存器？

4．如何通过寄存器操作读取 PA4 引脚的电平？

5．如何通过固件库操作读取 PA4 引脚的电平？

6．在函数内部定义一个变量，加与不加 static 关键字有什么区别？

7．参照图 5-5 和图 5-6，绘制 GD32E2 杏仁派开发板上 KEY$_1$ 按键的去抖原理图和去抖程序设计流程图。

第6章 串口通信

串口通信是设备之间常用的数据通信方式，由于占用的硬件资源极少、通信协议简单且易于使用，串口成为微控制器中使用最频繁的通信接口之一。通过串口，微控制器不仅可以与计算机进行数据通信，还可以进行程序调试，甚至可以连接蓝牙、Wi-Fi 和传感器等外部硬件模块，从而拓展更多的功能。在芯片选型时，串口数量也是工程师参考的重要指标之一。因此，掌握串口的相关知识及用法是学习微控制器的一个重要环节。

本章将详细介绍 GD32E23x 系列微控制器的串口功能框图、串口部分寄存器和固件库、异常和中断、NVIC 寄存器和固件库，以及串口模块驱动设计。最后，通过一个实例介绍串口驱动的设计和应用。

6.1 实验内容

基于 GD32E2 杏仁派开发板设计一个串口通信实验，每秒通过 printf 语句向计算机发送一句话（ASCII 格式），如"This is the first GD32E230 Project, by Zhangsan"，在计算机上通过串口助手显示出来。另外，计算机上的串口助手向开发板发送 1 字节数据（.hex 格式），开发板收到之后进行加 1 处理，再回发到计算机，并通过串口助手显示出来。比如，计算机通过串口助手向开发板发送 0x15，开发板收到之后，进行加 1 处理，向计算机发送 0x16。

6.2 实验原理

6.2.1 串口通信协议

串口在不同的物理层上可分为 UART 口、COM 口和 USB 口等，还可根据不同的电平标准（如 TTL、RS-232 和 RS-485 等）来划分，下面主要介绍基于 TTL 电平标准的 UART。

通用异步串行收发器（Universal Asynchronous Receiver/Transmitter，UART）是微控制器领域十分常用的通信设备，还有一种是通用同步/异步串行收发器（Universal Synchronous/Asynchronous Receiver/Transmitter，USART）。二者的区别是 USART 既可以进行同步通信，也可以进行异步通信，而 UART 只能进行异步通信。简单区分同步和异步通信的方式是根据通信过程中是否使用时钟信号，在同步通信中，收发设备之间会通过一条信号线表示时钟信号，在时钟信号的驱动下同步数据，而异步通信不需要时钟信号进行数据同步。

相较于 USART 的同步通信方式，其异步通信方式使用更为频繁。当使用 USART 进行异步通信时，其用法与 UART 没有区别，只需要两条信号线和一条共地线即可完成双向通信。本实验即使用 USART 的异步通信方式。下面先介绍 UART 通信协议及其通信原理。

1. UART 物理层

UART 采用异步串行全双工通信，因此 UART 通信没有时钟线，而是通过两条数据线来实现双向同时传输，一条是发送数据线，另一条是接收数据线。收发数据只能一位一位地在各自的数据线上传输。数据线是根据逻辑电平来传输数据的，因此还必须有参照的地线，最简单的 UART 接口由发送数据线 TXD、接收数据线 RXD 和 GND（地）共 3 条线组成。

  UART 一般采用 TTL 的逻辑电平标准来表示数据，逻辑 1 用高电平表示，逻辑 0 用低电平表示。在 TTL 电平标准中，高/低电平为范围值，通常规定：引脚作为输出时，电压低于 0.4V 稳定输出低电平，电压高于 2.4V 稳定输出高电平；引脚作为输入时，电压低于 0.8V 稳定输入低电平，电压高于 2V 稳定输入高电平。微控制器通常也采用 TTL 电平标准，但其对引脚输入/输出高/低电平的电压范围有额外的规定，实际应用时需要参考数据手册。

  两个 UART 设备的连接非常简单，比如 UART 设备 A 和 UART 设备 B，只需要将 UART 设备 A 的发送数据线 TXD 与 UART 设备 B 的接收数据线 RXD 相连接，将 UART 设备 A 的接收数据线 RXD 与 UART 设备 B 的发送数据线 TXD 相连接，当然，两个 UART 设备必须共地，因此，还需要将两个设备的 GND 相连接，如图 6-1 所示。

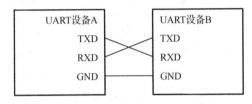

图 6-1 两个 UART 设备连接方式

2．UART 数据格式

  UART 数据按照一定的格式打包成帧，微控制器或计算机在物理层上以帧为单位进行传输。UART 的一帧数据由起始位、数据位、校验位、停止位和空闲位组成，如图 6-2 所示。需要说明的是，一个完整的 UART 数据帧必须有起始位、数据位和停止位，但是不一定有校验位和空闲位。

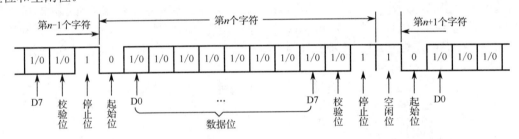

图 6-2 UART 数据帧格式

  （1）起始位长度为 1 位，起始位的逻辑电平为低电平。由于 UART 空闲状态时的电平为高电平，因此，UART 在每一个数据帧的开始，需要先发出一个逻辑 0，表示传输开始。

  （2）数据位长度通常为 8 位，也可以为 9 位，每个数据位的值既可以是逻辑 0 也可以是逻辑 1，而且传输采用的是小端方式，即最低位（D0）在前，最高位（D7）在后。

  （3）校验位不是必需项，因此可以将 UART 配置为没有校验位，即不对数据位进行校验，也可以将 UART 配置为带奇偶校验位。如果配置为带奇偶校验位，则校验位的长度为 1 位，校验位的值既可以为逻辑 0 也可以为逻辑 1。在奇校验模式下，如果数据位中的逻辑 1 是奇数个，则校验位为 0；如果数据位中的逻辑 1 是偶数个，则校验位为 1。在偶校验模式下，如果数据位中的逻辑 1 是奇数个，则校验位为 1；如果数据位中的逻辑 1 是偶数个，则校验位为 0。

  （4）停止位长度可以是 1 位、1.5 位或 2 位，但是，通常情况下停止位都是 1 位。停止位是一帧数据的结束标志，因为起始位是低电平，所以停止位为高电平。

  （5）空闲位是数据传输完毕后，线路上保持的逻辑 1（高电平），表示线路上当前没有数据传输。

3. UART 传输速率

UART 传输速率常用波特率或比特率来表示。比特率是每秒传输的二进制位数，单位为 bps（bit per second，位每秒）。波特率，即每秒传送码元的个数，单位为 baud。由于 UART 使用 NRZ（Non-Return to Zero，不归零）编码，因此对于 UART 而言，其波特率和比特率是相同的（为了与软件界面保持一致，本书统一采用单位 bps）。在实际应用中，常用的 UART 传输速率有 1200bps、2400bps、4800bps、9600bps、19200bps、38400bps、57600bps 和 115200bps。

假设数据位为 8 位，校验方式为奇校验，停止位为 1 位，波特率为 115200bps，计算每 2ms 最多可以发送多少字节数据。首先，计算可知，一帧数据有 11 位（1 位起始位+8 位数据位+1 位校验位+1 位停止位）；其次，波特率为 115200bps，即每秒传输 115200bit，相当于每毫秒可以传输 115.2bit，由于每帧数据有 11 位，因此每毫秒可以传输 10 字节数据，2ms 就可以传输 20 字节数据。

综上所述，UART 是以帧为单位进行数据传输的。一个 UART 数据帧由 1 位起始位、8～9 位数据位、0 位/1 位校验位、1 位/1.5 位/2 位停止位组成。除了起始位，其余位必须在通信前由通信双方设定好，即通信前必须确定数据位和停止位的位数、校验方式及波特率。这就相当于两个人在通过电话交谈之前，要先确定好交谈所使用的语言；否则，若一方使用英语，另外一方使用汉语，就无法进行有效的交流。

4. UART 通信实例

UART 采用异步串行通信，没有时钟线，只有数据线。那么，收到一个 UART 原始波形，如何确定一帧数据？如何计算传输的是什么数据？下面以一个 UART 波形为例来说明，假设 UART 波特率为 115200 bps，数据位为 8 位，无奇偶校验位，停止位为 1 位。

如图 6-3 所示，第 1 步，获取 UART 原始波形数据；第 2 步，按照波特率进行中值采样，每位的时间宽度为(1/115200)s≈8.68μs，将电平第一次由高电平到低电平的转换点作为基准点，即 0μs 时刻，在 4.34μs 时刻采样第 1 个点，在 13.02μs 时刻采样第 2 个点，以此类推，然后判断第 10 个采样点是否为高电平，如果为高电平，表示完成一帧数据的采样；第 3 步，确定起始位、数据位和停止位，采样的第 1 个点即为起始位，且起始位为低电平，采样的第 2～9 个点为数据位，其中第 2 个点为数据最低位，第 9 个点为数据最高位，第 10 个点为停止位，且停止位为高电平。

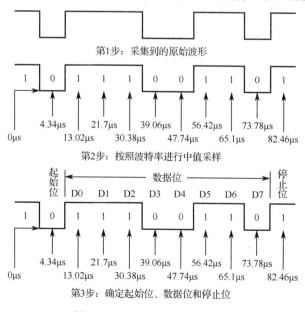

图 6-3 UART 通信实例时序图

6.2.2　串口电路原理图

串口通信实验涉及的硬件主要为 USB 转串口模块电路，包括 Type-C 型 USB 接口（编号为 USB_1）、USB 转串口芯片 CH340G（编号为 U_{105}）和 12MHz 晶振等。Type-C 型接口的 UD1+和 UD1-网络为数据传输线（使用 USB 通信协议），这两条线各通过一个 22Ω 电阻连接到 CH340G 芯片的 UD+ 和 UD- 引脚。CH340G 芯片可以实现 USB 通信协议和标准 UART 串行通信协议的转换，因此，还需将 CH340G 芯片的一对串口连接到 GD32E230C8T6 芯片的串口，这样即可实现 GD32E2 杏仁派开发板通过 Type-C 型接口与计算机进行数据通信。这里将 CH340G 芯片的 TXD 引脚通过 CH340_TX 网络连接到 GD32E230C8T6 芯片的 PA10 引脚（USART0_RX），将 CH340G 芯片的 RXD 引脚通过 CH340_RX 网络连接到 GD32E230C8T6 芯片的 PA9 引脚（USART0_TX）。此外，两芯片还应共地。

注意，在 CH340G 和 GD32E230C8T6 之间添加了一个 2×2Pin 的排针，在开始串口通信实验之前，需要先使用两个跳线帽分别连接 1 号脚（CH340_TX）和 2 号脚（USART0_RX）、3 号脚（CH340_RX）和 4 号脚（USART0_TX）。串口硬件电路如图 6-4 所示。

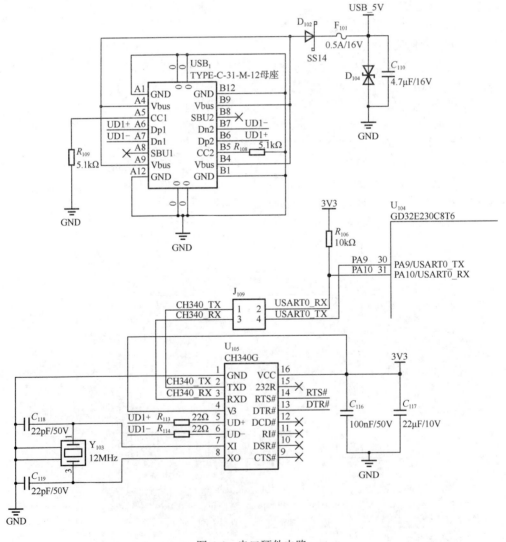

图 6-4　串口硬件电路

6.2.3 串口功能框图

图 6-5 给出了 GD32E23x 系列微控制器的串口功能框图，下面依次介绍串口的功能引脚、数据寄存器、控制器和波特率发生器。本节涉及部分串口寄存器的相关知识，GD32E23x 系列微控制器的串口相关寄存器将在 6.2.4 节详细介绍。

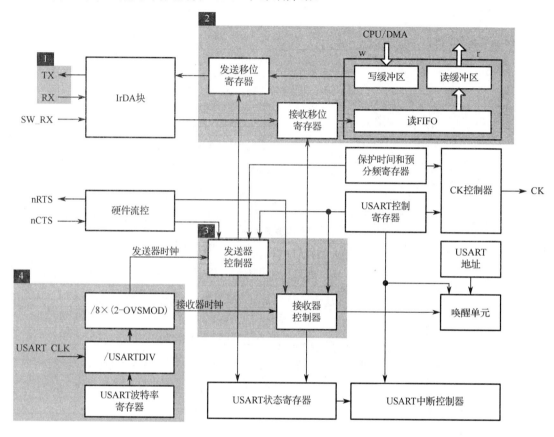

图 6-5 串口功能框图

1. 功能引脚

GD32E23x 系列微控制器的串口功能引脚包括 TX、RX、SW_RX、nRTS、nCTS 和 CK。本书中有关串口的实验仅用到 TX 和 RX，其中 TX 是发送数据输出引脚，RX 是接收数据输入引脚。表 6-1 引用自《GD32E230xx 数据手册》，包含 GD32E230Cx 系列微控制器中所有串口的 TX 和 RX 引脚信息。

表 6-1 串口的 GPIO 引脚说明

引脚名称	引　脚	类　型	I/O 电平	功 能 描 述
PA2	12	I/O	—	Default: PA2 Alternate: **USART0_TX, USART1_TX**, TIMER14_CH0 Additional: ADC_IN2, CMP_IM7
PA3	13	I/O	—	Default: PA3 Alternate: **USART0_RX, USART1_RX**, TIMER14_CH1 Additional: ADC_IN3

续表

引脚名称	引　　脚	类　　型	I/O 电平	功　能　描　述
PB0	18	I/O	—	Default: PB0 Alternate: TIMER2_CH2, TIMER0_CH1_ON, **USART1_RX**, EVENTOUT Additional: ADC_IN8
PA8	29	I/O	5VT	Default: PA8 Alternate: USART0_CK, TIMER0_CH0, CK_OUT **USART1_TX**, EVENTOUT
PA9	30	I/O	5VT	Default: PA9 Alternate: **USART0_TX**, TIMER0_CH1, TIMER14_BRKIN, I2C0_SCL, CK_OUT
PA10	31	I/O	5VT	Default: PA10 Alternate: **USART0_RX**, TIMER0_CH2, TIMER16_BRKIN, I2C0_SDA
PA14	37	I/O	5VT	Default: PA14 Alternate: **USART0_TX**, **USART1_TX**, SWCLK, SPI1_MOSI
PA15	38	I/O	5VT	Default: PA15 Alternate:SPI0_NSS, I2S0_WS, **USART0_RX**, **USART1_RX**, SPI1_NSS, EVENTOUT
PB6	42	I/O	5VT	Default: PB6 Alternate: I2C0_SCL, **USART0_TX**, TIMER15_CH0_ON
PB7	43	I/O	5VT	Default: PB7 Alternate: I2C0_SDA, **USART0_RX**, TIMER16_CH0_ON

　　GD32E230C8T6 芯片包含两个串口，即 USART0 和 USART1。其中，USART0 的时钟来源于 APB2 总线时钟，APB2 总线时钟的最大频率为 72MHz；USART1 的时钟来源于 APB1 总线时钟，APB1 总线时钟的最大频率为 72MHz。

2．数据寄存器

　　USART 的数据寄存器只有低 9 位有效，该寄存器在物理上由两个寄存器组成，即 USART 数据发送寄存器（USART_TDATA）和 USART 数据接收寄存器（USART_RDATA）。在图 6-5 中，串口执行发送操作（写操作），即向写缓冲区写数据，实际上是将数据写入 USART_TDATA；串口执行接收操作（读操作），即读取读缓冲区中的数据，实际上是读取 USART_RDATA 中的数据。

　　数据写入 USART_TDATA 之后，USART 会将数据转移到发送移位寄存器，然后由发送移位寄存器通过 TX 引脚逐位发送出去。通过 RX 引脚接收到的数据，按照顺序保存在接收移位寄存器中，USART 再将数据转移到 USART_RDATA。将寄存器 USART_RFCS 的 RFEN 位置 1，从而使能接收 FIFO，可以避免当 CPU 无法迅速响应接收缓冲区非空中断时，发生过载错误。接收 FIFO 和接收缓冲区可存储最多 5 帧数据。

3．控制器

　　串口的控制器包括发送器控制器、接收器控制器、唤醒单元、校验控制器和中断控制器等，这里仅介绍发送器控制器和接收器控制器。使用串口之前，需要向 USART_CTL0 的 UEN 位写入 1，使能串口，通过向 USART_CTL0 的 WL 位写入 0 或 1，可以将串口传输数据的长度设置为 8 位或 9 位，通过 USART_CTL1 的 STB[1:0]位，可以将串口的停止位配置为 0.5 位、

1 位、1.5 位或 2 位。

（1）发送器控制器

向 USART_CTL0 的 TEN 位写入 1，即可启动数据发送，发送移位寄存器的数据会按照一帧数据格式（起始位+数据帧+可选的奇偶校验位+停止位）通过 TX 引脚逐位输出。当一帧数据的最后一位发送完成且 TBE 位为 1 时，USART_STAT 的 TC 位将由硬件置 1，表示数据传输完成。此时，如果 USART_CTL0 寄存器的 TCIE 位为 1，则产生中断。在发送过程中，除了发送完成（TC = 1）可以产生中断，发送寄存器为空（TBE = 1）也可以产生中断，即 USART_TDATA 寄存器中的数据被硬件转移到发送移位寄存器时，TBE 位将被硬件置 1。此时，如果 USART_CTL0 的 TBEIE 位为 1 时，则产生中断。

（2）接收器控制器

向 USART_CTL0 的 REN 位写入 1，即可启动数据接收，当串口控制器在 RX 引脚侦测到起始位时，就会按照配置的波特率将 RX 引脚上读取到的高、低电平（对应逻辑 1 或 0）依次存放在接收移位寄存器中。当接收到一帧数据的最后一位（停止位）时，接收移位寄存器中的数据将会被转移到 USART_RDATA 中，USART_STAT 的 RBNE 位将由硬件置 1，表示数据接收完成。此时，如果 USART_CTL0 的 RBNEIE 位为 1，则产生中断。

4. 波特率发生器

接收器和发送器的波特率由波特率发生器控制，用户只需要向波特率寄存器（USART_BAUD）写入不同的值，就可以控制波特率发生器输出不同的波特率。USART_BAUD 由整数部分 BRR[15:4]和小数部分 BRR[3:0]组成，如图 6-6 所示。

图 6-6 USART_BAUD 结构

BRR[15:4]是波特率分频系数（USARTDIV）的整数部分，BRR[3:0]是 USARTDIV 的小数部分，接收器和发送器的波特率计算公式如下：

$$\text{Baud Rate} = \text{PCLK} / \{\text{USARTDIV} \times [8 \times (2 - \text{OVSMOD})]\}$$

式中，PCLK 是外设的时钟频率，USART0 的系统时钟为 PCLK2，USART1 的系统时钟为 PCLK1。USARTDIV 是一个 16 位无符号定点数，其值可在 USART_BAUD 中设置。OVSMOD 为 USART 控制寄存器 0（USART0_CTL0）的过采样模式设置位：该位为 0 时，过采样率为 16；该位为 1 时，过采样率为 8。

向 USART_BAUD 写入数据后，波特率计数器会被波特率寄存器中的新值替换。因此，不能在通信进行中改变波特率寄存器中的数值。

如何根据 USART_BAUD 计算 USARTDIV，以及根据 USARTDIV 计算 USART_BAUD？下面通过 2 个实例来说明。

当过采样率为 16 时：

（1）由 USART_BAUD 寄存器的值得到 USARTDIV

假设 USART_BAUD = 0x21D，分别用 INTDIV 和 FRADIV 来表示 USARTDIV 的整数部分和小数部分，则 INTDIV=33（0x21），FRADIV=13（0xD）。

USARTDIV 的整数部分 = INTDIV = 33，USARTDIV 的小数部分 = FRADIV/16 = 13/16 = 0.81。因此，USARTDIV = 33.81。

（2）由 USARTDIV 得到 USART_BAUD 寄存器的值

假设 USARTDIV = 30.37，分别用 INTDIV 和 FRADIV 来表示 USARTDIV 的整数部分和

小数部分，则 INTDIV = 30（0x1E），FRADIV = 16 × 0.37 = 5.92 ≈ 6（0x6）。

因此，USART_BAUD = 0x1E6。

注意，若取整后 FRADIV = 16（溢出），则进位必须加到整数部分。

在串口通信过程中，常用的波特率理论值有 2.4kbps、9.6kbps、19.2kbps、57.6kbps、115.2kbps 等，但由于微控制器的主频较低，导致在传输过程中波特率的实际值与理论值有偏差，微控制器的主频不同，波特率的误差范围也存在差异，如表 6-2 所示。

表 6-2　波特率误差

序　号	波 特 率						
	理论值/kbps	f_{PCLK} = 36MHz			f_{PCLK} = 72MHz		
		实际值/kbps	置于波特率寄存器中的值	误 差 率	实际值/kbps	置于波特率寄存器中的值	误 差 率
1	2.4	2.400	937.5	0%	2.4	1875	0%
2	9.6	9.600	234.375	0%	9.6	468.75	0%
3	19.2	19.2	117.1875	0%	19.2	234.375	0%
4	57.6	57.6	39.0625	0%	57.6	78.125	0%
5	115.2	115.384	19.5	0.15%	115.2	39.0625	0%
6	230.4	230.769	9.75	0.16%	230.769	19.5	0.16%
7	460.8	461.538	4.875	0.16%	461.538	9.75	0.16%
8	921.6	923.076	2.4375	0.16%	923.076	4.875	0.16%
9	2250	2250	1	0%	2250	2	0%
10	4500	不可能	不可能	不可能	4500	1	0%

6.2.4　串口部分寄存器

本实验涉及的 USART 寄存器包括 USART 控制寄存器 0（USART_CTL0）、USART 控制寄存器 1（USART_CTL1）、USART 状态寄存器（USART_STAT）、USART 中断标志清除寄存器（USART_INTC）、USART 数据接收寄存器（USART_RDATA）、USART 数据发送寄存器（USART_TDATA）和 USART 波特率寄存器（USART_BAUD）。下面仅介绍部分寄存器及其中的部分位。

1. USART 控制寄存器 0（USART_CTL0）

USART_CTL0 的结构、偏移地址和复位值如图 6-7 所示，部分位的解释说明如表 6-3 所示。

偏移地址：0x00

复位值：0x0000 0000

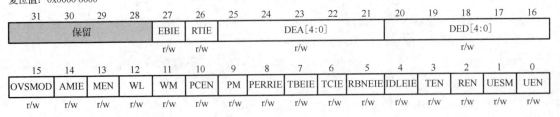

图 6-7　USART_CTL0 的结构、偏移地址和复位值

表 6-3　USART_CTL0 部分位的解释说明

位/位域	名　　称	描　　　述
31:28	保留	必须保持复位值
27	EBIE	块尾中断使能。 0：中断禁止；1：中断使能。 在 USART1，该位保留
26	RTIE	接收超时中断使能。 0：中断禁止；1：中断使能。 在 USART1，该位保留
25:21	DEA[4:0]	驱动使能置位时间。 这些位用来设置从 DE（驱动使能）信号被置 1 到发送数据的首字节的起始位之间的时间间隔。它以采样时间为单位（1/8 或 1/16 位时间），可以通过 OVSMOD 位来配置。当 USART 被使能（UEN=1）时，该位域不能被改写
20:16	DED[4:0]	驱动使能置低时间。 这些位用来设置从发送数据的尾字节的停止位到置低 DE（驱动使能）信号之间的时间间隔。它以采样时间为单位（1/8 或 1/16 位时间），可以通过 OVSMOD 位来配置。当 USART 被使能（UEN=1）时，该位域不能被改写
15	OVSMOD	过采样模式。 0：16 倍过采样；1：8 倍过采样。 在 LIN、IrDA 和智能卡模式下，该位保持清零。 当 USART 被使能（UEN=1）时，该位域不能被改写
14	AMIE	ADDR 字符匹配中断使能。 0：ADDR 字符匹配中断禁止；1：ADDR 字符匹配中断使能
13	MEN	静默模式使能。 0：静默模式禁止；1：静默模式被使能
12	WL	字长。 0：8 数据位；1：9 数据位。 当 USART 被使能（UEN=1）时，该位域不能被改写
11	WM	从静默模式唤醒方法。 0：空闲线；1：地址标记。 当 USART 被使能（UEN=1）时，该位域不能被改写
10	PCEN	校验控制使能。 0：校验控制禁止；1：校验控制被使能。 当 USART 被使能（UEN=1）时，该位域不能被改写
9	PM	检验模式。 0：偶校验；1：奇校验。 当 USART 被使能（UEN=1）时，该位域不能被改写
8	PERRIE	校验错误中断使能。 0：校验错误中断禁止；1：当 USART_STAT 寄存器的 PERR 位被置 1 时，触发中断
7	TBEIE	发送寄存器空中断使能。 0：中断禁止；1：当 USART_STAT 寄存器的 TBE 位被置 1 时，触发中断

续表

位/位域	名　称	描　述
6	TCIE	发送完成中断使能。 如果该位置 1，USART_STAT 寄存器中 TC 被置 1 时产生中断。 0：发送完成中断禁止；1：发送完成中断使能
5	RBNEIE	读数据缓冲区非空中断和过载错误中断使能。 0：读数据缓冲区非空中断和过载错误中断禁止； 1：当 USART_STAT 寄存器的 ORERR 或 RBNE 位被置 1 时，触发中断
4	IDLEIE	IDLE 线检测中断使能。 0：IDLE 线检测中断禁止； 1：当 USART_STAT 寄存器的 IDLEF 位被置 1 时，触发中断
3	TEN	发送器使能。 0：发送器关闭；1：发送器打开
2	REN	接收器使能。 0：接收器关闭；1：接收器打开且开始搜索起始位
1	UESM	USART 在深度睡眠模式下使能。 0：USART 不能从深度睡眠模式唤醒 MCU； 1：USART 能从深度睡眠模式唤醒 MCU。条件是 USART 的时钟源必须是 IRC8M 或 LXTAL。 在 USART1，该位保留
0	UEN	USART 使能。 0：USART 预分频器和输出禁止；1：USART 预分频器和输出使能

2. USART 数据接收寄存器（USART_RDATA）

USART_RDATA 的结构、偏移地址和复位值如图 6-8 所示，部分位的解释说明如表 6-4 所示。

偏移地址：0x24
复位值：0x0000 0000

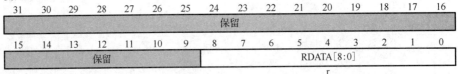

图 6-8　USART_RDATA 的结构、偏移地址和复位值

表 6-4　USART_RDATA 部分位的解释说明

位/位域	名　称	描　述
31:9	保留	必须保持复位值
8:0	RDATA[8:0]	接收数据的值。 包含接收到的数据字节。如果接收到的数据打开了奇偶校验位（USART_CTL0 寄存器的 PCEN 位置 1），那么接收到的数据的最高位（第 7 位或第 8 位，取决于数据的长度）是奇偶检验位

3. USART 数据发送寄存器（USART_TDATA）

USART_TDATA 的结构、偏移地址和复位值如图 6-9 所示，部分位的解释说明如表 6-5 所示。

偏移地址：0x28
复位值：0x0000 0000

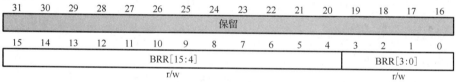

图 6-9 USART_TDATA 的结构、偏移地址和复位值

表 6-5 USART_TDATA 部分位的解释说明

位/位域	名 称	描 述
31:9	保留	必须保持复位值
8:0	TDATA[8:0]	发送数据的值。 包含发送的数据字节。如果发送的数据打开了奇偶校验位（USART_CTL0 寄存器的 PCEN 位置 1），那么发送的数据的最高位（第 7 位或第 8 位取决于数据的长度）将会被奇偶校验位替代。只有当 USART_STAT 寄存器的 TBE 位被置 1 时，这个寄存器才可以改写

4. USART 波特率寄存器（USART_BAUD）

USART_BAUD 的结构、偏移地址和复位值如图 6-10 所示，部分位的解释说明如表 6-6 所示。

偏移地址：0x0C
复位值：0x0000 0000

31	30	29	28	27	26	25	24	23	22	21	20	19	18	17	16

保留

15	14	13	12	11	10	9	8	7	6	5	4	3	2	1	0

BRR[15:4] / BRR[3:0]
r/w   r/w

图 6-10 USART_BAUD 的结构、偏移地址和复位值

表 6-6 USART_BAUD 部分位的解释说明

位/位域	名 称	描 述
31:16	保留	必须保持复位值
15:4	BRR[15:4]	波特率分频系数的整数部分。 DIV_INT[11:0]=BRR[15:4]
3:0	BRR[3:0]	波特率分频系数的小数部分。 OVSMOD=0 时，USARTDIV[3:0]=BRR[3:0]； OVSMOD=1 时，USARTDIV[3:1]=BRR[2:0]，BRR[3]必须被清零

除了上述 4 个寄存器，本实验还涉及 USART 控制寄存器 1（USART_CTL1），通过该寄存器的 STB[1:0]位用来设置数据帧的停止位长度；以及 USART 状态寄存器（USART_STAT）的 TBE 位（发送数据寄存器空）、TC 位（发送完成）和 RBNE 位（读数据缓冲区非空）。上述寄存器及更多其他寄存器的定义和功能可参见《GD32E23x 用户手册（中文版）》或《GD32E23x 用户手册（英文版）》。

6.2.5 串口部分固件库函数

本实验涉及的串口部分固件库函数有 usart_deinit、usart_baudrate_set、usart_stop_bit_set、usart_word_length_set、 usart_parity_config、 usart_receive_config、 usart_transmit_config、usart_enable、usart_interrupt_enable、usart_interrupt_disable、usart_data_transmit、usart_data_receive、usart_flag_get、usart_flag_clear、usart_interrupt_flag_get 和 usart_interrupt_flag_clear。这些函数在 gd32e230_usart.h 文件中声明，在 gd32e230_usart.c 文件中实现。

下面仅介绍其中部分固件库函数。

1. usart_baudrate_set 函数

usart_baudrate_set 函数的功能是设置 USART 的波特率，通过向 USART_BAUD 写入参数来实现，具体描述如表 6-7 所示。

表 6-7 usart_baudrate_set 函数的描述

函 数 名	usart_baudrate_set
函 数 原 型	void usart_baudrate_set(uint32_t usart_periph, uint32_t baudval)
功 能 描 述	配置 USART 波特率
输入参数 1	usart_periph：usart_periph 可以是 USART0 或 USART1，用于选择 USART 外设
输入参数 2	baudval：波特率值
输 出 参 数	无
返 回 值	void

例如，设置 USART0 的波特率为 115200bps，代码如下：

```
usart_baudrate_set (USART0, 115200);
```

2. usart_enable 函数

usart_enable 函数的功能是使能 USART，通过向 USART_CTL0 写入参数来实现，具体描述如表 6-8 所示。

表 6-8 usart_enable 函数的描述

函 数 名	usart_enable
函 数 原 型	void usart_enable(uint32_t usart_periph)
功 能 描 述	使能 USART
输 入 参 数	usart_periph：usart_periph 可以是 USART0 或 USART1，用于选择 USART 外设
输 出 参 数	无
返 回 值	void

例如，使能 USART0，代码如下：

```
usart_enable(USART0);
```

3. usart_data_transmit 函数

usart_data_transmit 函数的功能是发送数据，通过向 USART_TDATA 写入参数来实现，具体描述如表 6-9 所示。

表 6-9 usart_data_transmit 函数的描述

函 数 名	usart_data_transmit
函 数 原 型	void usart_data_transmit(uint32_t usart_periph, uint32_t data)
功 能 描 述	通过外设 USART 发送数据
输入参数 1	usart_periph：usart_periph 可以是 USART0 或 USART1，用于选择 USART 外设
输入参数 2	data：待发送的数据（0～0x1FF）
输 出 参 数	无
返 回 值	void

例如，通过 USART0 发送一个数据 0x5A，代码如下：

```
usart_data_transmit(USART0, 0x5A);
```

4. usart_data_receive 函数

usart_data_receive 函数的功能是读取接收到的数据，通过读取 USART_RDATA 来实现，具体描述如表 6-10 所示。

表 6-10 usart_data_receive 函数的描述

函 数 名	usart_data_receive
函 数 原 型	uint16_t usart_data_receive(uint32_t usart_periph)
功 能 描 述	返回 USART 接收到的数据
输 入 参 数	usart_periph：usart_periph 可以是 USART0 或 USART1，用于选择 USART 外设
输 出 参 数	无
返 回 值	接收到的数据(0～0x1FF)

例如，从 USART0 读取接收到的数据，代码如下：

```
uint16_t rxData;
rxData = usart_data_receive(USART0);
```

本实验还涉及：

① usart_deinit 函数，用于复位外设 USART；

② usart_stop_bit_set 函数，用于配置 USART 停止位；

③ usart_word_length_set 函数，用于配置 USART 字长；

④ usart_parity_config 函数，用于配置 USART 奇偶检验；

⑤ usart_receive_config 函数，用于配置 USART 接收器；

⑥ usart_transmit_config 函数，用于配置 USART 发送器；

⑦ usart_interrupt_enable 函数，用于使能 USART 中断；

⑧ usart_interrupt_disable 函数，用于禁止 USART 中断；

⑨ usart_flag_get 函数，用于获取 USART STAT/CHC/RFCS 寄存器标志位；

⑩ usart_flag_clear 函数，用于清除 USART 状态寄存器标志位；

⑪ usart_interrupt_flag_get 函数，用于获取 USART 中断标志位状态；

⑫ usart_interrupt_flag_clear 函数，用于清除 USART 中断标志位状态。

以上固件库函数及更多其他串口固件库函数的函数原型、输入/输出参数及用法等请参考《GD32E23x 固件库使用指南》。

6.2.6　异常和中断

GD32E23x 系列微控制器的内核是 Cortex-M23，GD32E23x 系列微控制器的异常和中断继承了 Cortex-M23 的异常响应系统。要理解 GD32E23x 系列微控制器的异常和中断，除了要知道什么是异常和中断，还要知道什么是线程模式和处理模式，以及什么是 Cortex-M23 的异常和中断。

1．异常和中断的概念

中断是主机与外设进行数据通信的重要机制，它负责处理处理器外部的异常事件。异常实质上也是一种中断，主要负责处理处理器内部事件。

2．线程模式和处理模式

处理器复位或异常退出时为线程模式（Thread Mode），出现中断或异常时会进入处理模式（Handler Mode），处理模式下所有代码为特权访问。

3．Cortex-M23 的异常和中断

Cortex-M23 在内核水平上搭载了一个异常响应系统，支持为数众多的系统异常和外部中断。表 6-11 列出了系统异常（编号 1～15），表 6-12 列出了外部中断（编号 16～255）。除了个别异常的优先级不能被修改，其他异常的优先级都可以通过编程进行修改。

表 6-11　Cortex-M23 系统异常清单

编　　号	类　　型	优 先 级	简　　　　　介
0	N/A	N/A	没有异常在运行
1	复位	-3（最高）	复位
2	NMI	-2	不可屏蔽中断（来自外部 NMI 输入脚）
3	硬件失效	-1	所有被禁止的错误，都将"上访"（escalation）成硬件失效。只要 FAULTMASK 没有置 1，硬件失效服务例程就被强制执行。错误被禁止的原因包括被禁用以及被 PRIMASK/BASEPRI 掩蔽，若 FAULTMASK 也置 1，则硬件失效也被禁止，此时彻底"关中"
4	MemManage fault	可编程	存储器管理错误，存储器管理单元（MPU）访问违例及访问非法位置均可引发。企图在"非执行区"取指也会引发此错误
5	总线错误	可编程	从总线系统收到了错误响应，原因可以是预取流产（abort）或数据流产，企图访问协处理器也会引发此错误
6	使用错误	可编程	由于程序错误导致的异常，通常是使用了一条无效指令，或是非法的状态转换，如尝试切换到 ARM 状态
7	SecureFault	可编程	由信任区安全冲突引起的异常。在 ARMv8-M 基线（Cortex-M23 处理器）中或信任区未实现时不可用
8～10	保留	N/A	N/A
11	SVC	可编程	执行系统服务调用指令（SVC）引发的异常
12	调试监视器	可编程	调试监视器（断点、数据观察点或外部调试请求）

续表

编　号	类　型	优 先 级	简　介
13	保留	N/A	N/A
14	PendSV	可编程	为系统设备而设的"可悬挂请求"（pendable request）
15	SysTick	可编程	系统节拍定时器（周期性溢出的时基定时器）

表 6-12　Cortex-M23 外部中断清单

编　号	类　型	优 先 级	简　介
16	IRQ #0	可编程	外部中断#0
17	IRQ #1	可编程	外部中断#1
⋮	⋮	⋮	⋮
255	IRQ #239	可编程	外部中断#239

4．异常和中断向量表

芯片设计厂商（如兆易创新）可以修改 Cortex-M23 的硬件描述源代码，即可以根据产品定位，对表 6-11 和表 6-12 进行调整。例如，GD32E23x 系列产品将中断号从 -15～-1 的向量定义为系统异常，将中断号为 0～67 的向量定义为外部中断，如表 6-13 所示。其中，优先级为 -3、-2 和 -1 的系统异常，即复位（Reset）、不可屏蔽中断（NMI）和硬件失效（HardFault），其优先级是固定的，其他异常和中断的优先级可以通过编程修改。表 6-13 中的异常和中断的中断服务函数名可参见启动文件 startup_gd32e230.s。

表 6-13　GD32E230xx 系列微控制器中断向量表

中断号	优 先 级	名　　称	中 断 名	说　明	地　址
—	—	—	—	保留	0x0000_0000
-15	-3	Reset	—	复位	0x0000_0004
-14	-2	NMI	NonMaskableInt_IRQn	不可屏蔽中断 RCU 时钟安全系统（CSS） 连接到 NMI 向量	0x0000_0008
-13	-1	硬件失效 （HardFault）	HardFault_Handler	所有类型的失效	0x0000_000C
-12	可设置	存储管理 （MemManage）	—	存储器管理	0x0000_0010
-11	可设置	总线错误 （BusFault）	—	预取指失败，存储器访问失败	0x0000_0014
-10	可设置	错误应用 （UsageFault）	—	未定义的指令或非法状态	0x0000_0018
⋮	—	—	—	保留	0x0000_001C ～ 0x0000_002B
-5	可设置	SVCall	SVCall_IRQn	通过 SWI 指令的系统服务调用	0x0000_002C

中断号	优 先 级	名　　称	中　断　名	说　　明	地　　址
-4	可设置	调试监控 （DebugMonitor）	—	调试监控器	0x0000_0030
—	—	—	—	保留	0x0000_0034
-2	可设置	PendSV	PendSV_IRQn	可挂起的系统服务	0x0000_0038
-1	可设置	SysTick	SysTick_IRQn	系统嘀嗒定时器	0x0000_003C
0	可设置	WWDGT	WWDGT_IRQn	窗口看门狗中断	0x0000_0040
1	可设置	LVD	LVD_IRQn	连接到 EXTI 线的 LVD 中断	0x0000_0044
2	可设置	RTC	RTC_IRQn	RTC 全局中断	0x0000_0048
3	可设置	FMC	FMC_IRQn	FMC 全局中断	0x0000_004C
4	可设置	RCU	RCU_IRQn	RCU 全局中断	0x0000_0050
5	可设置	EXTI0_1	EXTI0_1_IRQn	EXTI 线 0~1 中断	0x0000_0054
6	可设置	EXTI2_3	EXTI2_3_IRQn	EXTI 线 2~3 中断	0x0000_0058
7	可设置	EXTI4_15	EXTI4_15_IRQn	EXTI 线 4~15 中断	0x0000_005C
8	可设置		—	保留	0x0000_0060
9	可设置	DMA_Channel0	DMA_Channel0_IRQn	DMA 通道 0 全局中断	0x0000_0064
10	可设置	DMA_Channel1_2	DMA_Channel1_2_IRQn	DMA 通道 1~2 全局中断	0x0000_0068
11	可设置	DMA_Channel3_4	DMA_Channel3_4_IRQn	DMA 通道 3~4 全局中断	0x0000_006C
12	可设置	ADC_CMP	ADC_CMP_IRQn	ADC 和 CMP 中断	0x0000_0070
13	可设置	TIMER0_BRK_UP_TRG_COM	TIMER0_BRK_UP_TRG_COM_IRQn	TIMER0 中止、更新、触发与 通道换相中断	0x0000_0074
14	可设置	TIMER0_Channel	TIMER0_Channel_IRQn	TIMER0 捕获比较中断	0x0000_0078
15	可设置	—	—	保留	0x0000_007C
16	可设置	TIMER2	TIMER2_IRQn	TIMER2 全局中断	0x0000_0080
17	可设置	TIMER5	TIMER5_IRQn	TIMER5 全局中断	0x0000_0084
18	可设置	—	—	保留	0x0000_0088
19	可设置	TIMER13	TIMER13_IRQn	TIMER13 全局中断	0x0000_008C
20	可设置	TIMER14	TIMER14_IRQn	TIMER14 全局中断	0x0000_0090
21	可设置	TIMER15	TIMER15_IRQn	TIMER15 全局中断	0x0000_0094
22	可设置	TIMER16	TIMER16_IRQn	TIMER16 全局中断	0x0000_0098
23	可设置	I2C0_EV	I2C0_EV_IRQn	I2C0 事件中断	0x0000_009C
24	可设置	I2C1_EV	I2C1_EV_IRQn	I2C1 事件中断	0x0000_00A0
25	可设置	SPI0	SPI0_IRQn	SPI0 全局中断	0x0000_00A4
26	可设置	SPI1	SPI1_IRQn	SPI1 全局中断	0x0000_00A8
27	可设置	USART0	USART0_IRQn	USART0 全局中断	0x0000_00AC
28	可设置	USART1	USART1_IRQn	USART1 全局中断	0x0000_00B0
29	可设置	—	—	保留	0x0000_00B4
30	可设置	—	—	保留	0x0000_00B8
31	可设置	—	—	保留	0x0000_00BC
32	可设置	I2C0_ER	I2C0_ER_IRQn	I2C0 错误中断	0x0000_00C0

续表

中断号	优 先 级	名 称	中 断 名	说 明	地 址
33	可设置	—	—	保留	0x0000_00C4
34	可设置	I2C1_ER	I2C1_ER_IRQn	I2C1 错误中断	0x0000_00C8
35	可设置	—	—	保留	0x0000_00CC
36	可设置	—	—	保留	0x0000_00D0
37	可设置	—	—	保留	0x0000_00D4
38	可设置	—	—	保留	0x0000_00D8
39～41	可设置	—	—	保留	0x0000_00DC~0x0000_00E4
42	可设置	—	—	保留	0x0000_00E8
43～47	可设置	—	—	保留	0x0000_00EC~0x0000_00FC
48	可设置	—	—	保留	0x0000_0100
49～50	可设置	—	—	保留	0x0000_0104~0x0000_0108
51	可设置	—	—	保留	0x0000_010C
52～66	可设置	—	—	保留	0x0000_0110~0x0000_0148
67	可设置	—	—	保留	0x0000_014C

6.2.7 NVIC 中断控制器

通过表 6-13 可以看到，GD32E230xx 系列微控制器的系统异常多达 10 个，外部中断多达 28 个，如何管理这么多异常和中断？ARM 公司专门设计了一个功能强大的中断控制器——NVIC（Nested Vectored Interrupt Controller，嵌套向量中断控制器），控制着整个微控制器中断相关的功能。NVIC 与 CPU 紧密耦合，是内核里面的一个外设，它包含若干系统控制寄存器。NVIC 采用向量中断的机制，在中断发生时，会自动取出对应的服务例程入口地址，并直接调用，无须软件判定中断源，从而可以大大缩短中断延时。

6.2.8 NVIC 部分寄存器

ARM 公司在设计 NVIC 时，给每个寄存器都预设了很多位，但是各微控制器厂商在设计芯片时，会对 Cortex-M23 内核里面的 NVIC 进行裁剪，把不需要的部分去掉，也就是说，GD32E230xx 系列微控制器的 NVIC 是 Cortex-M23 的 NVIC 的一个子集。

GD32E230xx 系列微控制器的 NVIC 最常用的寄存器包括中断使能寄存器（ISER）、中断禁止寄存器（ICER）、中断挂起寄存器（ISPR）、中断挂起清除寄存器（ICPR）、中断优先级寄存器（IPR）、中断活动状态寄存器（IABR），下面分别介绍这些寄存器。

1. 中断使能/禁止寄存器（NVIC→ISER/NVIC→ICER）

中断的使能与禁止分别由各自的寄存器控制，这与传统的、使用单一位的两个状态来表达使能与禁止截然不同。Cortex-M23 中可以有 240 对使能/禁止位，每个中断拥有一对，这240 对分布在 8 对 32 位寄存器中（最后一对只用了一半）。GD32E230xx 系列微控制器尽管没有 240 个中断，但是在固件库设计中，依然预留了 8 对 32 位寄存器（最后一对只用了一半），分别是 8 个 32 位中断使能寄存器（NVIC→ISER[0]～NVIC→ISER[7]）和 8 个 32 位中断禁止寄存器（NVIC→ICER[0]～NVIC→ICER[7]），如表 6-14 所示。

表 6-14 中断使能/禁止寄存器（NVIC→ISER/NVIC→ICER）

地 址	名 称	类 型	复 位 值	描 述
0xE000E100	NVIC→ISER[0]	r/w	0	设置外部中断#0～31 的使能（异常#16～47）。 bit0 用于外部中断#0（异常#16）； bit1 用于外部中断#1（异常#17）； ⋮ bit31 用于外部中断#31（异常#47）。 写 1 使能外部中断，写 0 无效。 读出值表示当前使能状态
0xE000E104	NVIC→ISER[1]	r/w	0	设置外部中断#32～63 的使能（异常#48～79）
⋮	⋮	⋮	⋮	⋮
0xE000E11C	NVIC→ISER[7]	r/w	0	设置外部中断#224～239 的使能（异常#240～255）
0xE000E180	NVIC→ICER[0]	r/w	0	清零外部中断#0～31 的使能（异常#16～47）。 bit0 用于外部中断#0（异常#16）； bit1 用于外部中断#1（异常#17）； ⋮ bit31 用于外部中断#31（异常#47）。 写 1 清除中断，写 0 无效。 读出值表示当前使能状态
0xE000E184	NVIC→ICER[1]	r/w	0	清零外部中断#32～63 的使能（异常#48～79）
⋮	⋮	⋮	⋮	⋮
0xE000E19C	NVIC→ICER[7]	r/w	0	清零外部中断#224～239 的使能（异常#240～255）

使能一个中断，需要写 1 到 NVIC→ISER 的对应位；禁止一个中断，需要写 1 到 NVIC→ICER 的对应位。如果向 NVIC→ISER 或 NVIC→ICER 中写 0，则不会有任何效果。"写 0 无效"是个非常关键的设计理念，通过这种方式，使能/禁止中断时只需把相应位置 1，其他位全部置 0，即可实现每个中断都可以单独设置而互不影响，用户只需要写指令，而不再需要执行"读→改→写"三步。

基于 Cortex-M23 内核的微控制器并非都有 240 个中断，只有该微控制器实现的中断，其对应寄存器的相应位才有意义。

2. 中断挂起/挂起清除寄存器（NVIC→ISPR/NVIC→ICPR）

如果中断发生时，正在处理同级或高优先级的异常，或者被掩蔽，则中断不能立即得到响应，此时中断被挂起。中断的挂起状态可以通过中断挂起寄存器（ISPR）和中断挂起清除寄存器（ICPR）来读取，还可以通过写 ISPR 来手动挂起中断。GD32E230xx 系列微控制器的固件库同样预留了 8 对 32 位寄存器，分别是 8 个 32 位中断挂起寄存器（NVIC→ISPR[0]～NVIC→ISPR[7]）和 8 个 32 位中断挂起清除寄存器（NVIC→ICPR[0]～NVIC→ICPR[7]），如表 6-15 所示。

表 6-15 中断挂起/挂起清除寄存器（NVIC→ISPR/NVIC→ICPR）

地　址	名　称	类　型	复位值	描　述
0xE000E200	NVIC→ISPR[0]	r/w	0	设置外部中断#0～31 的挂起（异常#16～47）。 bit0 用于外部中断#0（异常#16）； bit1 用于外部中断#1（异常#17）； ⋮ bit31 用于外部中断#31（异常#47）。 写 1 挂起外部中断，写 0 无效。 读出值表示当前挂起状态
0xE000E204	NVIC→ISPR[1]	r/w	0	设置外部中断#32～63 的挂起（异常#48～79）
⋮	⋮	⋮	⋮	⋮
0xE000E21C	NVIC→ISPR[7]	r/w	0	设置外部中断#224～239 的挂起（异常#240～255）
0xE000E280	NVIC→ICPR[0]	r/w	0	清零外部中断#0～31 的挂起（异常#16～47）。 bit0 用于外部中断#0（异常#16）； bit1 用于外部中断#1（异常#17）； ⋮ bit31 用于外部中断#31（异常#47）。 写 1 清零外部中断挂起，写 0 无效。 读出值表示当前挂起状态
0xE000E284	NVIC→ICPR[1]	r/w	0	清零外部中断#32～63 的挂起（异常#48～79）
⋮	⋮	⋮	⋮	⋮
0xE000E29C	NVIC→ICPR[7]	r/w	0	清零外部中断#224～239 的挂起（异常#240～255）

3．中断优先级寄存器（NVIC→IPR）

每个外部中断都有一个对应的优先级寄存器，每个优先级寄存器占用 2 位，使用中断优先级寄存器的最高两位，4 个相邻的优先级寄存器拼成一个 32 位寄存器，优先级寄存器只能按字来访问。GD32E23x 系列微控制器的固件库预留了 60 个 32 位中断优先级寄存器（NVIC→IPR[0]～NVIC→IPR[59]），如表 6-16 所示。

表 6-16 中断优先级寄存器（NVIC→IPR）

地　址	名　称	类　型	复位值	描　述
0xE000E400	NVIC→IPR[0]	r/w	0（32 位）	外部中断#0～3 的优先级。 [31:30]中断#3 的优先级；[23:22]中断#2 的优先级； [15:14]中断#1 的优先级；[7:6]中断#0 的优先级
0xE000E404	NVIC→IPR[1]	r/w	0（32 位）	外部中断#4～7 的优先级。 [31:30]中断#7 的优先级；[23:22]中断#6 的优先级； [15:14]中断#5 的优先级；[7:6]中断#4 的优先级
⋮	⋮	⋮	⋮	⋮
0xE000E4EF	NVIC→IPR[59]	r/w	0（32 位）	外部中断#236～239 的优先级。 [31:30]中断#239 的优先级；[23:22]中断#238 的优先级； [15:14]中断#237 的优先级；[7:6]中断#236 的优先级

4．中断活动状态寄存器（NVIC→IABR）

每个外部中断都有一个活动状态位。在处理器执行了其中断服务函数的第 1 条指令后，其活动状态位就被置 1，并且直到中断服务函数返回时才由硬件清零。由于支持嵌套，允许高优先级异常抢占某个中断。即使中断被抢占，其活动状态位仍为 1。活动状态寄存器的定义与前面介绍的使能/禁止和挂起/清除寄存器的相同，只是不再成对出现。活动状态寄存器也是按字访问的，是只读的。GD32E230xx 系列微控制器的固件库预留了 8 个 32 位中断活动状态寄存器（NVIC→IABR[0]～NVIC→IABR[7]），如表 6-17 所示。

表 6-17　中断活动状态寄存器（NVIC→IABR）

地　　　址	名　　　称	类　　　型	复　位　值	描　　　述
0xE000E300	NVIC→IABR[0]	r0	0	外部中断#0～31 的活动状态。 bit0 用于外部中断#0（异常#16）； bit1 用于外部中断#1（异常#17）； ⋮ bit31 用于外部中断#31（异常#47）
0xE000E304	NVIC→IABR[1]	r0	0	外部中断#32～63 的活动状态（异常#48～79）
⋮	⋮	⋮	⋮	
0xE000E31C	NVIC→IABR[7]	r0	0	外部中断#224～239 的活动状态（异常#240～255）

6.2.9　NVIC 部分固件库函数

本实验涉及的 NVIC 固件库函数包括 nvic_irq_enable、NVIC_EnableIRQ、NVIC_SetPriority 和 NVIC_ClearPendingIRQ。第一个函数在 gd32e230_misc.h 文件中声明，在 gd32e230_misc.c 文件中实现；后三个函数在 core_cm23.h 文件中以内联函数的形式声明和实现。

nvic_irq_enable 函数的实现代码中仅调用了 NVIC_EnableIRQ 和 NVIC_SetPriority 函数，并将输入参数分别传入这两个函数，这里不做详细说明，仅介绍其余 3 个函数。

1. NVIC_EnableIRQ 函数

NVIC_EnableIRQ 函数的功能是使能指定的中断通道，通过向 NVIC→ISER[(((uint32_t) IRQn) >> 5UL)]写入参数来实现，具体描述如表 6-18 所示。

表 6-18　NVIC_EnableIRQ 函数的描述

函　数　名	NVIC_EnableIRQ
函　数　原　型	__STATIC_INLINE void __NVIC_EnableIRQ (IRQn_Type IRQn)
功　能　描　述	使能中断，配置中断的优先级
输　入　参　数	IRQn：指定外设的 IRQ 通道
输　出　参　数	无
返　回　值	void

IRQn_Type 为枚举类型，在 gd32e230.h 文件中定义，参数 IRQn 用于指定使能的 IRQ 通道，可取值如表 6-19 所示。

表 6-19　参数 IRQn 的可取值

可　取　值	描　　　述
WWDGT_IRQn	窗口看门狗中断

可 取 值	描 述
LVD_IRQn	连接到 EXTI 线的 LVD 中断
RTC_IRQn	RTC 全局中断
FMC_IRQn	FMC 全局中断
RCU_IRQn	RCU 全局中断
EXTI0_1_IRQn	EXTI 线 0~1 中断
EXTI2_3_IRQn	EXTI 线 2~3 中断
EXTI4_15_IRQn	EXTI 线 4~15 中断
DMA_Channel0_IRQn	DMA0 通道 0 全局中断
DMA_Channel1_2_IRQn	DMA0 通道 1~2 全局中断
DMA_Channel3_4_IRQn	DMA0 通道 3~4 全局中断
ADC_CMP_IRQn	ADC0 和 ADC1 全局中断
TIMER0_BRK_UP_TRG_COM_IRQn	TIMER0 中止、更新、触发与通道换相中断
TIMER0_Channel_IRQn	TIMER0 捕获比较中断
TIMER2_IRQn	TIMER2 全局中断
TIMER5_IRQn	TIMER5 全局中断
TIMER13_IRQn	TIMER13 全局中断
TIMER14_IRQn	TIMER14 全局中断
TIMER15_IRQn	TIMER15 全局中断
TIMER16_IRQn	TIMER16 全局中断
I2C0_EV_IRQn	I2C0 事件中断
I2C1_EV_IRQn	I2C1 事件中断
SPI0_IRQn	SPI0 全局中断
SPI1_IRQn	SPI1 全局中断
USART0_IRQn	USART0 全局中断
USART1_IRQn	USART1 全局中断
I2C0_ER_IRQn	I2C0 错误中断
I2C1_ER_IRQn	I2C1 错误中断

例如，使能 USART0 的中断，代码如下：

```
NVIC_EnableIRQ (USART0_IRQn);
```

2. NVIC_SetPriority 函数

NVIC_SetPriority 函数的功能是设置指定中断的优先级，通过向 NVIC → IPR[_IP_IDX(IRQn)]写入参数来实现，具体描述如表 6-20 所示。

表 6-20　NVIC_SetPriority 函数的描述

函 数 名	NVIC_SetPriority
函 数 原 型	__STATIC_INLINE void __NVIC_SetPriority(IRQn_Type IRQn, uint32_t priority)

续表

功 能 描 述	设置中断优先级
输入参数 1	IRQn：中断通道
输入参数 2	priority：优先级
输 出 参 数	无
返 回 值	void

参数 IRQn 是待设置优先级的 IRQ 通道，可取值参见表 6-19。参数 priority 用于指定中断的优先级，可取值如表 6-21 所示。注意，优先级的数值越小，优先级越高。

表 6-21　参数 priority 的可取值

可 取 值	描 述
0	优先级为 0
1	优先级为 1
2	优先级为 2
3	优先级为 3

例如，将 USART0 的中断优先级设置为 2，代码如下：

```
NVIC_SetPriority(USART0_IRQn, 2);
```

3. NVIC_ClearPendingIRQ 函数

NVIC_ClearPendingIRQ 函数的功能是清除中断的挂起，通过向 NVIC→ICPR 写入参数来实现，具体描述如表 6-22 所示。

表 6-22　NVIC_ClearPendingIRQ 函数的描述

函 数 名	NVIC_ClearPendingIRQ
函 数 原 型	__STATIC_INLINE void __NVIC_ClearPendingIRQ(IRQn_Type IRQn)
功 能 描 述	清除指定的 IRQ 通道中断的挂起
输 入 参 数	IRQn：待清除的 IRQ 通道
输 出 参 数	无
返 回 值	void

参数 IRQn 是待清除的 IRQ 通道。例如，清除 USART0 中断的挂起，代码如下：

```
NVIC_ClearPendingIRQ(USART0_IRQn);
```

6.2.10　串口模块驱动设计

串口模块驱动设计是本实验的核心，下面按照队列与循环队列、循环队列 Queue 模块函数、串口数据接收和数据发送路径，以及 printf 实现过程的顺序对串口模块进行介绍。

1. 队列与循环队列

队列是一种先入先出（FIFO）的线性表，它只允许在表的一端插入元素，在另一端取出元素，即最先进入队列的元素最先离开。在队列中，允许插入的一端称为队尾（rear），允许取出的一端称为队头（front）。

有时为了方便，将顺序队列臆造为一个环状的空间，称之为循环队列。下面举一个简单的例子。假设指针变量 pQue 指向一个队列，该队列为结构体变量，队列的容量为 8，如图 6-11 所示。起初，队列为空，队头 pQue→front 和队尾 pQue→rear 均指向地址 0，队列中的元素数量为 0 [见图 6-11（a）]；插入 J0、J1、…、J5 这 6 个元素后，队头 pQue→front 依然指向地址 0，队尾 pQue→rear 指向地址 6，队列中的元素数量为 6 [见图 6-11（b）]；取出 J0、J1、J2、J3 这 4 个元素后，队头 pQue→front 指向地址 4，队尾 pQue→rear 指向地址 6，队列中的元素数量为 2［见图 6-11（c）］；接下来插入 J6、J7、…、J11 这 6 个元素后，队头 pQue→front 指向地址 4，队尾 pQue→rear 也指向地址 4，队列中的元素数量为 8，此时队列为满［见图 6-11（d）］。

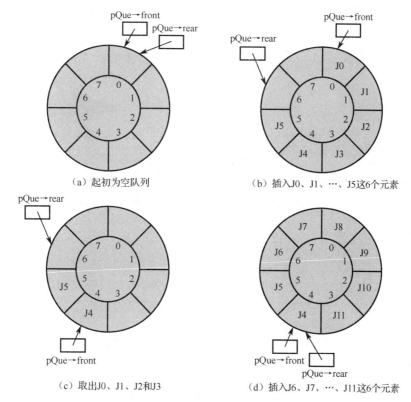

（a）起初为空队列　　　　　　　（b）插入J0、J1、…、J5这6个元素

（c）取出J0、J1、J2和J3　　　（d）插入J6、J7、…、J11这6个元素

图 6-11　循环队列操作

2. 循环队列 Queue 模块函数

本实验用到 Queue 模块，该模块有 6 个 API 函数，即 InitQueue、ClearQueue、QueueEmpty、QueueLength、EnQueue 和 DeQueue。

（1）InitQueue 函数

InitQueue 函数的功能是初始化 Queue 模块，具体描述如表 6-23 所示。该函数将 pQue→front、pQue→rear、pQue→elemNum 赋值为 0，将参数 len 赋值给 pQue→bufLen，将参数 pBuf 赋值给 pQue→pBuffer，最后，将指针变量 pQue→pBuffer 指向的元素全部赋初值 0。

表 6-23　InitQueue 函数的描述

函 数 名	InitQueue
函 数 原 型	void InitQueue(StructCirQue* pQue, DATA_TYPE* pBuf, signed short len)
功 能 描 述	初始化 Queue
输 入 参 数	pQue：结构体指针，即指向队列结构体的地址；pBuf 为队列的元素存储区地址，len 为队列的容量
输 出 参 数	pQue：结构体指针，即指向队列结构体的地址
返 回 值	void

StructCirQue 结构体定义在 Queue.h 文件中，内容如下：

```
typedef struct
{
  signed short   front;        //头指针，队列非空时指向队头元素
  signed short   rear;         //尾指针，队列非空时指向队尾元素的下一个位置
  signed short   bufLen;       //队列的总容量
  signed short   elemNum;      //当前队列中的元素的数量
  DATA_TYPE *pBuffer;
}StructCirQue;
```

（2）ClearQueue 函数

ClearQueue 函数的功能是清除队列，具体描述如表 6-24 所示。该函数将 pQue→front、pQue→rear、pQue→elemNum 赋值为 0。

表 6-24　ClearQueue 函数的描述

函 数 名	ClearQueue
函 数 原 型	void ClearQueue(StructCirQue* pQue)
功 能 描 述	清除队列
输 入 参 数	pQue：结构体指针，即指向队列结构体的地址
输 出 参 数	pQue：结构体指针，即指向队列结构体的地址
返 回 值	void

（3）QueueEmpty 函数

QueueEmpty 函数的功能是判断队列是否为空，具体描述如表 6-25 所示。pQue→elemNum 为 0，表示队列为空；pQue→elemNum 不为 0，表示队列不为空。

表 6-25　QueueEmpty 函数的描述

函 数 名	QueueEmpty
函 数 原 型	unsigned char QueueEmpty(StructCirQue* pQue)
功 能 描 述	判断队列是否为空
输 入 参 数	pQue：结构体指针，即指向队列结构体的地址
输 出 参 数	pQue：结构体指针，即指向队列结构体的地址
返 回 值	返回队列是否为空，1 为空，0 为非空

（4）QueueLength 函数

QueueLength 函数的功能是获取队列长度，具体描述如表 6-26 所示。该函数的返回值为 pQue→elemNum，即队列中元素的个数。

表 6-26　QueueLength 函数的描述

函 数 名	QueueLength
函 数 原 型	signed short QueueLength(StructCirQue* pQue)
功 能 描 述	获取队列长度
输 入 参 数	pQue：结构体指针，即指向队列结构体的地址
输 出 参 数	pQue：结构体指针，即指向队列结构体的地址
返 回 值	队列中元素的个数

（5）EnQueue 函数

EnQueue 函数的功能是插入 len 个元素（存放在起始地址为 pInput 的存储区中）到队列中，具体描述如表 6-27 所示。每次插入一个元素，pQue→rear 自增，当 pQue→rear 的值大于或等于数据缓冲区的长度（pQue→bufLen）时，将 pQue→rear 赋值为 0。注意，当数据缓冲区中的元素数量加上新写入的元素数量后超过缓冲区的长度时，缓冲区只能接收缓冲区中已有的元素数量加上新写入的元素数量，再减去缓冲区的容量，即 EnQueue 函数对于超出的元素采取不理睬的态度。

表 6-27　EnQueue 函数的描述

函 数 名	EnQueue
函 数 原 型	signed short EnQueue(StructCirQue* pQue, DATA_TYPE* pInput, signed short len)
功 能 描 述	插入 len 个元素（存放在起始地址为 pInput 的存储区中）到队列中
输 入 参 数	pQue：结构体指针，即指向队列结构体的地址；pInput 为待入队数组的地址，len 为期望入队元素的数量
输 出 参 数	pQue：结构体指针，即指向队列结构体的地址
返 回 值	成功入队的元素的数量

（6）DeQueue

DeQueue 函数的功能是从队列中取出 len 个元素，放入起始地址为 pOutput 的存储区中，具体描述如表 6-28 所示。每次取出一个元素，pQue→front 自增，当 pQue→front 的值大于或等于数据缓冲区的长度（pQue→bufLen）时，将 pQue→front 赋值为 0。注意，从队列中提取元素的前提是队列中至少需要有一个元素，当期望取出的元素数量 len 小于或等于队列中元素的数量时，可以按期望取出 len 个元素；否则，只能取出队列中已有的所有元素。

表 6-28　DeQueue 函数的描述

函 数 名	DeQueue
函 数 原 型	signed short DeQueue(StructCirQue* pQue, DATA_TYPE* pOutput, signed short len)
功 能 描 述	从队列中取出 len 个元素，放入起始地址为 pOutput 的存储区中
输 入 参 数	pQue：结构体指针，即指向队列结构体的地址；pOutput 为出队元素存放的数组的地址，len 为预期出队元素的数量
输 出 参 数	pQue：结构体指针，即指向队列结构体的地址；pOutput 为出队元素存放的数组的地址
返 回 值	成功出队的元素的数量

3. 串口数据接收和数据发送路径

在快递柜出现以前，寄送快递的流程大致如下：①寄方打电话给快递员，并等待快递员上门取件；②快递员到寄方取快递，并将快递寄送出去。类似的，收快递的流程大致如下：①快递员通过快递公司拿到快递；②快递员打电话给收方，并约定派送时间；③快递员在约定时间将快递派送给收方。显然，这种传统的方式效率很低，因此，快递柜应运而生，快递柜相当于一个缓冲区，可以将寄件的快递柜称为寄件缓冲区，将取件的快递柜称为取件缓冲区，当然，在现实生活中，寄件和取件缓冲区是公用的。因此，新的寄送快递流程就变为：①寄方将快递投放到快递柜；②快递员在一个固定的时间从快递柜中取出所有寄方的快递，并将其通过快递公司寄送出去。同样，新的收快递流程变为：①快递员从快递公司取出快递；②统一将这些快递投放到各个快递柜中；③收方随时都可以取件。本书中的串口数据接收和数据发送过程与基于快递柜的快递收发流程十分相似。

本实验中的串口模块包含串口发送缓冲区和串口接收缓冲区，二者均为结构体，串口的数据接收和发送过程如图 6-12 所示。数据发送过程（写串口）分为三步：①调用 WriteUART0 函数将待发送的数据通过 EnQueue 函数写入发送缓冲区，同时开启中断使能；②当数据发送寄存器为空时，产生中断，在串口模块的 USART0_IRQHandler 中断服务函数中，通过 ReadSendBuf 函数调用 DeQueue 函数，取出发送缓冲区中的数据，再通过 usart_data_transmit 函数将待发送的数据写入 USART 数据发送寄存器（USART_TDATA）；③微控制器的硬件会将 USART_TDATA 中的数据写入发送移位寄存器，然后按位将发送移位寄存器中的数据通过 TX 端口发送出去。数据接收过程（读串口）与写串口过程相反：①当微控制器的接收移位寄存器接收到一帧数据时，会由硬件将接收移位寄存器中的数据发送到 USART 数据接收寄存器（USART_RDATA），同时产生中断；②在串口模块的 USART0_IRQHandler 中断服务函数中，通过 usart_data_receive 函数读取 USART_RDATA，并通过 WriteReceiveBuf 函数调用 EnQueue 函数，将接收到的数据写入接收缓冲区；③调用 ReadUART0 函数读取接收到的数据。

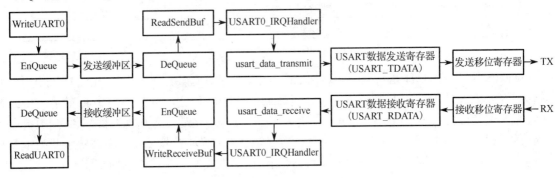

图 6-12　UART0 数据接收和数据发送路径

4．printf 实现过程

串口在微控制器领域除了用于数据传输，还可以对微控制器系统进行调试。C 语言中的标准库函数 printf 可用于在控制台输出各种调试信息。GD32 微控制器的集成开发环境（如 Keil、IAR 等）也支持标准库函数。本书基于 Keil 集成开发环境，基准工程已经涉及 printf 函数，并将 printf 函数输出的内容通过串口发送到计算机上的串口助手进行显示。

printf 函数如何通过串口输出信息？fputc 函数是 printf 函数的底层函数，只需要对 fputc 函数进行改写即可，如程序清单 6-1 所示。

程序清单 6-1

```
int fputc(int ch, FILE *f)
{
    usart_data_transmit(USART0, (unsigned char) ch);   //发送字符函数，专由 fputc 函数调用
    while(RESET == usart_flag_get(USART0, USART_FLAG_TBE));
    return ch;   //返回 ch
}
```

fputc 函数实现之后，还需要在 Keil 集成开发环境的菜单栏中单击 ⚒ 按钮，然后在 Target 标签页中勾选 Use MicroLIB 项，即启用微库（MicroLIB）。也就是说，不仅要重写 fputc 函数，还要启用微库，才能使用 printf 函数输出调试信息。

6.2.11　程序架构

串口通信实验的程序架构如图 6-13 所示。该图简要介绍了程序开始运行后各个函数的执行和调用流程，图中仅列出了与本实验相关的一部分函数。下面解释说明该程序架构图。

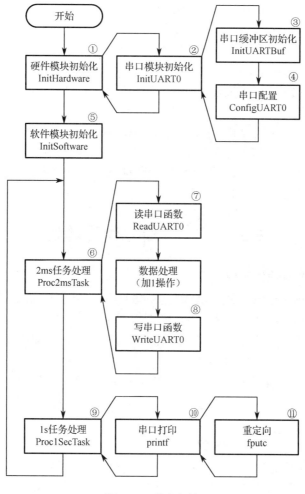

图 6-13　程序架构

（1）在 main 函数中调用 InitHardware 函数进行硬件相关模块初始化，包含 RCU、NVIC、UART 和 LED 等模块，这里仅介绍串口模块初始化函数 InitUART0。在 InitUART0 函数中先调用 InitUARTBuf 函数初始化串口缓冲区，再调用 ConfigUART0 函数进行串口配置。

（2）调用 InitSoftware 函数进行软件相关模块初始化，本实验中，InitSoftware 函数为空。

（3）调用 Proc2msTask 函数进行 2ms 任务处理，在该函数中，调用 ReadUART0 函数读取串口接收缓冲区中的数据，对数据进行处理（加 1 操作）后，再通过调用 WriteUART0 函数将数据写入串口发送缓冲区。

（4）2ms 任务之后再调用 Proc1SecTask 函数进行 1s 任务处理，在该函数中，调用 printf 函数打印字符串，而重定向函数 fputc 为 printf 函数的底层函数，其功能是实现基于串口的信息输出。

（5）Proc2msTask 和 Proc1SecTask 函数均在 while 循环中调用，因此，Proc1SecTask 函数

执行完后将再次执行 Proc2msTask 函数。

在图 6-13 中，编号为①、⑤、⑥和⑨的函数在 Main.c 文件中声明和实现；编号为②、⑦和⑧的函数在 UART0.h 文件中声明，在 UART0.c 文件中实现；编号为③和④的函数在 UART0.c 文件中声明和实现。串口的数据收发还涉及 UART0.c 文件中的 WriteReceiveBuf、ReadSendBuf 和 USART0_IRQHandler 等函数（未在图 6-13 中体现），具体的调用流程参考图 6-12。USART0_IRQHandler 为 USART0 的中断服务函数，当 USART0 产生中断时会自动调用该函数，该函数的函数名可在 ARM 分组下的 startup_gd32e230.s 启动文件中查找到，启动文件中列出了 GD32E230xx 系列微控制器的所有中断服务函数名，后续实验所使用的其他中断服务函数的函数名也可以在该文件中查找。

本实验编程要点：

（1）串口配置，包括时钟使能、GPIO 配置、USART0 配置和中断配置。

（2）数据收发，包括串口缓冲区和 4 个读/写串口缓冲区函数之间的数据流向与处理。

（3）USART0 中断服务函数的编写，包括中断标志的获取和清除、数据寄存器的读/写等。串口通信的核心即为数据收发，掌握以上编程要点即可顺利完成本实验。

6.3　实验步骤与代码解析

步骤 1：复制并编译原始工程

首先，将 "D:\GD32E2KeilTest\Material\05.UARTCommunication" 文件夹复制到 "D:\GD32E2KeilTest\Product" 文件夹中。然后，双击运行 "D:\GD32E2KeilTest\Product\05.UARTCommunication\Project" 文件夹中的 GD32KeilPrj.uvprojx。编译通过后，下载程序并进行复位，观察开发板上的两个 LED 是否交替闪烁。由于本实验实现的是串口通信功能，因此，UART0 模块中的 UART0 文件对是空白的，读者也就无法通过计算机上的串口助手软件查看串口输出的信息（但 UART0 模块中的 Queue 文件对是完整的）。如果两个 LED 交替闪烁，表示原始工程是正确的，可以进入下一步操作。

步骤 2：添加 UART0 和 Queue 文件对

首先，将 "D:\GD32E2KeilTest\Product\05.UARTCommunication\HW\UART0" 文件夹中的 UART0.c 和 Queue.c 添加到 HW 分组中。然后，将 "D:\GD32E2KeilTest\Product\05.UARTCommunication\HW\UART0" 路径添加到 Include Paths 栏中。

步骤 3：完善 UART0.h 文件

单击▦按钮进行编译。编译结束后，在 Project 面板中双击 UART0.c 下的 UART0.h 文件。在 UART0.h 文件的 "包含头文件" 区，添加代码#include <stdio.h>。然后在 UART0.h 文件的 "宏定义" 区添加缓冲区大小宏定义代码，如程序清单 6-2 所示。

程序清单 6-2

```
/**********************************************************************
*                          包含头文件
**********************************************************************/
#include <stdio.h>

/**********************************************************************
```

```
*                            宏定义
*************************************************************************************/
#define UART0_BUF_SIZE 100            //设置缓冲区的大小
```

在 UART0.h 文件的"API 函数声明"区，添加如程序清单 6-3 所示的 API 函数声明代码。其中，InitUART0 函数用于初始化 UART0 模块；WriteUART0 函数的功能是写串口，可以写若干字节；ReadUART0 函数的功能是读串口，可以读若干字节。

程序清单 6-3

```
void  InitUART0(unsigned int bound);                        //初始化 UART0 模块
unsigned char  WriteUART0(unsigned char *pBuf, unsigned char len);//写串口，返回写入数据的个数
unsigned char  ReadUART0(unsigned char *pBuf, unsigned char len); //读串口，返回读取数据的个数
```

步骤 4：完善 UART0.c 文件

在 UART0.c 文件的"包含头文件"区的最后，添加代码#include "gd32e230x_conf.h"和 #include "Queue.h"。

在 UART0.c 文件的"枚举结构体"区，添加如程序清单 6-4 所示的枚举声明代码。枚举 EnumUARTState 中的 UART_STATE_OFF 表示串口关闭，对应的值为 0；UART_STATE_ON 表示串口打开，对应的值为 1。

程序清单 6-4

```
//串口发送状态
typedef enum
{
  UART_STATE_OFF,                              //串口未发送数据
  UART_STATE_ON,                               //串口正在发送数据
  UART_STATE_MAX
}EnumUARTState;
```

在 UART0.c 文件的"内部变量定义"区，添加内部变量的定义代码，如程序清单 6-5 所示。其中，s_structUARTSendCirQue 是串口发送缓冲区，s_structUARTRecCirQue 是串口接收缓冲区；s_arrSendBuf 是发送缓冲区的数组，s_arrRecBuf 是接收缓冲区的数组；s_iUARTTxSts 是串口发送状态位，该位为 1 表示串口正在发送数据，为 0 表示串口数据发送完成。

程序清单 6-5

```
static  StructCirQue  s_structUARTSendCirQue;             //发送串口循环队列
static  StructCirQue  s_structUARTRecCirQue;              //接收串口循环队列
static  unsigned char s_arrSendBuf[UART0_BUF_SIZE];       //发送串口循环队列的缓冲区
static  unsigned char s_arrRecBuf[UART0_BUF_SIZE];        //接收串口循环队列的缓冲区

static  unsigned char s_iUARTTxSts;                       //串口发送数据状态
```

在 UART0.c 文件的"内部函数声明"区，添加内部函数的声明代码，如程序清单 6-6 所示。其中，InitUARTBuf 函数用于初始化串口缓冲区，WriteReceiveBuf 函数用于将接收到的数据写入接收缓冲区，ReadSendBuf 函数用于读取发送缓冲区中的数据，ConfigUART0 函数用于配置 UART，EnableUARTTx 函数用于使能串口发送。

程序清单 6-6

```
static   void   InitUARTBuf(void);        //初始化串口缓冲区，包括发送缓冲区和接收缓冲区
static   unsigned char   WriteReceiveBuf(unsigned char d);    //将接收到的数据写入接收缓冲区
static   unsigned char   ReadSendBuf(unsigned char *p);        //读取发送缓冲区中的数据

static   void   ConfigUART0 (unsigned int bound);//配置串口相关的参数，包括 GPIO、RCU、USART 和 NVIC
static   void   EnableUARTTx(void); //使能串口发送，WriteUARTTx 中调用，每次发送数据之后需要调用
```

　　　在 UART0.c 文件的"内部函数实现"区，添加 InitUARTBuf 函数的实现代码，如程序清单 6-7 所示。InitUARTBuf 函数主要对发送缓冲区 s_structUARTSendCirQue 和接收缓冲区 s_structUARTRecCirQue 进行初始化，将发送缓冲区中的 s_arrSendBuf 数组和接收缓冲区中的 s_arrRecBuf 数组全部清零，同时将两个缓冲区的容量均配置为宏定义 UART0_BUF_SIZE。

程序清单 6-7

```
static   void   InitUARTBuf(void)
{
  signed short i;

  for(i = 0; i < UART0_BUF_SIZE; i++)
  {
    s_arrSendBuf[i] = 0;
    s_arrRecBuf[i]  = 0;
  }

  InitQueue(&s_structUARTSendCirQue, s_arrSendBuf, UART0_BUF_SIZE);
  InitQueue(&s_structUARTRecCirQue, s_arrRecBuf, UART0_BUF_SIZE);
}
```

　　　在 UART0.c 文件"内部函数实现"区的 InitUARTBuf 函数后，添加 WriteReceiveBuf 和 ReadSendBuf 函数的实现代码，如程序清单 6-8 所示。其中，WriteReceiveBuf 函数调用 EnQueue 函数，将数据写入接收缓冲区 s_structUARTRecCirQue；ReadSendBuf 函数调用 DeQueue 函数，读取发送缓冲区 s_structUARTSendCirQue 中的数据。

程序清单 6-8

```
static   unsigned char   WriteReceiveBuf(unsigned char d)
{
  unsigned char ok = 0;       //写入数据成功标志，0-不成功，1-成功

  ok = EnQueue(&s_structUARTRecCirQue, &d, 1);

  return ok;                 //返回写入数据成功标志，0-不成功，1-成功
}

static   unsigned char   ReadSendBuf(unsigned char *p)
{
  unsigned char ok = 0;       //读取数据成功标志，0-不成功，1-成功

  ok = DeQueue(&s_structUARTSendCirQue, p, 1);
```

```
    return ok;                      //返回读取数据成功标志，0-不成功，1-成功
}
```

在 UART0.c 文件"内部函数实现"区的 ReadSendBuf 函数后，添加 ConfigUART0 函数的实现代码，如程序清单 6-9 所示。下面按照顺序对 ConfigUART0 函数中的语句进行解释说明。

（1）USART0 通过 PA9 引脚发送数据，通过 PA10 引脚接收数据。因此，需要通过 rcu_periph_clock_enable 函数使能 USART0 和 GPIOA 的时钟。

（2）PA9 引脚是 USART0 的发送端，PA10 引脚是 USART0 的接收端，因此，需要通过 gpio_mode_set 函数将 PA9 和 PA10 引脚配置为备用功能模式，并通过 gpio_af_set 函数设置备用功能为 USART0，再通过 gpio_output_options_set 函数将 PA9 引脚配置为推挽输出，最后将 GPIO 的输出最大速度配置为 10MHz。

注意，gpio_af_set 函数的第二个参数指定了引脚的备用功能，不同参数值对应不同的外设，可参见《GD32E23x_固件库使用指南》中关于 gpio_af_set 函数的介绍。对于有多种备用功能的引脚，其备用功能与 gpio_af_set 函数的第二个参数之间的对应关系参见《GD32E230xx 数据手册》。

（3）通过 usart_deinit 函数复位 USART0 外设，再通过 usart_baudrate_set、usart_stop_bit_set、usart_word_length_set 和 usart_parity_config 函数配置串口参数，波特率由 ConfigUART0 函数的输入参数决定，这里将停止位设置为 1，数据位长度设置为 8，并将校验方式设置为无校验。通过 usart_receive_config 和 usart_transmit_config 函数使能串口的接收和发送。

（4）通过 usart_interrupt_enable 函数使能接收缓冲区非空中断，实际上是向 USART_CTL0 的 RBNEIE 写入 1，另外，usart_interrupt_enable 函数还使能了发送缓冲区空中断，即向 USART_CTL0 的 TBEIE 写入 1。通过 usart_enable 函数使能 USART0，该函数涉及 USART_CTL0 的 UEN，可参见图 6-7 和表 6-3。

（5）通过 nvic_irq_enable 函数使能 USART0 的中断，同时设置优先级为 0。该函数涉及中断使能寄存器（NVIC→ISER[x]）和中断优先级寄存器（NVIC→IPR[x]），由于 GD32E230xx 系列微控制器的 USART0_IRQn 中断号是 27（该中断号可以在 gd32e230.h 文件中查找到，也可参见表 6-13），因此，nvic_irq_enable 函数实际上是通过向 NVIC→ISER[0]的 bit27 写入 1 使能 USART0 中断，并将优先级写入 NVIC→IPR[6]的[31:30]位，可参见表 6-14 和表 6-16。

程序清单 6-9

```
static  void  ConfigUART0 (unsigned int bound)
{
  rcu_periph_clock_enable(RCU_USART0);                        //使能串口时钟
  rcu_periph_clock_enable(RCU_GPIOA);                         //使能 GPIOA 时钟

  //配置 TX 的 GPIO
  gpio_mode_set(GPIOA, GPIO_MODE_AF, GPIO_PUPD_PULLUP, GPIO_PIN_9);//将 PA9 设置为备用功能模式
  gpio_af_set(GPIOA, GPIO_AF_1, GPIO_PIN_9);                  //复用 PA9
  gpio_output_options_set(GPIOA, GPIO_OTYPE_PP, GPIO_OSPEED_10MHZ, GPIO_PIN_9);

  //配置 RX 的 GPIO
  gpio_mode_set(GPIOA, GPIO_MODE_AF, GPIO_PUPD_PULLUP, GPIO_PIN_10);//将 PA10 设置为备用功能模式
```

```
gpio_af_set(GPIOA, GPIO_AF_1, GPIO_PIN_10);          //复用 PA10
gpio_output_options_set(GPIOA, GPIO_OTYPE_PP, GPIO_OSPEED_10MHZ, GPIO_PIN_10);

//配置 USART 的参数
usart_deinit(USART0);                                //复位外设 USART0
usart_baudrate_set(USART0, bound);                   //设置波特率
usart_stop_bit_set(USART0, USART_STB_1BIT);          //设置停止位
usart_word_length_set(USART0, USART_WL_8BIT);        //设置数据字长度
usart_parity_config(USART0, USART_PM_NONE);          //设置校验方式
usart_receive_config(USART0, USART_RECEIVE_ENABLE);  //使能接收
usart_transmit_config(USART0, USART_TRANSMIT_ENABLE); //使能发送

//使能 USART0 及其中断
usart_interrupt_enable(USART0, USART_INT_RBNE);      //使能接收缓冲区非空中断
usart_interrupt_enable(USART0, USART_INT_TBE);       //使能发送缓冲区空中断
usart_enable(USART0);                                //使能串口

nvic_irq_enable(USART0_IRQn, 0);                     //使能串口中断，设置优先级

s_iUARTTxSts = UART_STATE_OFF;                       //串口发送数据状态设置为未发送数据
}
```

在 UART0.c 文件"内部函数实现"区的 ConfigUART0 函数后，添加 EnableUARTTx 函数的实现代码，如程序清单 6-10 所示。EnableUARTTx 函数实际上是将 s_iUARTTxSts 变量赋值为 UART_STATE_ON，并调用 usart_interrupt_enable 函数使能发送缓冲区空中断，该函数在 WriteUART0 中调用，即每次发送数据之后，调用该函数使能发送缓冲区空中断。

程序清单 6-10

```
static  void  EnableUARTTx(void)
{
  s_iUARTTxSts = UART_STATE_ON;                      //串口发送数据状态设置为正在发送数据

  usart_interrupt_enable(USART0, USART_INT_TBE);
}
```

在 UART0.c 文件"内部函数实现"区的 EnableUARTTx 函数后，添加 USART0_IRQHandler 中断服务函数的实现代码，如程序清单 6-11 所示。下面按照顺序对 USART0_IRQHandler 函数中的语句进行解释说明。

（1）在 UART0.c 文件的 ConfigUART0 函数中使能了发送缓冲区空中断和接收缓冲区非空中断，因此，当 USART0 的接收缓冲区非空，或发送缓冲区空时，硬件会执行 USART0_IRQHandler 函数。

（2）无论是通过 usart_interrupt_flag_get 函数获取到 USART0 接收缓冲区非空中断标志（USART_INT_FLAG_RBNE），还是通过 usart_interrupt_flag_get 函数获取到 USART0 发送缓冲区空中断标志（USART_INT_FLAG_TBE），都建议通过 __NVIC_ClearPendingIRQ 函数向中断挂起清除寄存器 NVIC→ICPR[x]对应位写入 1 来清除中断挂起。GD32E230xx 系列微控制器的 USART0_IRQn 中断号是 27（该中断号可以在 gd32e230.h 文件中查找到，也可参见表 6-13），该中断对应 NVIC→ICPR[0]的 bit27，向该位写入 1 即可实现 USART0 中断挂起清除。NVIC→ICPR 可参见表 6-15。

（3）通过 usart_interrupt_flag_get 函数获取 USART0 接收缓冲区非空中断标志（USART_INT_FLAG_RBNE），该函数涉及 USART_CTL0 的 RBNEIE 位和 USART_STAT 的 RBNE 位。当 USART0 的接收移位寄存器中的数据被转移到 USART_RDATA 时，RBNE 位被硬件置 1，读取 USART_RDATA 可以将该位清零，也可以通过向 RBNE 位写入 0 来清除。本实验通过 usart_data_receive 函数读取 USART0 的 USART_RDATA，再通过 WriteReceiveBuf 函数将读取的数据写入接收缓冲区。

（4）当 USART_STAT 的 RBNE 位仍为 1，在接收移位寄存器中的数据需要传送至 USART_RDATA 时，硬件会将 USART_STAT 的 ORERR 位置为 1。当 ORERR 为 1 时，USART_RDATA 中的数据不会丢失，但是接收移位寄存器中的数据会被覆盖。为了避免数据被覆盖，还需要通过 usart_flag_get 函数获取溢出错误标志（USART_FLAG_ORERR），然后通过 usart_flag_clear 函数清除 ORERR 位，最后通过 usart_data_receive 函数读取 USART_RDATA。

（5）通过 usart_interrupt_flag_get 函数获取 USART0 发送缓冲区空中断标志（USART_INT_FLAG_TBE），该函数涉及 USART_CTL0 的 TBEIE 位和 USART_STAT 的 TBE 位。当 USART0 的 USART_TDATA 中的数据被硬件转移到发送移位寄存器时，TBE 位被硬件置 1，向 USART_TDATA 写数据可以将该位清零。本实验通过 ReadSendBuf 函数读取发送缓冲区中的数据，然后通过 usart_data_transmit 函数将发送缓冲区中的数据写入 USART_TDATA。

（6）通过 QueueEmpty 函数判断发送缓冲区是否为空。如果为空，则需要通过向 s_iUARTTxSts 标志写入 UART_STATE_OFF（实际上是 0），将串口发送状态标志位设置为关闭，同时通过 usart_interrupt_disable 函数关闭串口发送中断，实际上是向 USART_CTL0 的 TBEIE 位写入 0，可参见图 6-7 和表 6-3。

程序清单 6-11

```
void USART0_IRQHandler(void)
{
  unsigned char  uData = 0;

  if(usart_interrupt_flag_get(USART0, USART_INT_FLAG_RBNE) != RESET)   //接收缓冲区非空中断
  {
    usart_interrupt_flag_clear(USART0, USART_INT_FLAG_RBNE);        //清除接收中断标志
    __NVIC_ClearPendingIRQ(USART0_IRQn);                  //清除中断挂起
    uData = usart_data_receive(USART0);                //将 USART0 接收到的数据保存到 uData

    WriteReceiveBuf(uData);   //将接收到的数据写入接收缓冲区
  }

  if(usart_interrupt_flag_get(USART0, USART_FLAG_ORERR) == SET)   //溢出错误标志为 1
  {
    usart_interrupt_flag_clear(USART0, USART_FLAG_ORERR);         //清除溢出错误标志

    usart_data_receive(USART0);   //读取 USART_DR
  }

  if(usart_interrupt_flag_get(USART0, USART_INT_FLAG_TBE)!= RESET)//发送缓冲区空中断
  {
    usart_interrupt_flag_clear(USART0, USART_INT_FLAG_TBE);          //清除发送中断标志
```

```
    __NVIC_ClearPendingIRQ(USART0_IRQn);              //清除中断挂起

    ReadSendBuf(&uData);                              //读取发送缓冲区的数据到 uData

    usart_data_transmit(USART0, uData);               //将 uData 写入 USART_TDATA

    if(QueueEmpty(&s_structUARTSendCirQue))           //当发送缓冲区为空时
    {
      s_iUARTTxSts = UART_STATE_OFF;                  //串口发送数据状态设置为未发送数据
      usart_interrupt_disable(USART0, USART_INT_TBE); //关闭串口发送缓冲区空中断
    }
  }
}
```

　　在 UART0.c 文件的"API 函数实现"区，添加 InitUART0 函数的实现代码，如程序清单 6-12 所示。其中，InitUARTBuf 函数用于初始化串口缓冲区，包括发送缓冲区和接收缓冲区；ConfigUART0 函数用于配置 UART 的参数，包括 GPIO、RCU、USART0 的常规参数和 NVIC。

程序清单 6-12

```
void InitUART0(unsigned int bound)
{
  InitUARTBuf();              //初始化串口缓冲区，包括发送缓冲区和接收缓冲区

  ConfigUART0(bound);         //配置串口相关的参数，包括 GPIO、RCU、USART0 和 NVIC
}
```

　　在 UART0.c 文件"API 函数实现"区的 InitUART0 函数后，添加 WriteUART0 和 ReadUART0 函数的实现代码，如程序清单 6-13 所示。其中，WriteUART0 函数将存放在 pBuf 中的待发送数据通过 EnQueue 函数写入发送缓冲区 s_structUARTSendCirQue，同时通过 EnableUARTTx 函数开启中断使能；ReadUART0 函数将存放在接收缓冲区 s_structUARTRecCirQue 中的数据通过 DeQueue 函数读出，并存放于 pBuf 指向的存储空间。

程序清单 6-13

```
unsigned char  WriteUART0(unsigned char *pBuf, unsigned char len)
{
  unsigned char wLen = 0;   //实际写入数据的个数

  wLen = EnQueue(&s_structUARTSendCirQue, pBuf, len);

  if(wLen < UART0_BUF_SIZE)
  {
    if(s_iUARTTxSts == UART_STATE_OFF)
    {
      EnableUARTTx();
    }
  }

  return wLen;                //返回实际写入数据的个数
```

```
}
unsigned char  ReadUART0(unsigned char *pBuf, unsigned char len)
{
  unsigned char rLen = 0;    //实际读取数据长度

  rLen = DeQueue(&s_structUARTRecCirQue, pBuf, len);

  return rLen;              //返回实际读取数据的长度
}
```

在 UART0.c 文件 "API 函数实现" 区的 ReadUART0 函数后，添加 fputc 函数的实现代码，如程序清单 6-14 所示。

程序清单 6-14

```
int fputc(int ch, FILE *f)
{
  usart_data_transmit(USART0, (unsigned char) ch);        //发送字符函数，专由 fputc 函数调用

  while(RESET == usart_flag_get(USART0, USART_FLAG_TBE));

  return ch;                                              //返回 ch
}
```

步骤 5：完善串口通信实验应用层

在 Project 面板中，双击打开 Main.c 文件，在 Main.c 文件 "包含头文件" 区的最后，添加代码#include "UART0.h"。这样就可以在 Main.c 文件中调用 UART0 模块的宏定义和 API 函数，实现对 UART0 模块的操作。

在 Main.c 文件的 InitHardware 函数中，添加调用 InitUART0 函数的代码，如程序清单 6-15 所示，这样就实现了对 UART0 模块的初始化。

程序清单 6-15

```
static  void  InitHardware(void)
{
  SystemInit();                //系统初始化
  InitRCU();                   //初始化 RCU 模块
  InitNVIC();                  //初始化 NVIC 模块
  InitTimer();                 //初始化 Timer 模块
  InitLED();                   //初始化 LED 模块
  InitSysTick();               //初始化 SysTick 模块
  InitUART0(115200);           //初始化 UART0 模块
}
```

在 Main.c 文件的 Proc2msTask 函数中，添加调用 ReadUART0 和 WriteUART0 函数的代码，如程序清单 6-16 所示。GD32E2 杏仁派开发板每 2ms 通过 ReadUART0 函数读取 UART0 接收缓冲区 s_structUARTRecCirQue 中的数据，然后对接收到的数据进行加 1 操作，最后通过 WriteUART0 函数将经过加 1 操作的数据发送出去。这样做是为了通过计算机上的串口助手来验证 ReadUART0 和 WriteUART0 两个函数，例如，当通过计算机上的串口助手向 GD32E2

杏仁派开发板发送 0x15 时，开发板收到 0x15 之后会向计算机回发 0x16。

程序清单 6-16

```
static  void  Proc2msTask(void)
{
  unsigned char recData;

  if(Get2msFlag())                      //判断 2ms 标志位状态
  {
    LEDFlicker(250);                    //调用闪烁函数

    while(ReadUART0(&recData, 1))
    {
      recData++;

      WriteUART0(&recData, 1);
    }

    Clr2msFlag();                       //清除 2ms 标志位
  }
}
```

在 Main.c 文件的 Proc1SecTask 函数中，添加调用 printf 函数的代码，如程序清单 6-17 所示。GD32E2 杏仁派开发板每秒由 printf 函数输出一次"This is the first GD32E230 Project, by Zhangsan"，这些信息会通过计算机上的串口助手显示出来，这样做是为了验证 printf 函数的功能。

程序清单 6-17

```
static  void  Proc1SecTask(void)
{
  if(Get1SecFlag())                     //判断 1s 标志位状态
  {
    printf("This is the first GD32E230 Project, by Zhangsan\r\n");

    Clr1SecFlag();                      //清除 1s 标志位
  }
}
```

步骤 6：编译及下载验证

代码编写完成并编译通过后，下载程序并进行复位。打开串口助手，可以看到串口助手中输出如图 6-14 所示的信息，同时开发板上的 LED_1 和 LED_2 交替闪烁，表示串口模块的 printf 函数功能验证成功。

为了验证串口模块的 WriteUART0 和 ReadUART0 函数的功能，在 Proc1SecTask 函数中注释掉 printf 语句，然后重新编译、下载程序并进行复位。打开串口助手，勾选"HEX 显示"和"HEX 发送"项，在"字符串输入框"中输入一个数据，如 15，单击"发送"按钮，可以看到串口助手中输出 16，如图 6-15 所示。同时，可以看到开发板上的 LED_1 和 LED_2 交替闪烁，表示串口模块的 WriteUART0 和 ReadUART0 函数功能验证成功。

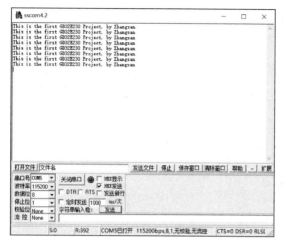
图 6-14 串口通信实验结果 1

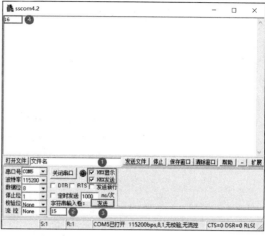
图 6-15 串口通信实验结果 2

本 章 任 务

在本实验基础上增加以下功能：①添加 UART1 模块，UART1 模块的波特率配置为9600bps，数据长度、停止位、奇偶校验位等均与 UART0 相同，且 API 函数分别为 InitUART1、WriteUART1 和 ReadUART1，UART1 模块中不需要实现 fputc 函数；②在 Main 模块中的Proc2msTask 函数中，将 UART1 读取的内容（通过 ReadUART1 函数）发送到 UART0（通过WriteUART0 函数），将 UART0 读取的内容（通过 ReadUART0 函数）发送到 UART1（通过WriteUART1 函数）；③将 USART1_TX（PA2）引脚通过杜邦线连接到 USART1_RX（PA3）引脚（见图 6-16）；④将 UART0 通过 USB 转串口模块及 Type-C 型 USB 线与计算机相连；⑤通过计算机上的串口助手发送数据，查看是否能够正常接收到发送的数据。

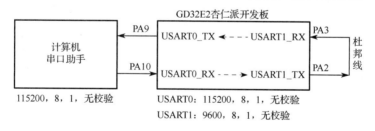
图 6-16 UART0 和 UART1 通信硬件连接图

任务提示：

（1）参考 UART0 文件对编写 UART1 文件对，然后将 UART1.c 文件添加到 HW 分组中并包含 UART1.h 头文件路径。

（2）进行程序验证时，要使用杜邦线连接 PA2 和 PA3 引脚，否则 USART1_RX（PA3）无法收到 USART1_TX（PA2）发出的数据，导致实验结果异常。

本 章 习 题

1. 如何通过 USART_CTL0 设置串口的奇偶校验位？如何通过 USART_CTL0 使能串口？

2．如何通过 USART_CTL1 设置串口的停止位？

3．串口模块包含两个寄存器，即 USART_TDATA 和 USART_RDATA，它们的作用分别是什么？

4．如果某一串口的波特率为 9600baud（即 9600bps），应该向 USART_BAUD 写入什么？

5．串口的一帧数据发送完成后，USART_STAT 的哪个位会发生变化？

6．为什么可以通过 printf 函数输出调试信息？

7．能否使用 GD32E230C8T6 微控制器的 USART1 输出调试信息？如果可以，应怎样实现？

第7章 定时器中断

GD32E23x 系列微控制器的定时器系统非常强大，除了 1 个基本定时器 TIMER5，5 个通用定时器 TIMER2 和 TIMER13～TIMER16，还有 1 个高级定时器 TIMER0。本章将详细介绍通用定时器（TIMER15 和 TIMER16），包括功能框图、通用定时器部分寄存器和固件库函数、RCU 部分寄存器和固件库函数；然后以设计一个定时器为例，介绍 Timer 模块的驱动设计过程和使用方法，包括定时器的配置、定时器中断服务函数的设计、2ms 和 1s 标志位的产生和清除，以及 2ms 和 1s 任务的创建。

7.1 实 验 内 容

基于 GD32E2 杏仁派开发板设计一个定时器，其功能包括：①将 TIMER15 和 TIMER16 配置为每 1ms 进入一次的中断服务函数；②在 TIMER15 的中断服务函数中，将 2ms 标志位置为 1；③在 TIMER16 的中断服务函数中，将 1s 标志位置为 1；④在 Main 模块中，基于 2ms 和 1s 标志位，分别创建 2ms 任务和 1s 任务；⑤在 2ms 任务中，调用 LED 模块的 LEDFlicker 函数实现 LED$_1$ 和 LED$_2$ 交替闪烁；⑥在 1s 任务中，调用 UART0 模块的 printf 函数，每秒输出一次 "This is the first GD32E230 Project, by Zhangsan"。

7.2 实 验 原 理

7.2.1 通用定时器 L4 结构框图

GD32E23x 系列微控制器的基本定时器（TIMER5）的功能最简单，其次是通用定时器（TIMER2、TIMER13～TIMER16），功能最复杂的是高级定时器（TIMER0）。其中，通用定时器又分为 4 种：L0（TIMER2）、L2（TIMER13）、L3（TIMER14）和 L4（TIMER15 和 TIMER16）。关于基本定时器、通用定时器（L0 和 L2～L4）、高级定时器之间的区别，可参见《GD32E23x 用户手册（中文版）》中的表 14-1。本实验只用到通用定时器 L4，其结构框图如图 7-1 所示。下面依次介绍定时器时钟源、计数器控制器、时基单元、输入通道、滤波器和边沿检测器、边沿选择器、预分频器、通道捕获/比较寄存器，以及输出控制和输出引脚。另外，本实验还涉及定时器计数功能，后续章节将涉及输入捕获和 PWM 输出功能，所以对这 3 个功能也一并进行介绍。

1. 定时器时钟源

通用定时器 L4 只有一个时钟源——内部时钟源，即连接到 RCU 模块的 CK_TIMER。CK_TIMER 时钟由 APB2 时钟分频而来，除了为通用定时器 L4（TIMER15 和 TIMER16）提供时钟，还为通用定时器 L3（TIMER14）和高级定时器（TIMER0）提供时钟。由于本书所有实验的 APB2 预分频器的分频因子均配置为 1，即 APB2 时钟频率为 72MHz，因此，TIMER0 和 TIMER14～TIMER16 的时钟频率为 72MHz。关于 GD32E23x 系列微控制器的时钟系统将在第 9 章详细介绍。

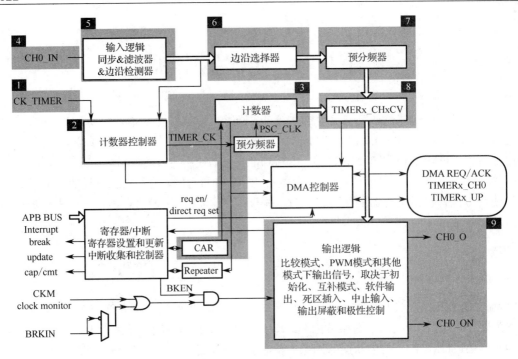

图 7-1　通用定时器功能框图

2. 计数器控制器

计数器控制器的基本功能包括设置定时器的计数方式（递增/递减计数）。由计数器控制器输出的 TIMER_CK 时钟等于来自 RCU 模块的 CK_TIMER 时钟。

3. 时基单元

时基单元对计数器控制器输出的 TIMER_CK 时钟进行预分频得到 PSC_CLK 时钟，然后计数器对经过分频后的 PSC_CLK 时钟进行计数，当计数器的计数值与自动重载寄存器的值相等时，产生事件。时基单元包括 3 个寄存器，分别为计数器寄存器（TIMERx_CNT）、预分频寄存器（TIMERx_PSC）和自动重载寄存器（TIMERx_CAR）。

TIMERx_PSC 带有缓冲器，可以在运行时向 TIMERx_PSC 写入新值，新的预分频数值将在下一个更新事件产生后被应用，然后分频得到的 PSC_CLK 时钟才会发生改变。

TIMERx_CAR 寄存器有一个影子寄存器，表示在物理上该寄存器对应 2 个寄存器：一个是可以写入或读出的寄存器，称为预装载寄存器；另一个是无法对其进行读/写操作，但在使用时真正起作用的寄存器，称为影子寄存器。可以通过 TIMERx_CTL0 的 ARSE 位使能或禁止 TIMERx_CAR 的影子寄存器。如果 ARSE 位为 1，则影子寄存器被使能，要等到更新事件产生时才把写入 TIMERx_CAR 预装载寄存器中的新值更新到影子寄存器；如果 ARSE 位为 0，则影子寄存器被禁止，向 TIMERx_CAR 写入新值之后，TIMERx_CAR 立即更新。

通过前面的分析可知，定时器事件产生时间由 TIMERx_PSC 和 TIMERx_CAR 两个寄存器决定。计算分为两步：①根据公式 $f_{PSC\_CLK} = f_{TIMER\_CK} / (TIMERx\_PSC+1)$，计算 PSC_CLK 时钟频率；②根据公式"定时器事件产生时间 $= (1/f_{PSC\_CLK}) \times (TIMERx\_CAR+1)$"，计算定时器事件产生时间。

假设 TIMER15 的时钟频率 f_{TIMER_CK} 为 72MHz，对 TIMER15 进行初始化配置，向 TIMERx_PSC 写入 71，向 TIMERx_CAR 写入 999，计算定时器事件产生时间。

分两步计算：①计算 PSC_CLK 时钟频率 $f_{PSC\_CLK} = f_{TIMER\_CK}$ / (TIMERx_PSC + 1) = 72MHz/ (71 + 1) = 1MHz，即 PSC_CLK 的时钟周期为 1μs；②计数器的计数值与自动重载寄存器的值相等时，产生事件，TIMERx_CAR 为 999，因此，定时器事件产生时间 = (1 / f_{PSC_CLK}) × (TIMERx_CAR + 1) = 1μs × 1000 = 1ms。

4. 输入通道

通用定时器 L4 只有 1 个输入通道 CH0_IN，对应引脚 TIMER15_CH0 和 TIMER16_CH0。定时器对输入通道对应引脚输入信号的上升沿或下降沿进行捕获。

5. 滤波器和边沿检测器

通用定时器 L4 拥有一个独立的通道用于捕获输入或比较输出是否匹配。从输入通道对应引脚输入的信号首先经过数字滤波器采样，滤波器的参数由控制寄存器 0（TIMERx_CTL0）的 CKDIV[1:0] 和通道控制寄存器 0（TIMERx_CHCTL0）的 CH0CAPFLT[3:0] 决定。其中，输入滤波器使用的采样频率 f_{DTS} 可以与 TIMER_CK 的时钟频率 f_{TIMER_CK} 相等，也可以是 f_{TIMER_CK} 的 2 分频或 4 分频，由 CKDIV[1:0] 决定。边沿检测器实际上是一个事件计数器，该计数器对经过滤波后的输入信号的边沿事件进行检测，当检测到 N 个事件后，产生一个输出的跳变，其中 N 由 CH0CAPFLT[3:0] 决定。

6. 边沿选择器

边沿选择器用于选择对输入信号的上升沿或下降沿进行捕获，由通道控制寄存器 2（TIMERx_CHCTL2）的 CH0NP 和 CH0P 决定。当 CH0NP 和 CH0P 均为 0 时，捕获发生在输入信号的上升沿；当 CH0NP 为 0，CH0P 为 1 时，捕获发生在输入信号的下降沿；当 CH0NP 和 CH0P 均为 1 时，捕获发生在输入信号的上升沿和下降沿。

7. 预分频器

如果边沿选择器输出的信号直接输入到通道捕获/比较寄存器（TIMERx_CHxCV），则只能连续捕获每个边沿，而无法实现边沿的间隔捕获，如每 4 个边沿捕获一次。兆易创新在设计通用定时器和高级定时器时，增加了一个预分频器，边沿选择器输出的信号经过预分频器后才会输入 TIMERx_CHxCV，这样不仅可以实现边沿的连续捕获，还可以实现边沿的间隔捕获。具体多少个边沿捕获一次，由通道控制寄存器 0（TIMERx_CHCTL0）的 CHxCAPPSC[1:0] 决定。如果希望连续捕获每个事件，则将 CHxCAPPSC[1:0] 配置为 00；如果希望每 4 个事件触发一次捕获，则将 CHxCAPPSC[1:0] 配置为 10。

8. 通道捕获/比较寄存器

通道捕获/比较寄存器（TIMERx_CHxCV）既是捕获输入的寄存器，又是比较输出的寄存器。TIMERx_CHxCV 有影子寄存器，可以通过 TIMERx_CHCTL0 的 CHxCOMSEN 位使能或禁止影子寄存器。将 CHxCOMSEN 设置为 1，使能影子寄存器，则写该寄存器要等到更新事件产生时，才将 TIMERx_CHxCV 预装载寄存器的值传送至影子寄存器，读取该寄存器实际上是读取 TIMERx_CHxCV 预装载寄存器的值。将 CHxCOMSEN 设置为 0，禁止影子寄存器，则只有一个寄存器，不存在预装载寄存器和影子寄存器的概念，因此，读/写该寄存器实际上就是读/写 TIMERx_CHxCV。

TIMERx_CHCTL2 的 CHxEN 位决定禁止或使能捕获/比较功能。在通道配置为输入的情况下，当 CHxEN 为 0 时，禁止捕获；当 CHxEN 为 1 时，使能捕获。在通道配置为输出的情况下，当 CHxEN 为 0 时，禁止输出；当 CHxEN 为 1 时，输出信号输出到对应的引脚。下面分别对输入捕获和输出比较的工作流程进行介绍。

（1）输入捕获

预分频器的输出信号作为捕获输入的输入信号，当第 1 次捕获到边沿事件时，计数器中的值会被锁存到 TIMERx_CHxCV，同时中断标志寄存器（TIMERx_INTF）的中断标志位 CHxIF 被置为 1，如果 DMA 和中断使能寄存器（TIMERx_DMAINTEN）的 CHxIE 为 1，则产生中断。当第 2 次捕获到边沿事件（CHxIF 依然为 1）时，TIMERx_INTF 的捕获溢出标志位 CHxOF 被置为 1。CHxIF 和 CHxOF 标志位均由硬件置 1，软件清零。

（2）输出比较

输出比较有 8 种模式，分别为时基、匹配时设置为高、匹配时设置为低、匹配时翻转、强制为低、强制为高、PWM 模式 0 和 PWM 模式 1，通过 TIMERx_CHCTL0 的 CHxCOMCTL[2:0] 选择输出比较模式，可参见图 12-5 和表 12-1。

第 12 章将介绍定时器与 PWM 输出，因此，本章只介绍 PWM 模式 0 和 PWM 模式 1。①输出比较配置为 PWM 模式 0：在递增计数时，如果计数器值小于 TIMERx_CHxCV，则输出的参考信号 OxCPRE 为有效电平；在递减计数时，如果计数器的值大于 TIMERx_CHxCV，则输出的参考信号 OxCPRE 为无效电平。②输出比较配置为 PWM 模式 1：在递增计数时，如果计数器值小于 TIMERx_CHxCV，则输出的参考信号 OxCPRE 为无效电平；在递减计数时，如果计数器值大于 TIMERx_CHxCV，则输出的参考信号 OxCPRE 为有效电平。当 TIMERx_CHCTL2 的 CHxP 为 0 时，OxCPRE 高电平有效；当 CHxP 为 1 时，OxCPRE 低电平有效。

9. 输出控制和输出引脚

参考信号 OxCPRE 经过输出控制后产生的最终输出信号将通过通用定时器 L4 的外部引脚输出，外部引脚包括 TIMER15_CH0、TIMER15_CH0_ON、TIMER16_CH0 和 TIMER16_CH0_ON。

7.2.2　通用定时器部分寄存器

本实验涉及的通用定时器寄存器包括控制寄存器 0（TIMERx_CTL0）、DMA 和中断使能寄存器（TIMERx_DMAINTEN）、中断标志寄存器（TIMERx_INTF）、软件事件产生寄存器（TIMERx_SWEVG）、计数器寄存器（TIMERx_CNT）、预分频寄存器（TIMERx_PSC）和计数器自动重载寄存器（TIMERx_CAR）。

1. 控制寄存器 0（TIMERx_CTL0）

TIMERx_CTL0 的结构、偏移地址和复位值如图 7-2 所示，部分位的解释说明如表 7-1 所示。

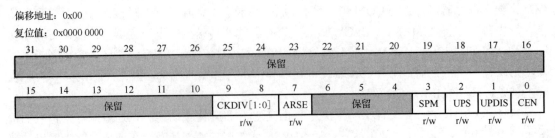

图 7-2　TIMERx_CTL0 的结构、偏移地址和复位值

表 7-1　TIMERx_CTL0 部分位的解释说明

位/位域	名　称	描　述
9:8	CKDIV[1:0]	时钟分频。 通过软件配置 CKDIV，规定定时器时钟（TIMER_CK）与死区时间和采样时钟（DTS）之间的分频系数，死区发生器和数字滤波器会用到 DTS 时间。 00：$f_{DTS}=f_{TIMER\_CK}$；01：$f_{DTS}=f_{TIMER\_CK}/2$； 10：$f_{DTS}=f_{TIMER\_CK}/4$；11：保留
7	ARSE	自动重载影子使能。 0：禁止 TIMERx_CAR 寄存器的影子寄存器； 1：使能 TIMERx_CAR 寄存器的影子寄存器
0	CEN	计数器使能。 0：计数器禁止；1：计数器使能。 在软件将 CEN 位置 1 后，外部时钟、暂停模式和编码器模式才能工作。触发模式可以自动通过硬件设置 CEN 位

2. DMA 和中断使能寄存器（TIMERx_DMAINTEN）

TIMERx_DMAINTEN 的结构、偏移地址和复位值如图 7-3 所示，部分位的解释说明如表 7-2 所示。

偏移地址：0x0C

复位值：0x0000 0000

图 7-3　TIMERx_DMAINTEN 的结构、偏移地址和复位值

表 7-2　TIMERx_DMAINTEN 部分位的解释说明

位/位域	名　称	描　述
1	CH0IE	通道 0 比较/捕获中断使能。 0：禁止通道 0 中断；1：使能通道 0 中断
0	UPIE	更新中断使能。 0：禁止更新中断；1：使能更新中断

3. 中断标志寄存器（TIMERx_INTF）

TIMERx_INTF 的结构、偏移地址和复位值如图 7-4 所示，部分位的解释说明如表 7-3 所示。

偏移地址：0x10

复位值：0x0000 0000

图 7-4　TIMERx_INTF 的结构、偏移地址和复位值

表 7-3　TIMERx_INTF 部分位的解释说明

位/位域	名　　称	描　　述
9	CH0OF	通道 0 捕获溢出标志。 当通道 0 被配置为输入模式时，在 CH0IF 标志位已经被置 1 后，捕获事件再次发生时，该标志位可以由硬件置 1。该标志位由软件清零。 0：无捕获溢出中断发生；1：发生了捕获溢出中断
1	CH0IF	通道 0 比较/捕获中断标志。 此标志由硬件置 1 软件清零。当通道 0 在输入模式下时，捕获事件发生时此标志位被置 1；当通道 0 在输出模式下时，此标志位在一个比较事件发生时置 1。 0：无通道 0 中断发生；1：通道 0 中断发生
0	UPIF	更新中断标志。 此位在任何更新事件发生时都由硬件置 1，软件清零。 0：无更新中断发生；1：发生更新中断

4. 软件事件产生寄存器（TIMERx_SWEVG）

TIMERx_SWEVG 的结构、偏移地址和复位值如图 7-5 所示，部分位的解释说明如表 7-4 所示。

偏移地址：0x14

复位值：0x0000 0000

31	30	29	28	27	26	25	24	23	22	21	20	19	18	17	16
保留														

15	14	13	12	11	10	9	8	7	6	5	4	3	2	1	0
保留								BRKG	保留	CMTG	保留			CH0G	UPG
								r/w		r/w				w	w

图 7-5　TIMERx_SWEVG 的结构、偏移地址和复位值

表 7-4　TIMERx_SWEVG 部分位的解释说明

位/位域	名　　称	描　　述
0	UPG	更新事件产生。 此位由软件置 1，被硬件自动清零。当此位置 1 时，在递增计数模式中，计数器被清零，预分频计数器将同时被清除。 0：无更新事件产生；1：产生更新事件

此外，计数器寄存器（TIMERx_CNT）、预分频寄存器（TIMERx_PSC）和计数器自动重载寄存器（TIMERx_CAR）的低 16 位分别用于存放当前计数值、计数器时钟预分频值和计数器自动重载值。

关于上述寄存器及更多其他寄存器的定义和功能可参见《GD32E23x 用户手册（中文版）》或《GD32E23x 用户手册（英文版）》。

7.2.3　定时器部分固件库函数

本实验涉及的定时器固件库函数包括 timer_deinit、timer_struct_para_init、timer_init、timer_interrupt_enable、timer_enable、timer_interrupt_flag_get、timer_interrupt_flag_clear。这些函数在 gd32e230_timer.h 文件中声明，在 gd32e230_timer.c 文件中实现。

1. timer_struct_para_init 函数

timer_struct_para_init 函数的功能是将 TIMER 初始化参数结构体中的所有参数初始化为默认值，具体描述如表 7-5 所示。

表 7-5　timer_struct_para_init 函数的描述

函　数　名	timer_struct_para_init
函 数 原 型	void timer_struct_para_init(timer_parameter_struct* initpara)
功 能 描 述	将 TIMER 初始化参数结构体中的所有参数初始化为默认值
输 入 参 数	initpara：TIMER 初始化结构体
输 出 参 数	无
返 回 值	void

timer_parameter_struct 结构体成员变量的定义如表 7-6 所示。

表 7-6　timer_parameter_struct 结构体成员变量的定义

成 员 名 称	功 能 描 述
prescaler	预分频值（0～65535）
alignedmode	对齐模式（TIMER_COUNTER_EDGE，TIMER_COUNTER_CENTER_DOWN，TIMER_COUNTER_CENTER_UP，TIMER_COUNTER_CENTER_BOTH）
counterdirection	计数方向（TIMER_COUNTER_UP，TIMER_COUNTER_DOWN）
period	周期（0～65535）
clockdivision	时钟分频因子（TIMER_CKDIV_DIV1，TIMER_CKDIV_DIV2，TIMER_CKDIV_DIV4）
repetitioncounter	重复计数器值（0～255）

2. timer_init 函数

timer_init 函数的功能是初始化外设 TIMERx，具体描述如表 7-7 所示。

表 7-7　timer_init 函数的描述

函　数　名	timer_init
函 数 原 型	void timer_init(uint32_t timer_periph, timer_parameter_struct* initpara)
功 能 描 述	初始化外设 TIMERx
输 入 参 数 1	timer_periph：TIMERx(x=0, 2, 5, 13, 14, 15, 16)
输 入 参 数 2	initpara：TIMER 初始化结构体
输 出 参 数	无
返 回 值	void

例如，初始化 TIMER0，代码如下：

```
timer_parameter_struct timer_initpara;
timer_initpara.prescaler = 107;
timer_initpara.alignedmode  = TIMER_COUNTER_EDGE;
timer_initpara.counterdirection = TIMER_COUNTER_UP;
timer_initpara.period = 999;
timer_initpara.clockdivision = TIMER_CKDIV_DIV1;
```

```
timer_initpara.repetitioncounter = 1;
timer_init(TIMER0, &timer_initpara);
```

3. timer_interrupt_enable 函数

timer_interrupt_enable 函数的功能是使能外设 TIMERx 中断，具体描述如表 7-8 所示。

表 7-8　timer_interrupt_enable 函数的描述

函 数 名	timer_interrupt_enable
函 数 原 型	void timer_interrupt_enable(uint32_t timer_periph, uint32_t interrupt)
功 能 描 述	使能外设 TIMERx 中断
输入参数 1	timer_periph：TIMERx (x=0, 2, 5, 13, 14, 15, 16)
输入参数 2	interrupt：中断源
输 出 参 数	无
返 回 值	void

其中，中断源的可取值如表 7-9 所示。

表 7-9　timer_interrupt_enable 函数中断源的可取值

可 取 值	功 能 描 述
TIMER_INT_UP	更新中断，TIMERx (x=0, 2, 5, 13, 14, 15, 16)
TIMER_INT_CH0	通道 0 比较/捕获中断，TIMERx(x=0, 2, 13, 14, 15, 16)
TIMER_INT_CH1	通道 1 比较/捕获中断，TIMERx(x=0, 2, 14)
TIMER_INT_CH2	通道 2 比较/捕获中断，TIMERx(x=0, 2)
TIMER_INT_CH3	通道 3 比较/捕获中断，TIMERx(x=0, 2)
TIMER_INT_CMT	换相更新中断，TIMERx (x=0, 14, 15, 16)
TIMER_INT_TRG	触发中断，TIMERx(x=0, 2, 14)
TIMER_INT_BRK	中止中断，TIMERx(x=0, 14, 15, 16)

例如，开启 TIMER0 的更新中断，代码如下：

```
timer_interrupt_enable(TIMER0, TIMER_INT_UP);
```

4. timer_interrupt_flag_get 函数

timer_interrupt_flag_get 函数的功能是获取外设 TIMERx 中断标志，具体描述如表 7-10 所示。

表 7-10　timer_interrupt_flag_get 函数的描述

函 数 名	timer_interrupt_flag_get
函 数 原 型	FlagStatus timer_interrupt_flag_get(uint32_t timer_periph, uint32_t interrupt)
功 能 描 述	获取外设 TIMERx 中断标志
输入参数 1	timer_periph：TIMERx (x=0, 2, 5, 13, 14, 15, 16)
输入参数 2	interrupt：中断源
输 出 参 数	无
返 回 值	SET 或 RESET

其中，中断源的可取值如表 7-11 所示。

表 7-11　timer_interrupt_flag_get 函数中断源的可取值

可　取　值	功　能　描　述
TIMER_INT_FLAG_UP	更新中断，TIMERx(x=0, 2, 5, 13, 14, 15, 16)
TIMER_INT_FLAG_CH0	通道 0 比较/捕获中断，TIMERx(x=0, 2, 13, 14, 15, 16)
TIMER_INT_FLAG_CH1	通道 1 比较/捕获中断，TIMERx(x=0, 2, 14)
TIMER_INT_FLAG_CH2	通道 2 比较/捕获中断，TIMERx(x=0, 2)
TIMER_INT_FLAG_CH3	通道 3 比较/捕获中断，TIMERx(x=0, 2)
TIMER_INT_FLAG_CMT	换相更新中断，TIMERx (x=0, 14, 15, 16)
TIMER_INT_FLAG_TRG	触发中断，TIMERx(x=0, 2, 14)
TIMER_INT_FLAG_BRK	中止中断，TIMERx(x=0, 14, 15, 16)

例如，获取 TIMER0 的中断标志，代码如下：

```
FlagStatus Flag_ interrupt = RESET;
Flag_interrupt = timer_interrupt_flag_get(TIMER0, TIMER_INT_FLAG_UP);
```

7.2.4　RCU 部分寄存器

本实验涉及的 RCU 寄存器只有 APB2 使能寄存器（RCU_APB2EN）。RCU_APB2EN 的结构、偏移地址和复位值如图 7-6 所示，部分位的解释说明如表 7-12 所示。

地址偏移：0x18
复位值：0x0000 0000

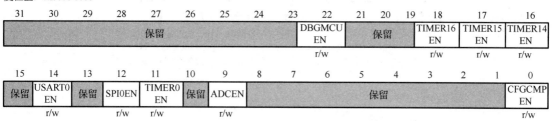

图 7-6　RCU_APB2EN 的结构、偏移地址和复位值

表 7-12　RCU_APB2EN 部分位的解释说明

位/位域	名　称	描　述
18	TIMER16EN	TIMER16 定时器时钟使能。由软件置 1 或清零。 0：关闭 TIMER16 定时器时钟；1：开启 TIMER16 定时器时钟
17	TIMER15EN	TIMER15 定时器时钟使能。由软件置 1 或清零。 0：关闭 TIMER15 定时器时钟；1：开启 TIMER15 定时器时钟

7.2.5　程序架构

定时器中断实验的程序架构如图 7-7 所示。该图简要介绍了程序开始运行后各个函数的执行和调用流程，图中仅列出了与本实验相关的一部分函数。下面解释说明该程序架构图。

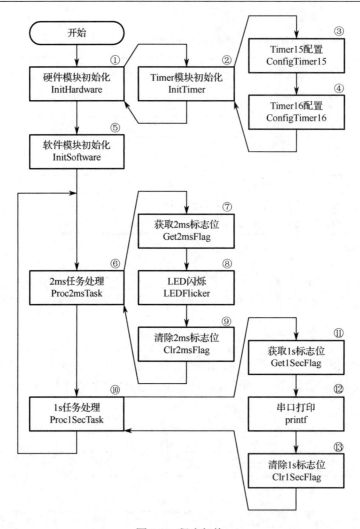

图 7-7　程序架构

（1）在 main 函数中调用 InitHardware 函数进行硬件相关模块初始化，包含 RCU、NVIC、UART 和 Timer 等模块，这里仅介绍 Timer 模块初始化函数 InitTimer。在 InitTimer 函数中先调用 ConfigTimer15 函数配置 TIMER15，包括 TIMER 时钟使能、TIMER 初始化、TIMER 更新中断使能、TIMER 中断使能和 TIMER 使能，再调用 ConfigTimer16 函数配置 TIMER16。

（2）调用 InitSoftware 函数进行软件相关模块初始化，在本实验中，InitSoftware 函数为空。

（3）调用 Proc2msTask 函数进行 2ms 任务处理。在该函数中，先通过 Get2msFlag 函数获取 2ms 标志位，若该标志位为 1，则调用 LEDFlicker 函数实现 LED 电平翻转，随后通过 Clr2msFlag 函数清除 2ms 标志位。

（4）2ms 任务之后再调用 Proc1SecTask 函数进行 1s 任务处理，在该函数中，先通过 Get1SecFlag 函数获取 1s 标志位，若该标志位为 1，则通过 printf 函数打印输出信息，随后通过 Clr1SecFlag 函数清除 1s 标志位。

（5）Proc2msTask 和 Proc1SecTask 函数均在 while 循环中调用。因此，Proc1SecTask 函数执行完后将再次执行 Proc2msTask 函数，从而实现 LED 交替闪烁，且串口每秒输出一次字符串。

在图 7-7 中，编号为①、⑤、⑥和⑩的函数在 Main.c 文件中声明和实现；编号为②、⑦、

⑨、⑪和⑬的函数在 Timer.h 文件中声明，在 Timer.c 文件中实现；编号为③和④的函数在 Timer.c 文件中声明和实现。此外，定时器中断功能的实现还涉及 Timer.c 文件中的定时器中断服务函数 TIMER15_IRQHandler 和 TIMER16_IRQHandler，每当定时器完成一次计时都将自动调用对应的中断服务函数。

本实验编程要点：

（1）TIMER 配置，通过设置预分频器值和自动重装载值来配置定时器事件产生时间。

（2）定时器中断服务函数的编写，包括定时器更新中断标志的获取和清除，以及通过定义一个变量作为计数器，对定时器产生事件的次数进行计数，这样即可通过设置计数器的上限值来实现计时指定的时间。

（3）计时标志的处理，中段服务函数中的计数器达到计数上限时，将计时标志置 1。此外，还需要声明和实现两个函数分别用于获取和清除计时标志。

本实验中，需要配置 TIMER15 和 TIMER16 两个定时器，两者的配置参数基本一致，仅在中断服务函数中对计数器上限值的设置存在差异：TIMER15 的计数器上限值为 2，用于实现 2ms 计时；TIMER16 的计数器上限值为 1000，用于实现 1s 计时。

7.3　实验步骤与代码解析

步骤 1：复制并编译原始工程

首先，将"D:\GD32E2KeilTest\Material\06.TimerInterrupt"文件夹复制到"D:\GD32E2KeilTest\Product"文件夹中。然后，双击运行"D:\GD32E2KeilTest\Product\06. TimerInterrupt\Project"文件夹中的 GD32KeilPrj.uvprojx，单击工具栏中的▦按钮进行编译。由于本实验的目的是实现定时器功能，因此"06.TimerInterrupt"工程中的 Timer 模块中的 Timer 文件对是空白的，而 Main.c 文件的 Proc2msTask 和 Proc1SecTask 函数均依赖于 Timer 模块，即无法通过计算机上的串口助手软件查看串口输出的信息，GD32E2 杏仁派开发板上的两个 LED 也无法正常闪烁。这里只要编译成功，就可以进入下一步操作。

步骤 2：添加 Timer 文件对

首先，将"D:\GD32E2KeilTest\Product\06.TimerInterrupt\HW\Timer"文件夹中的 Timer.c 添加到 HW 分组。然后，将"D:\GD32E2KeilTest\Product\06.TimerInterrupt\HW\Timer"路径添加到 Include Paths 栏中。

步骤 3：完善 Timer.h 文件

单击▦按钮进行编译，编译结束后，在 Project 面板中双击 Timer.c 中的 Timer.h 文件。

在 Timer.h 文件的"API 函数声明"区，添加如程序清单 7-1 所示的 API 函数声明代码。其中，InitTimer 函数主要用于初始化 Timer 模块；Get2msFlag 和 Clr2msFlag 函数的功能分别是获取和清除 2ms 标志位，Main.c 文件中的 Proc2msTask 函数就是调用这两个函数来实现 2ms 任务功能的；Get1SecFlag 和 Clr1SecFlag 函数的功能分别是获取和清除 1s 标志位，Main.c 文件中的 Proc1SecTask 函数就是调用这两个函数来实现 1s 任务功能的。

程序清单 7-1

```
void  InitTimer(void);                        //初始化 Timer 模块
```

```
unsigned char  Get2msFlag(void);              //获取 2ms 标志位的值
void  Clr2msFlag(void);                       //清除 2ms 标志位

unsigned char  Get1SecFlag(void);             //获取 1s 标志位的值
void  Clr1SecFlag(void);                      //清除 1s 标志位
```

步骤 4：完善 Timer.c 文件

在 Timer.c 文件"包含头文件"区的最后，添加代码#include "gd32e230x_conf.h"。

在 Timer.c 文件的"内部变量定义"区，添加内部变量的定义代码，如程序清单 7-2 所示。其中，s_i2msFlag 是 2ms 标志位，s_i1secFlag 是 1s 标志位，这两个变量在定义时需要初始化为 0。

程序清单 7-2

```
static  unsigned char  s_i2msFlag  = 0;       //将 2ms 标志位的值设置为 0
static  unsigned char  s_i1secFlag = 0;       //将 1s 标志位的值设置为 0
```

在 Timer.c 文件的"内部函数声明"区，添加内部函数的声明代码，如程序清单 7-3 所示。其中，ConfigTimer15 函数用于配置 TIMER15，ConfigTimer16 函数用于配置 TIMER16。

程序清单 7-3

```
static  void  ConfigTimer15(unsigned short arr, unsigned short psc);    //配置 TIMER15
static  void  ConfigTimer16(unsigned short arr, unsigned short psc);    //配置 TIMER16
```

在 Timer.c 文件的"内部函数实现"区，添加 ConfigTimer15 和 ConfigTimer16 函数的实现代码，如程序清单 7-4 所示。这两个函数的功能类似，下面仅对 ConfigTimer15 函数中的语句进行解释说明。

（1）在使用 TIMER15 之前，需要通过 rcu_periph_clock_enable 函数使能 TIMER15 的时钟。

（2）先通过 timer_deinit 函数复位外设 TIMER15，再通过 timer_init 函数对 TIMER15 进行配置，该函数涉及 TIMER15_CTL0 的 CKDIV[1:0]、TIMER15_CAR、TIMER15_PSC，以及 TIMER15_SWVEG 的 UPG。CKDIV[1:0]用于设置时钟分频因子，可参见图 7-2 和表 7-1。本实验中，时钟分频因子为 1，即不分频。TIMER15_CAR 和 TIMER15_PSC 用于设置计数器的自动重载值和计数器时钟预分频值，本实验中，这两个值通过 ConfigTimer15 函数的输入参数 arr 和 psc 分别确定。UPG 用于产生更新事件，可参见图 7-5 和表 7-4，本实验中将该值设置为 1，用于重新初始化计数器，并产生一个更新事件。

（3）通过 timer_interrupt_enable 函数使能 TIMER15 的更新中断，该函数涉及 TIMER15_DMAINTEN 的 UPIE。UPIE 用于禁止和使能更新中断，可参见图 7-3 和表 7-2。

（4）通过 nvic_irq_enable 函数使能 TIMER15 的中断，同时设置优先级为 1。

（5）通过 timer_enable 函数使能 TIMER15，该函数涉及 TIMER15_CTL0 的 CEN，可参见图 7-2 和表 7-1。

程序清单 7-4

```
static  void ConfigTimer15(unsigned short arr, unsigned short psc)
{
```

```
    timer_parameter_struct timer_initpara;              //timer_initpara 用于存放定时器的参数

    //使能 RCU 相关时钟
    rcu_periph_clock_enable(RCU_TIMER15);               //使能 TIMER15 的时钟

    timer_deinit(TIMER15);                              //配置 TIMER15 参数恢复默认值
    timer_struct_para_init(&timer_initpara);            //初始化 timer_initpara

    //配置 TIMER15
    timer_initpara.prescaler        = psc;              //设置预分频器值
    timer_initpara.counterdirection = TIMER_COUNTER_UP; //设置递增计数模式
    timer_initpara.period           = arr;              //设置自动重装载值
    timer_initpara.clockdivision    = TIMER_CKDIV_DIV1; //设置时钟分割
    timer_init(TIMER15, &timer_initpara);               //根据参数初始化定时器

    timer_interrupt_enable(TIMER15, TIMER_INT_UP);      //使能定时器的更新中断
    nvic_irq_enable(TIMER15_IRQn, 1);                   //配置 NVIC，设置优先级

    timer_enable(TIMER15);                              //使能定时器
}

static  void ConfigTimer16(unsigned short arr, unsigned short psc)
{
    timer_parameter_struct timer_initpara;              //timer_initpara 用于存放定时器的参数

    //使能 RCU 相关时钟
    rcu_periph_clock_enable(RCU_TIMER16);               //使能 TIMER16 的时钟

    timer_deinit(TIMER16);                              //配置 TIMER16 参数恢复默认值
    timer_struct_para_init(&timer_initpara);            //初始化 timer_initpara

    //配置 TIMER16
    timer_initpara.prescaler        = psc;              //设置预分频器值
    timer_initpara.counterdirection = TIMER_COUNTER_UP; //设置递增计数模式
    timer_initpara.period           = arr;              //设置自动重装载值
    timer_initpara.clockdivision    = TIMER_CKDIV_DIV1; //设置时钟分割
    timer_init(TIMER16, &timer_initpara);               //根据参数初始化定时器

    timer_interrupt_enable(TIMER16, TIMER_INT_UP);      //使能定时器的更新中断
    nvic_irq_enable(TIMER16_IRQn, 1);                   //配置 NVIC，设置优先级

    timer_enable(TIMER16);                              //使能定时器
}
```

在 Timer.c 文件"内部函数实现"区的 ConfigTimer16 函数后，添加 TIMER15_IRQHandler 和 TIMER16_IRQHandler 中断服务函数的实现代码，如程序清单 7-5 所示。这两个中断服务函数的功能类似，下面仅对 TIMER15_IRQHandler 函数中的语句进行解释说明。

（1）Timer.c 中的 ConfigTimer15 函数使能 TIMER15 的更新中断，因此，当 TIMER15 递增计数产生溢出时，将执行 TIMER15_IRQHandler 函数。

（2）通过 timer_interrupt_flag_get 函数获取 TIMER15 更新中断标志，该函数涉及

TIMER15_DMAINTEN 的 UPIE 和 TIMER15_INTF 的 UPIF。本实验中，UPIE 为 1，表示使能更新中断，当 TIMER15 递增计数产生溢出时，UPIF 由硬件置 1，并产生更新中断，执行 TIMER15_IRQHandler 函数。因此，在 TIMER15_IRQHandler 函数中还需要通过 timer_interrupt_flag_clear 函数将 UPIF 清零。

（3）变量 s_i2msFlag 是 2ms 标志位，而 TIMER15_IRQHandler 函数每 1ms 执行一次。因此，还需要一个计数器（s_iCnt2），TIMER15_IRQHandler 函数每执行一次，计数器 s_iCnt2 执行一次加 1 操作。当 s_iCnt2 等于 2 时，将 s_i2msFlag 置 1，并将 s_iCnt2 清零。

程序清单 7-5

```c
void TIMER15_IRQHandler(void)
{
  static unsigned short s_iCnt2 = 0;                     //定义一个静态变量 s_iCnt2 作为 2ms 计数器

  if(timer_interrupt_flag_get(TIMER15, TIMER_INT_FLAG_UP) == SET) //判断定时器更新中断是否发生
  {
    timer_interrupt_flag_clear(TIMER15, TIMER_INT_FLAG_UP);        //清除定时器更新中断标志
  }

  s_iCnt2++;                 //2ms 计数器的计数值加 1

  if(s_iCnt2 >= 2)           //2ms 计数器的计数值大于或等于 2
  {
    s_iCnt2 = 0;             //重置 2ms 计数器的计数值为 0
    s_i2msFlag = 1;          //将 2ms 标志位的值设置为 1
  }
}

void TIMER16_IRQHandler(void)
{
  static signed short s_iCnt1000  = 0;                   //定义一个静态变量 s_iCnt1000 作为 1s 计数器

  if(timer_interrupt_flag_get(TIMER16, TIMER_INT_FLAG_UP) == SET) //判断定时器更新中断是否发生
  {
    timer_interrupt_flag_clear(TIMER16, TIMER_INT_FLAG_UP);        //清除定时器更新中断标志
  }

  s_iCnt1000++;              //1000ms 计数器的计数值加 1

  if(s_iCnt1000 >= 1000)     //1000ms 计数器的计数值大于或等于 1000
  {
    s_iCnt1000 = 0;          //重置 1000ms 计数器的计数值为 0
    s_i1secFlag = 1;         //将 1s 标志位的值设置为 1
  }
}
```

在 Timer.c 文件的"API 函数实现"区，添加 API 函数的实现代码，如程序清单 7-6 所示。Timer.c 文件的 API 函数有 5 个，下面按照顺序对这 5 个函数中的语句进行解释说明。

（1）InitTimer 函数调用 ConfigTimer15 和 ConfigTimer16 函数对 TIMER15 和 TIMER16 进行初始化。由于 TIMER15 和 TIMER16 的时钟源均为 APB2 时钟（APB2 时钟频率为

72MHz），而 APB2 预分频器的分频系数为 1，因此 TIMER15 和 TIMER16 的时钟频率等于 APB2 时钟频率，即 72MHz。ConfigTimer15 和 ConfigTimer16 函数的参数 arr 和 psc 分别是 999 和 71，因此，TIMER15 和 TIMER16 每 1ms 产生一次更新事件，计算过程可参见 7.2.1 节。

（2）Get2msFlag 函数用于获取 s_i2msFlag 的值，Get1SecFlag 函数用于获取 s_i1SecFlag 的值。

（3）Clr2msFlag 函数用于将 s_i2msFlag 清零，Clr1SecFlag 函数用于将 s_i1SecFlag 清零。

程序清单 7-6

```
void InitTimer(void)
{
  ConfigTimer15(999, 71);    //72MHz/(71+1)=1MHz，由 0 计数到 999 为 1ms
  ConfigTimer16(999, 71);    //72MHz/(71+1)=1MHz，由 0 计数到 999 为 1ms
}

unsigned char Get2msFlag(void)
{
  return(s_i2msFlag);        //返回 2ms 标志位的值
}

void Clr2msFlag(void)
{
  s_i2msFlag = 0;            //将 2ms 标志位的值设置为 0
}

unsigned char Get1SecFlag(void)
{
  return(s_i1secFlag);       //返回 1s 标志位的值
}

void  Clr1SecFlag(void)
{
  s_i1secFlag = 0;           //将 1s 标志位的值设置为 0
}
```

步骤 5：完善定时器实验应用层

在 Project 面板中，双击打开 Main.c 文件，在 Main.c 文件的"包含头文件"区的最后，添加代码#include "Timer.h"，即可在 Main.c 文件中调用 Timer 模块的 API 函数等，实现对 Timer 模块的操作。

在 Main.c 文件的 InitHardware 函数中，添加调用 InitTimer 函数的代码，如程序清单 7-7 所示，即可实现对 Timer 模块的初始化。

程序清单 7-7

```
static  void  InitHardware(void)
{
  SystemInit();              //系统初始化
  InitRCU();                 //初始化 RCU 模块
  InitNVIC();                //初始化 NVIC 模块
  InitUART0(115200);         //初始化 UART0 模块
```

```
InitLED();                      //初始化 LED 模块
InitSysTick();                  //初始化 SysTick 模块
InitTimer();                    //初始化 Timer 模块
}
```

在 Main.c 文件的 Proc2msTask 函数中，添加调用 Get2msFlag 和 Clr2msFlag 函数的代码，如程序清单 7-8 所示。Proc2msTask 函数在 main 函数的 while 语句中调用，因此只有当 Get2msFlag 函数返回 1，即检测到 Timer 模块的 TIMER15 计数到 2ms（TIMER15 计数到 2ms 时，2ms 标志位会被置为 1）时，if 语句中的代码才会执行。最后要通过 Clr2msFlag 函数清除 2ms 标志位，这样 if 语句中的代码才会每 2ms 执行一次。这里还需要将调用 LEDFlicker 函数的代码添加到 if 语句中，该函数每 2ms 执行一次，参数为 250，因此，两个 LED 每 500ms 交替闪烁一次。

程序清单 7-8

```
static  void  Proc2msTask(void)
{
  if(Get2msFlag())                //判断 2ms 标志位状态
  {
    LEDFlicker(250);              //调用闪烁函数

    Clr2msFlag();                 //清除 2ms 标志位
  }
}
```

在 Main.c 文件的 Proc1SecTask 函数中，添加调用 Get1SecFlag 和 Clr1SecFlag 函数的代码，如程序清单 7-9 所示。Proc1SecTask 也在 main 函数的 while 语句中调用，因此只有当 Get1SecFlag 函数返回 1，即检测到 Timer 模块的 TIMER16 计数到 1s（TIMER16 计数到 1s 时，1s 标志位会被置 1）时，if 语句中的代码才会执行。还需要将调用 printf 函数的代码添加到 if 语句中，printf 函数每秒执行一次，即每秒通过串口输出 printf 函数中的字符串。

程序清单 7-9

```
static  void  Proc1SecTask(void)
{
  if(Get1SecFlag())                //判断 1s 标志位状态
  {
    printf("This is the first GD32E230 Project, by Zhangsan\r\n");

    Clr1SecFlag();                 //清除 1s 标志位
  }
}
```

步骤 6：编译及下载验证

代码编写完成并编译通过后，下载程序并进行复位。打开串口助手，取消勾选"HEX 显示"项，可以看到串口助手输出如图 7-8 所示的信息，同时，GD32E2 杏仁派开发板上的两个 LED 交替闪烁，表示实验成功。

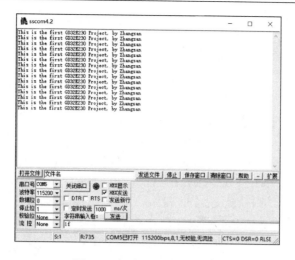

图 7-8　定时器中断实验结果

本 章 任 务

基于"04.GPIOKEY"工程，将 TIMER14 配置成每 10ms 进入一次中断服务函数，并在 TIMER14 的中断服务函数中产生 10ms 标志位；在 Main 模块中基于 10ms 标志位，创建 10ms 任务函数 Proc10msTask，将 ScanKeyOne 函数放在 Proc10msTask 函数中调用，验证独立按键是否能够正常工作。

任务提示：

（1）TIMER14 的时钟频率为 72MHz，配置和初始化过程可参考 TIMER15 或 TIMER16 完成。

（2）10ms 任务函数 Proc10msTask 的实现代码可参考 Proc2msTask 或 Proc1SecTask 函数完成，该函数需要在 main 函数中循环调用。

本 章 习 题

1. 如何通过 TIMERx_CTL0 设置时钟分频因子？

2. 如何通过 TIMERx_CTL0 使能定时器？

3. 如何通过 TIMERx_DMAINTEN 使能或禁止更新中断？

4. 如果某通用计数器被设置为递增计数，当产生溢出时，TIMERx_INTF 的哪个位会发生变化？

5. 如何通过 TIMERx_INTF 读取更新中断标志？

6. TIMERx_CNT、TIMERx_PSC 和 TIMERx_CAR 的作用分别是什么？

7. 通过设置计数器时钟预分频值和计数器自动重载值，可以将 TIMER15 配置为每 2ms 进入一次中断，从而设置标志位。而本实验采用计数器对 1ms 进行计数，然后设置标志位，思考这样设计的意义。

第8章 SysTick

系统节拍时钟（SysTick）是一个简单的系统时钟节拍计数器，与其他计数/定时器不同，SysTick 主要用于操作系统（如 μC/OS、FreeRTOS）的系统节拍定时。ARM 公司在设计 Cortex-M23 内核时，将 SysTick 设计在嵌套向量中断控制器（NVIC）中，即 SysTick 是内核的一个模块，任何授权厂家的 Cortex-M23 产品都有该模块。操作 SysTick 寄存器的 API 函数也由 ARM 公司提供（参见 core_cm23.h 和 core_cm23.c 文件），便于代码移植。一般而言，只有复杂的嵌入式系统设计才会考虑选择操作系统，本书的实验相对较为基础，因此直接将 SysTick 作为普通的定时器使用，而且在 SysTick 模块中实现了毫秒延时函数 DelayNms 和微秒延时函数 DelayNus。

8.1 实 验 内 容

基于 GD32E2 杏仁派开发板设计一个 SysTick 实验，内容包括：①新增 SysTick 模块，该模块应包括 3 个 API 函数，分别是初始化 SysTick 模块函数 InitSysTick、微秒延时函数 DelayNus 和毫秒延时函数 DelayNms；②在 InitSysTick 函数中，可以调用 SysTick_Config 函数对 SysTick 的中断间隔进行调整；③微秒延时函数 DelayNus 和毫秒延时函数 DelayNms 至少有一个需要通过 SysTick_Handler 中断服务函数实现；④在 Main 模块中，调用 InitSysTick 函数对 SysTick 模块进行初始化，调用 DelayNms 函数和 DelayNus 函数控制 LED_1 和 LED_2 交替闪烁，验证两个函数是否正确。

8.2 实 验 原 理

8.2.1 SysTick 功能框图

图 8-1 所示是 SysTick 功能框图，下面依次介绍 SysTick 时钟、当前计数值寄存器和重装载数值寄存器。

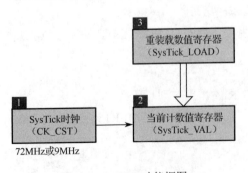

图 8-1 SysTick 功能框图

1. SysTick 时钟

AHB 时钟或经过 8 分频的 AHB 时钟作为 Cortex 系统时钟，该时钟同时也是 SysTick 的时钟源。由于本书中所有实验的 AHB 时钟频率均配置为 72MHz，因此，SysTick 时钟频率同样也是 72MHz，或 72MHz 的 8 分频，即 9MHz。本书中所有实验的 Cortex 系统时钟频率均为 72MHz，即 SysTick 时钟频率也均为 72MHz。

2. 当前计数值寄存器

SysTick 时钟（CK_CST）作为 SysTick 计数器

的时钟输入，SysTick 计数器是一个 24 位的递减计数器，对 SysTick 时钟进行计数，每次计数的时间为 1/CK_CST，计数值保存于当前计数值寄存器（SysTick_VAL）中。本实验中，由于 CK_CST 的频率为 72MHz，因此，SysTick 计数器每次计数时间为 1/72μs。当 SysTick_VAL 计数至 0 时，SysTick_CTRL 的 COUNTFLAG 被置 1，如果 SysTick_CTRL 的 TICKINT 为 1，则产生 SysTick 异常请求；相反，如果 SysTick_CTRL 的 TICKINT 为 0，则不产生 SysTick 异常请求。

3. 重装载数值寄存器

SysTick 计数器对 CK_CST 时钟进行递减计数，由重装载值 SysTick_LOAD 开始计数，当 SysTick 计数器计数到 0 时，由硬件自动将 SysTick_LOAD 中的值加载到 SysTick_VAL 中，重新启动递减计数。本实验的 SysTick_LOAD 为 72000000/1000，因此，产生 SysTick 异常请求间隔为 (1/72)μs×(72000000/1000)=1000μs，即 1ms 产生一次 SysTick 异常请求。

8.2.2　SysTick 实验流程图分析

图 8-2 所示是 SysTick 模块初始化与中断服务函数流程图。首先，通过 InitSysTick 函数初始化 SysTick，包括更新 SysTick 重装载数值寄存器、清除 SysTick 计数器值、选择 AHB 时钟作为 SysTick 时钟、使能异常请求，并使能 SysTick，这些操作都在 SysTick_Config 函数中完成。然后，判断 SysTick 计数器是否计数到 0，如果不为 0，继续判断；如果计数到 0，则产生 SysTick 异常请求，并执行 SysTick_Handler 中断服务函数。SysTick_Handler 函数主要判断 s_iTimDelayCnt 是否为 0，如果为 0，则退出 SysTick_Handler 函数；否则，s_iTimDelayCnt 执行递减操作。

图 8-3 是 DelayNms 函数流程图。首先，DelayNms 函数将参数 nms 赋值给 s_iTimDelayCnt，由于 s_iTimDelayCnt 是 SysTick 模块的内部变量，该变量在 SysTick_Handler 中断服务函数中执行递减操作（s_iTimDelayCnt 每 1ms 执行一次减 1 操作）。然后，判断 s_iTimDelayCnt 是否为 0，如果为 0，则退出 DelayNms 函数；否则，继续判断。这样，s_iTimDelayCnt 就从 nms 递减到 0，如果 nms 为 5，则可实现 5ms 延时。

图 8-4 是 DelayNus 函数流程图。微秒级延时与毫秒级延时的实现是不同的，微秒级延时通过一个 while 循环语句内嵌一个 for 循环语句和一个 s_iTimCnt 变量递减语句来实现，for 循环语句和 s_iTimCnt 变量递减语句执行时间约为 1μs。参数 nus 一开始就被赋值给 s_iTimCnt 变量，然后在 while 表达式中判断 s_iTimCnt 变量是否不为 0，如果不为 0，则执行 for 循环语句和 s_iTimCnt 变量递减语句；否则，退出 DelayNus 函数。for 循环语句执行完之后，s_iTimCnt 变量执行一次减 1 操作，接着继续判断 s_iTimCnt 是否为 0。若 nus 为 5，则可实现 5μs 延时。DelayNus 函数实现的微秒级延时的误差较大，DelayNms 函数实现的毫秒级延时误差较小。

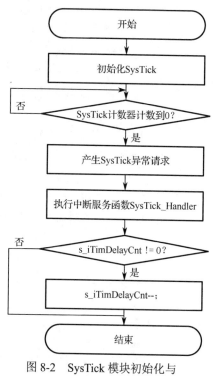

图 8-2　SysTick 模块初始化与中断服务函数流程图

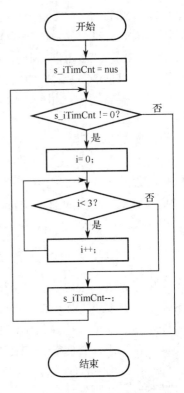

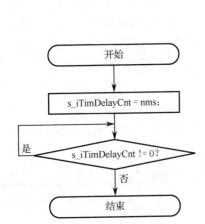

图 8-3　DelayNms 函数流程图　　　　　图 8-4　DelayNus 函数流程图

8.2.3　SysTick 部分寄存器

本实验涉及 4 个 SysTick 寄存器，分别是控制及状态寄存器、重装载数值寄存器、当前数值寄存器和校准数值寄存器。

1. 控制及状态寄存器（SysTick_CTRL）

SysTick_CTRL 的结构、偏移地址和复位值如图 8-5 所示，部分位的解释说明如表 8-1 所示。

地址：0xE000 E010

复位值：0x0000 0000

31	30	29	28	27	26	25	24	23	22	21	20	19	18	17	16
保留															COUNT FLAG
															r

15	14	13	12	11	10	9	8	7	6	5	4	3	2	1	0
保留													CLK SOURCE	TICKINT	ENABLE
													r/w	r/w	r/w

图 8-5　SysTick_CTRL 的结构、偏移地址和复位值

表 8-1　SysTick_CTRL 部分位的解释说明

位/位域	名　称	描　述
16	COUNTFLAG	计数标志位。 如果在上次读取本寄存器后，SysTick 已经计数到 0，则该位为 1。如果读取该位，该位将自动清零

续表

位/位域	名　称	描　述
2	CLKSOURCE	时钟源选择。 0：外部时钟（STCLK），即 AHB 时钟的 8 分频； 1：内核时钟（FCLK），即 AHB 时钟。 注意，本书所有实验的 SysTick 时钟默认为 AHB 时钟，即 SysTick 时钟频率为 72MHz
1	TICKINT	中断使能。 1：开启中断，SysTick 递减计数到 0 时产生 SysTick 异常请求； 0：关闭中断，SysTick 递减计数到 0 时不产生 SysTick 异常请求
0	ENABLE	SysTick 使能。 1：使能 SysTick；0：关闭 SysTick

2. 重装载数值寄存器（SysTick_LOAD）

SysTick_LOAD 的结构、偏移地址和复位值如图 8-6 所示，部分位的解释说明如表 8-2 所示。

地址：0xE000 E014

复位值：0x0000 0000

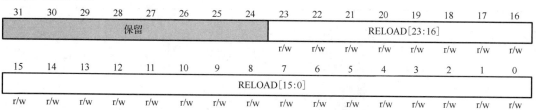

图 8-6　SysTick_LOAD 的结构、偏移地址和复位值

表 8-2　SysTick_LOAD 部分位的解释说明

位/位域	名　称	描　述
23:0	RELOAD[23:0]	重装载值。 当递减计数至 0 时，将被重装载的值

3. 当前数值寄存器（SysTick_VAL）

SysTick_VAL 的结构、偏移地址和复位值如图 8-7 所示，部分位的解释说明如表 8-3 所示。

地址：0xE000 E018

复位值：0x0000 0000

31	30	29	28	27	26	25	24	23	22	21	20	19	18	17	16
			保留								CURRENT[23:16]				
								r/wc	r/wc	r/wc	r/wc	r/wc	r/wc	r/wc	r/wc

15	14	13	12	11	10	9	8	7	6	5	4	3	2	1	0
							CURRENT[15:0]								
r/wc	r/wc	r/wc	r/wc	r/wc	r/wc	r/wc	r/wc	r/wc	r/wc	r/wc	r/wc	r/wc	r/wc	r/wc	r/wc

图 8-7　SysTick_VAL 的结构、偏移地址和复位值

表 8-3　SysTick_VAL 部分位的解释说明

位/位域	名　称	描　述
23:0	CURRENT[23:0]	当前计数值。 读取时返回当前递减计数的值，写入则使之清零，同时还会清除 SysTick_CTRL 中的 COUNTFLAG

4．校准数值寄存器（SysTick_CALIB）

SysTick_CALIB 的结构、偏移地址和复位值如图 8-8 所示，部分位的解释说明如表 8-4 所示。

地址：0xE000 E01C

复位值：0x0000 0000

31	30	29	28	27	26	25	24	23	22	21	20	19	18	17	16
NOREF	SKEW				保留						TENMS[23:16]				
r	r							r/w	r/w	r/w	r/w	r/w	r/w	r/w	r/w

15	14	13	12	11	10	9	8	7	6	5	4	3	2	1	0
						TENMS[15:0]									
r/w	r/w	r/w	r/w	r/w	r/w	r/w	r/w	r/w	r/w	r/w	r/w	r/w	r/w	r/w	r/w

图 8-8　SysTick_CALIB 的结构、偏移地址和复位值

表 8-4　SysTick_CALIB 部分位的解释说明

位/位域	名　称	描　述
31	NOREF	NOREF 标志位。1：没有外部参考时钟（STCLK 不可用）；0：外部参考时钟可用
30	SKEW	SKEW 标志位。1：校准值不是准确的 10ms；0：校准值准确
23:0	TENMS[23:0]	10ms 校准值。在 10ms 的间隔中递减计数的格数。芯片设计者通过 Cortex-M23 的输入信号提供该数值，若读出为 0，则表示校准值不可用

8.2.4　SysTick 部分固件库函数

本实验涉及的 SysTick 固件库函数只有 SysTick_Config，用于设置 SysTick 并使能中断。该函数在 core_cm23.h 文件中以内联函数形式声明和实现。

SysTick_Config 函数的功能是设置 SysTick 并使能中断，通过写 SysTick_LOAD 设置自动重装载计数值和 SysTick 中断的优先级，将 SysTick_VAL 的值设置为 0，向 SysTick_CTRL 写入参数启动计数，并打开 SysTick 中断，SysTick 时钟默认使用系统时钟。该函数的描述如表 8-5 所示。注意，当设置的计数值不符合要求时，如设置值超过 24 位（SysTick 计数器是 24 位的），则返回 1。

表 8-5　SysTick_Config 函数的描述

函 数 名	SysTick_Config
函 数 原 型	int32_t SysTick_Config(uint32_t ticks)
功 能 描 述	设置 SysTick 并使能中断
输 入 参 数	ticks：时钟次数
输 出 参 数	无
返 回 值	1：重装载值错误；0：功能执行成功

例如，配置系统节拍定时器 1ms 中断一次，代码如下：

```
SysTick_Config(SystemCoreClock / 1000); // SystemCoreClock = SYSCLK_FREQ_72MHz =72000000
//72000 代表计数从 71999 开始到 0；定时器递减 1 个值需要的时间是 1/SystemCoreClock 秒；
//所以计算为（72000000 / 1000）*（1/72MHz）=1/1000 s=1ms。
```

8.2.5　程序架构

SysTick 实验的程序架构如图 8-9 所示。该图简要介绍了程序开始运行后各个函数的执行和调用流程，图中仅列出了与本实验相关的一部分函数。下面解释说明程序架构图。

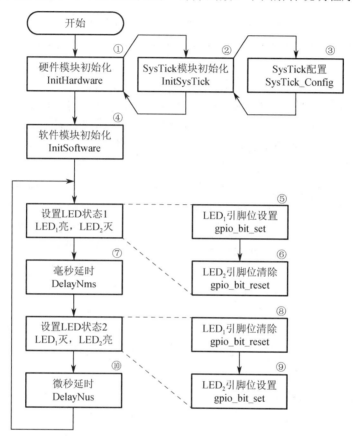

图 8-9　程序架构

（1）在 main 函数中调用 InitHardware 函数进行硬件相关模块的初始化，包含 RCU、NVIC、UART 和 SysTick 等模块，这里仅介绍 SysTick 模块初始化函数 InitSysTick。在 InitSysTick 函数中调用 SysTick_Config 函数配置 SysTick，包括设置 SysTick 重装载数值寄存器、初始化 SysTick 计数器、使能异常请求，以及使能 SysTick。

（2）调用 InitSoftware 函数进行软件相关模块的初始化，本实验中，InitSoftware 函数为空。

（3）调用 GPIO 固件库函数 gpio_bit_set 和 gpio_bit_reset 分别设置 LED_1 和 LED_2 的状态为点亮和熄灭，然后调用毫秒延时函数 DelayNms 进行延时（程序中延时 1s），使 LED_1 和 LED_2 的当前状态持续 1s。

（4）DelayNms 函数延时结束后，再次通过 gpio_bit_reset 和 gpio_bit_set 函数分别将 LED_1 和 LED_2 的状态设置为熄灭和点亮，然后调用微秒延时函数 DelayNus 进行延时（程序中延时 1s），使 LED_1 和 LED_2 的当前状态持续 1s。

（5）设置 LED 状态和延时的函数均在 while 循环中调用，因此，DelayNus 函数延时结束后，将再次设置 LED_1 和 LED_2 为点亮和熄灭。循环往复，以实现通过延时函数使 LED_1 和 LED_2 交替闪烁的目的。

在图 8-9 中，编号①和④的函数在 Main.c 文件中声明和实现；编号②、⑦和⑩的函数在 SysTick.h 文件中声明，在 SysTick.c 文件中实现；编号③、⑤、⑥、⑧和⑨的函数均为固件库函数。

另外，DelayNms 函数延时功能的实现还涉及 SysTick.c 文件中的 SysTick 中断服务函数 SysTick_Handler 和延时计数函数 TimDelayDec，每当 SysTick 计数器计数到 0 时都将自动调用 SysTick_Handler 函数，在 SysTick_Handler 函数中调用 TimDelayDec 函数使延时计数值执行减 1 操作。

本实验编程要点：

（1）SysTick 配置，通过 SysTick_Config 函数配置 SysTick 每 1ms 进入一次中断。

（2）DelayNms 函数延时功能的实现。该函数的输入参数指定延时时间，将输入参数赋值给一个用于进行延时计数的静态变量，在 SysTick 中断服务函数中使该静态变量执行减 1 操作。当静态变量的值减至 0 时，退出 DelayNms 函数。

（3）DelayNus 函数延时功能的实现。该函数的输入参数指定延时时间，将输入参数赋值给一个用于进行延时计数的变量，在 while 循环中通过 for 语句进行延时，延时时间约为 1μs，延时结束后使计数的变量减 1。当变量的值减至 0 时，退出 DelayNus 函数。

本实验中，DelayNms 和 DelayNus 函数均用于延时，但二者实现延时的原理不同。掌握 SysTick 定时器的配置方法和两个延时函数的实现原理即可快速完成本实验。另外，通过包含 SysTick.c 文件，可以根据需要在其他模块中调用延时函数实现延时功能，DelayNms 函数较为精确，DelayNus 函数的误差略大。

8.3　实验步骤与代码解析

步骤 1：复制并编译原始工程

首先，将"D:\GD32E2KeilTest\Material\07.SysTick"文件夹复制到"D:\GD32E2KeilTest\Product"文件夹中。然后，双击运行"D:\GD32E2KeilTest\Product\07.SysTick\Project"文件夹中的 GD32KeilPrj.uvprojx。编译通过后，下载程序并进行复位，观察 GD32E2 杏仁派开发板上的两个 LED 是否交替闪烁。如果两个 LED 交替闪烁，串口助手正常输出字符串，表示原始工程是正确的，可以进入下一步操作。

步骤 2：添加 SysTick 文件对

首先，将"D:\GD32E2KeilTest\Product\07.SysTick\ARM\SysTick"文件夹中的 SysTick.c 添加到 ARM 分组。然后，将"D:\GD32E2KeilTest\Product\07.SysTick\ARM\SysTick"路径添加到 Include Paths 栏中。

步骤 3：完善 SysTick.h 文件

单击 按钮进行编译，编译结束后，在 Project 面板中，双击 SysTick.c 下的 SysTick.h。在 SysTick.h 文件的"包含头文件"区，添加代码#include "gd32e230.h"。

在 SysTick.h 文件的"API 函数声明"区，添加如程序清单 8-1 所示的 API 函数声明代码。其中，InitSysTick 函数主要用于初始化 SysTick 模块，DelayNus 函数的功能是微秒延时，

DelayNms 函数的功能是毫秒延时。DelayNus 和 DelayNms 函数均使用了关键字__IO，__IO 定义在 core_cm23.h 文件中，gd32e230.h 文件包含了 core_cm23.h 文件，因此，SysTick.h 包含了 gd32e230.h 文件，即相当于包含了 core_cm23.h 文件。

程序清单 8-1

```
void  InitSysTick(void);                    //初始化 SysTick 模块
void  DelayNus(__IO unsigned int nus);      //微秒级延时函数
void  DelayNms(__IO unsigned int nms);      //毫秒级延时函数
```

步骤 4：完善 SysTick.c 文件

SysTick 模块涉及的 SysTick_Config 函数在 core_cm23.h 文件中声明，因此，原则上需要包含 core_cm23.h 文件。由于 SysTick.c 包含了 SysTick.h，而 SysTick.h 包含了 gd32e230.h，gd32e230.h 又包含了 core_cm23.h，因此，就不再需要在 SysTick.c 中导入 gd32e230.h 或 core_cm23.h 文件。

在 SysTick.c 文件的"内部变量定义"区，添加内部变量定义的代码，如程序清单 8-2 所示。s_iTimDelayCnt 是延时计数器，该变量每 1ms 执行一次减 1 操作，初值由 DelayNms 函数的参数 nms 赋予。关键字__IO 等效于 volatile，变量前添加 volatile 之后，编译器就不会对该变量的代码进行优化。

程序清单 8-2

```
static  __IO  unsigned int s_iTimDelayCnt = 0;      //延时计数器 s_iTimDelayCnt 的初始值为 0
```

在 SysTick.c 文件的"内部函数声明"区，添加 TimDelayDec 函数的声明代码，如程序清单 8-3 所示。

程序清单 8-3

```
static  void TimDelayDec(void);                     //延时计数
```

在 SysTick.c 文件的"内部函数实现"区，添加 TimDelayDec 和 SysTick_Handler 函数的实现代码，如程序清单 8-4 所示。本实验中，SysTick_Handler 函数每秒执行一次，该函数调用了 TimDelayDec 函数，当延时计数器 s_iTimDelayCnt 不为 0 时，每执行一次 TimDelayDec 函数，s_iTimDelayCnt 执行一次减 1 操作。

程序清单 8-4

```
static  void TimDelayDec(void)
{
  if(s_iTimDelayCnt != 0)                   //延时计数器的数值不为 0
  {
    s_iTimDelayCnt--;                       //延时计数器的数值减 1
  }
}

void  SysTick_Handler(void)
{
  TimDelayDec();                            //延时计数函数
}
```

在 SysTick.c 文件的 "API 函数实现" 区，添加 API 函数的实现代码，如程序清单 8-5 所示。SysTick.c 文件有 3 个 API 函数，下面按照顺序解释说明这 3 个函数中的语句。

（1）InitSysTick 函数调用 SysTick_Config 函数初始化 SysTick 模块，本实验中，SysTick 的时钟为 72MHz，即 SystemCoreClock 为 72000000，SysTick_Config 函数的参数为 72000，表示 SysTick_LOAD 为 72000，通过计算可知，产生 SysTick 异常请求间隔为 $(1/72\mu s) \times 72000 = 1000\mu s$，即 1ms 产生一次 SysTick 异常请求。SysTick_Config 函数的返回值表示是否出现错误，返回值为 0 表示没有错误，为 1 表示出现错误，程序进入死循环。

（2）DelayNms 函数的参数 nms 表示以毫秒为单位的延时数，将 nms 赋值给延时计数器 s_iTimDelayCnt，该值在 SysTick_Handler 中断服务函数中执行一次减 1 操作，当 s_iTimDelayCnt 减到 0 时跳出 DelayNms 函数的 while 循环。

（3）DelayNus 函数通过一个 while 循环语句内嵌一个 for 循环语句实现微秒级延时，for 循环语句执行时间约为 1μs。

程序清单 8-5

```c
void InitSysTick( void )
{
  if (SysTick_Config(SystemCoreClock / 1000))  //配置系统节拍定时器每 1ms 中断一次
  {
    while(1)                      //出现错误的情况下，进入死循环
    {

    }
  }
}

void  DelayNms(__IO unsigned int nms)
{
  s_iTimDelayCnt = nms;          //对延时计数器 s_iTimDelayCnt 赋值 nms

  while(s_iTimDelayCnt != 0)     //延时计数器的数值为 0 时，表示延时了 nms，跳出 while 语句
  {

  }
}

void  DelayNus(__IO unsigned int nus)
{
  unsigned int s_iTimCnt = nus;  //定义一个变量 s_iTimCnt 作为延时计数器，赋值为 nus
  unsigned short i;              //定义一个变量作为循环计数器

  while(s_iTimCnt != 0)          //延时计数器 s_iTimCnt 的值不为 0
  {
    for(i = 0; i < 3; i++)                        //空循环，产生延时功能
    {

    }

    s_iTimCnt--;                                  //成功延时 1μs，变量 s_iTimCnt 减 1
  }
}
```

步骤 5：完善 SysTick 实验应用层

在 Project 面板中，双击打开 Main.c 文件，在 Main.c 文件的"包含头文件"区的最后，添加代码#include "SysTick.h"，这样就可以在 Main.c 文件中调用 SysTick 模块的 API 函数等，实现对 SysTick 模块的操作。

在 Main.c 文件的 InitHardware 函数中，添加调用 InitSysTick 函数的代码，如程序清单 8-6 所示，这样就实现了对 SysTick 模块的初始化。

程序清单 8-6

```
static  void  InitHardware(void)
{
  SystemInit();                        //系统初始化
  InitRCU();                           //初始化 RCU 模块
  InitNVIC();                          //初始化 NVIC 模块
  InitUART0(115200);                   //初始化 UART0 模块
  InitTimer();                         //初始化 Timer 模块
  InitLED();                           //初始化 LED 模块
  InitSysTick();                       //初始化 SysTick 模块
}
```

在 Main.c 文件的 main 函数中，注释掉 Proc2msTask 和 Proc1SecTask 这两个函数，并添加如程序清单 8-7 所示的代码，这样就实现了两个 LED 交替闪烁功能。

程序清单 8-7

```
int main(void)
{
  InitHardware();                      //初始化硬件相关函数
  InitSoftware();                      //初始化软件相关函数

  printf("Init System has been finished.\r\n" );   //打印系统状态

  while(1)
  {
    //Proc2msTask();                   //2ms 处理任务
    //Proc1SecTask();                  //1s 处理任务
    gpio_bit_set(GPIOA, GPIO_PIN_8);   //LED1 点亮
    gpio_bit_reset(GPIOB, GPIO_PIN_9); //LED2 熄灭
    DelayNms(1000);
    gpio_bit_reset(GPIOA, GPIO_PIN_8); //LED1 熄灭
    gpio_bit_set(GPIOB, GPIO_PIN_9);   //LED2 点亮
    DelayNus(1000000);
  }
}
```

步骤 6：编译及下载验证

代码编写完成并编译通过后，下载程序并进行复位。可以观察到核心板上两个 LED 交替闪烁，表示实验成功。

本 章 任 务

基于 GD32E2 杏仁派开发板，通过修改 SysTick 模块的 InitSysTick 函数，将系统节拍时钟 SysTick 配置为每 0.25ms 中断一次，此时，SysTick 模块中的 DelayNms 函数将不再以 1ms 为最小延时单位，而是以 0.25ms 为最小延时单位。尝试修改 DelayNms 函数，使得该函数在 SysTick 为每 0.25ms 中断一次的情况下，依然以 1ms 为最小延时单位，即 DelayNms(1)代表 1ms 延时，DelayNms(5)代表 5ms 延时，并在 Main 模块中调用 DelayNms 函数控制 LED_1 和 LED_2 每 500ms 交替闪烁一次，验证 DelayNms 函数是否修改正确。

任务提示：

（1）通过设置 SysTick_Config 函数的参数修改 SysTick_LOAD 的值。

（2）修改 DelayNms 函数的参数与延时计数器的对应关系即可，无须修改 SysTick.c 文件中的其他函数。

本 章 习 题

1．简述 DelayNus 函数产生延时的原理。

2．DelayNus 函数的时间计算精度会受什么因素影响？

3．GD32E230 芯片中的通用定时器与 SysTick 定时器有什么区别？

4．如何通过寄存器将 SysTick 时钟频率由 72MHz 更改为 9MHz？

第9章 RCU

GD32E23x 系列微控制器为了满足各种低功耗应用场景，设计了一个功能完善而复杂的时钟系统。普通的微控制器一般只要配置了外设（如 GPIO、UART 等）的相关寄存器就可以正常工作，但是，GD32E23x 系列微控制器还需要同时配置复位和时钟单元（RCU），并开启相应的外设时钟。本章主要介绍时钟部分，尤其是时钟树。理解了时钟树，GD32E23x 系列微控制器所有时钟的来龙去脉就非常清晰了。本章首先详细介绍时钟源和时钟树，以及 RCU 的相关寄存器和固件库函数，并编写 RCU 模块驱动程序；然后，在应用层调用 RCU 的初始化函数，验证整个系统是否能够正常工作。

9.1 实验内容

通过学习 GD32E23x 系列微控制器的时钟源和时钟树，以及 RCU 的相关寄存器和固件库函数，编写 RCU 驱动程序，该驱动程序包括一个用于初始化 RCU 模块的 API 函数 InitRCU，以及一个用于配置 RCU 的内部静态函数 ConfigRCU。通过 ConfigRCU 函数，将外部高速晶振时钟（HXTAL，即 GD32E2 杏仁派开发板上的晶振 Y_{101}，频率为 8MHz）的 9 倍频作为系统时钟 CK_SYS 的时钟源；同时，将 AHB 总线时钟 HCLK 的频率配置为 72MHz，将 APB1 总线时钟 PCLK1 和 APB2 总线时钟 PCLK2 的频率分别配置为 36MHz 和 72MHz；最后，在 Main.c 文件中调用 InitRCU 函数，验证整个系统是否能够正常工作。

9.2 实验原理

9.2.1 RCU 功能框图

对于传统的微控制器（如 51 系列微控制器），系统时钟的频率基本都是固定的，要实现一个延时程序，可以直接使用 for 循环语句或 while 语句。然而，对于 GD32E23x 系列微控制器则不可行，因为 GD32E23x 系列微控制器的系统较复杂，时钟系统也更加多样化，系统时钟有多个时钟源，每个外设又有不同的时钟分频系数，如果不熟悉时钟系统，就无法确定当前的时钟频率，无法实现精确的延时。

复位和时钟单元（RCU）是 GD32E2 系列微控制器的核心单元，如果不熟悉 RCU，就难以进行程序开发。本书中所有的实验都要先对 RCU 进行初始化配置，再使能具体的外设时钟。

RCU 的功能框图如图 9-1 所示，下面依次介绍外部高速晶振时钟（HXTAL）、锁相环时钟选择器和倍频器、系统时钟 CK_SYS 选择器、AHB 预分频器、APB1 和 APB2 预分频器、定时器倍频器、ADC 预分频器和 Cortex 系统时钟分频器。

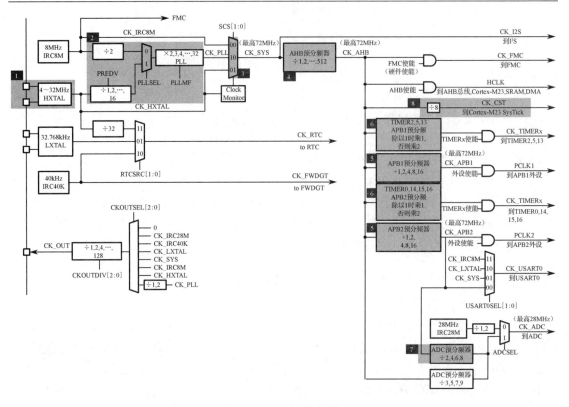

图 9-1　RCU 功能框图

1. 外部高速晶振时钟（HXTAL）

HXTAL 可以由有源晶振提供，也可以由无源晶振提供，频率范围为 4～32MHz。GD32E2 杏仁派开发板的板载晶振为无源 8MHz 晶振，通过 OSC_IN 和 OSC_OUT 引脚接入芯片，同时还需要有谐振电容。如果选择有源晶振，则时钟从 OSC_IN 引脚接入，OSC_OUT 引脚悬空。

2. 锁相环时钟选择器和倍频器

锁相环时钟 CK_PLL 由一级选择器和一级倍频器组成。锁相环时钟选择器通过 RCU_CFG0 的 PLLSEL 选择 IRC8M 二分频（4MHz）或经过分频的 HXTAL（分频系数可取 1、2、4、…、16）作为下一级的时钟输入。本书所有实验选择 1 分频的 HXTAL（8MHz）作为下一级的时钟输入。IRC8M 是内部 8MHz RC 振荡器时钟的缩写，由内部 RC 振荡器产生，频率为 8MHz，但不稳定。

锁相环时钟倍频器通过 RCU_CFG0 的 PLLMF 选择对上一级时钟进行 2、3、4、…、32 倍频输出（注意，PLL 输出频率不能超过 72MHz），由于本书所有实验的 PLLMF 为 00111，即配置为 9 倍频，因此，此处输出时钟（CK_PLL）的频率为 72MHz。

3. 系统时钟 CK_SYS 选择器

通过 RCU_CFG0 的 SCS 选择系统时钟 CK_SYS 的时钟源，可以选择 CK_IRC8M、CK_HXTAL 或 CK_PLL 作为 CK_SYS 的时钟源。本书所有实验选择 CK_PLL 作为 CK_SYS 的时钟源。由于 CK_PLL 的频率是 72MHz，因此，CK_SYS 的频率也是 72MHz。

4. AHB 预分频器

AHB 预分频器通过 RCU_CFG0 的 AHBPSC 对 CK_SYS 进行 1、2、4、8、16、64、128、256 或 512 分频，本书所有实验的 AHB 预分频器未对 CK_SYS 进行分频，即 AHB 时钟频率仍为 72MHz。

5. APB1 和 APB2 预分频器

AHB 时钟是 APB1 和 APB2 预分频器的时钟输入，APB1 预分频器通过 RCU_CFG0 的 APB1PSC 对 AHB 时钟进行 1、2、4、8 或 16 分频；APB2 预分频器通过 RCU_CFG0 的 APB2PSC 对 AHB 时钟进行 1、2、4、8 或 16 分频。本书所有实验的 APB1 预分频器对 AHB 时钟进行 2 分频，APB2 预分频器对 AHB 时钟未进行分频。因此，APB1 时钟频率为 36MHz，APB2 时钟频率为 72MHz。注意，APB1 时钟最大频率为 72MHz，APB2 时钟最大频率为 72MHz。

6. 定时器倍频器

GD32E23x 系列微控制器有 7 个定时器，其中 TIMER2、TIMER5 和 TIMER13 的时钟由 APB1 时钟提供，TIMER0、TIMER14～16 的时钟由 APB2 时钟提供。当 APBx 预分频器的分频系数为 1 时，定时器的时钟频率与 APBx 时钟频率相等；当 APBx 预分频器的分频系数不为 1 时，定时器的时钟频率是 APBx 时钟频率的 2 倍。本书所有实验的 APB1 预分频器的分频系数为 2，APB2 预分频器的分频系数为 1，而且，APB1 时钟频率为 36MHz，APB2 时钟频率为 72MHz，因此，TIMER2、TIMER5 和 TIMER13 的时钟频率为 72MHz，TIMER0、TIMER14～16 的时钟频率同样为 72MHz。

7. ADC 预分频器

GD32E23x 系列微控制器的 ADC 时钟由 APB2 时钟提供，ADC 预分频器通过 RCU_CFG0 的 ADCPSC 对 APB2 时钟进行 2、4、6、8 或 3、5、7、9 分频，由于 APB2 时钟频率为 72MHz，而在本书最后两个实验（DAC 实验和 ADC 实验）中，ADC 预分频器的分频因子为 6，因此，最终的 ADC 时钟为 72MHz / 6 = 12MHz。

8. Cortex 系统时钟分频器

AHB 时钟或 AHB 时钟经过 8 分频后作为 Cortex 系统时钟。本书中的 SysTick 实验使用的即为 Cortex 系统时钟，AHB 时钟频率为 72MHz，因此，SysTick 时钟频率也为 72MHz 或 9MHz。本书所有实验的 Cortex 系统时钟频率默认为 72MHz，因此，SysTick 时钟频率也为 72MHz。

提示：关于 RCU 参数的配置，读者可参见本书配套实验的 RCU.h 和 RCU.c 文件。

9.2.2　RCU 部分寄存器

本实验涉及的 RCU 寄存器包括控制寄存器 0（RCU_CTL0）、配置寄存器 0（RCU_CFG0）和中断寄存器（RCU_INT）。

1. 控制寄存器 0（RCU_CTL0）

RCU_CTL0 的结构、偏移地址和复位值如图 9-2 所示，部分位的解释说明如表 9-1 所示。

偏移地址：0x00

复位值：0x0000 XX83，X表示未定义

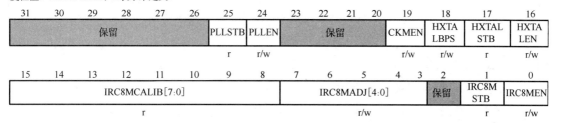

图 9-2　RCU_CTL0 的结构、偏移地址和复位值

表 9-1 RCU_CTL0 部分位的解释说明

位/位域	名 称	描 述
25	PLLSTB	PLL 时钟稳定标志位。由硬件置 1，用来指示 PLL 输出时钟是否稳定待用。 0：PLL 未稳定；1：PLL 稳定
24	PLLEN	PLL 使能。由软件置 1 或复位。如果 PLL 时钟用作系统时钟，则该位不能被复位。 当进入深度睡眠或待机模式时由硬件复位。 0：PLL 关闭；1：PLL 开启
19	CKMEN	HXTAL 监视使能。 0：禁止外部 4～32 MHz 晶振时钟（HXTAL）监视器； 1：使能外部 4～32 MHz 晶振时钟（HXTAL）监视器。 当硬件监测到 HXTAL 一直停留在低电平或高电平的状态，内部硬件将切换系统时钟到 IRC8M。恢复原来系统时钟的方式有以下几种：外部复位，上电复位，软件清除 CKMIF 位。 注意，使能 HXTAL 监视器后，硬件无视控制位 IRC8MEN 的状态，自动使能 IRC8M
18	HXTALBPS	外部晶振时钟（HXTAL）旁路模式使能。 只有在 HXTALEN 位为 0 时，HXTALBPS 位才可写。 0：禁止 HXTAL 旁路模式； 1：使能 HXTAL 旁路模式，HXTAL 输出时钟等于输入时钟
17	HXTALSTB	外部晶振时钟（HXTAL）稳定状态标志位硬件置 1 来指示 HXTAL 是否稳定待用。 0：HXTAL 未稳定；1：HXTAL 已稳定
16	HXTALEN	外部高速晶振时钟使能。软件置 1 或清零。如果 HXTAL 时钟或 PLL 输入时钟作为系统时钟，该位不能被复位。进入深度睡眠或待机模式时硬件自动复位。 0：禁止外部 4～32 MHz 晶振； 1：使能外部 4～32 MHz 晶振
15:8	IRC8MCALIB[7:0]	高速内部晶振校准值寄存器。上电时自动加载这些位
7:3	IRC8MADJ[4:0]	高速内部晶振时钟调整值。由软件置 1，最终调整值为 IRC8MADJ 的当前值加上 IRC8MCALIB[7:0]位的值。 最终调整值应该调整 IRC8M 到 8 MHz ± 1%
1	IRC8MSTB	高速内部时钟（IRC8M）稳定状态标志位。硬件置 1 来指示 IRC8M 是否稳定待用。 0：IRC8M 未稳定；1：IRC8M 已稳定
0	IRC8MEN	高速内部晶振使能。软件复位置 1。当 IRC8M 用作系统时钟时，该位不能被复位。当从待机和深度睡眠模式返回或用作系统时钟的 HXTAL 发生故障时，该位由硬件置 1 来启动 IRC8M 振荡器。 0：内部 8MHz RC 振荡器关闭；1：内部 8MHz RC 振荡器开启

2. 配置寄存器 0（RCU_CFG0）

RCU_CFG0 的结构、偏移地址和复位值如图 9-3 所示，部分位的解释说明如表 9-2 所示。

偏移地址：0x04

复位值：0x0000 0000

31	30	29	28	27	26	25	24	23	22	21	20	19	18	17	16
PLLDV	CKOUTDIV[2:0]			PLLMF[4]	CKOUTSEL[2:0]			保留		PLLMF[3:0]				PLLPRE DV	PLLSEL
r/w	r/w			r/w	r/w					r/w				r/w	r/w

15	14	13	12	11	10	9	8	7	6	5	4	3	2	1	0
ADCPSC[1:0]		APB2PSC[2:0]			APB1PSC[2:0]			AHBPSC[3:0]				SCSS[1:0]		SCS[1:0]	
r/w		r/w			r/w			r/w				r		r/w	

图 9-3　RCU_CFG0 的结构、偏移地址和复位值

表 9-2　RCU_CFG0 部分位的解释说明

位/位域	名　称	描　述
31	PLLDV	CK_PLL 的 1 或 2 分频用作 CK_OUT。 0：CK_PLL 的 2 分频用作 CK_OUT；1：CK_PLL 用作 CK_OUT
30:28	CKOUTDIV[2:0]	CK_OUT 分频器，来降低 CK_OUT 频率。 CK_OUT 的选择参考 RCU_CFG0 的 26:24 位。 000：CK_OUT 不分频；001：CK_OUT 2 分频； 010：CK_OUT 4 分频；011：CK_OUT 8 分频； 100：CK_OUT 16 分频；101：CK_OUT 32 分频； 110：CK_OUT 64 分频；111：CK_OUT 128 分频
27	PLLMF[4]	PLLMF 位域的位 4。 参见 RCU_CFG0 的 21:18 位
26:24	CKOUTSEL[2:0]	CK_OUT 时钟源选择。软件置 1 或清零。 000：没有时钟被选择；001：选择内部 28MHz RC 振荡器时钟； 010：选择内部 40kHz RC 振荡器时钟；011：选择外部低速晶振时钟； 100：选择系统时钟；101：选择内部 8MHz RC 振荡器时钟； 110：选择外部高速晶振时钟；111：取决于 PLLDV 选择(CK_PLL / 2)或 CK_PLL
21:18	PLLMF[3:0]	PLL 倍频因子。软件写这些位包括 RCU_CFG0 的 27 位来确定 PLL 的倍频因子。 00000：(PLL 时钟源×2)；00001：(PLL 时钟源×3)；00010：(PLL 时钟源×4)； … 11101：(PLL 时钟源×30)；11110：(PLL 时钟源×31)；11111：(PLL 时钟源×32)。 注意，PLL 输出频率不能超过 72MHz
17	PLLPREDV	HXTAL 作为 PLL 输入。该位与时钟配置寄存器 1（RCU_CFG1）中的 PREDV[0] 位是一样的。参考 RCU_CFG1 的 PREDV 位的说明。 由软件置 1 或清零决定分频或不分频后，当作 PLL 输入时钟源。 0：选择 HXTAL；1：选择 HXTAL 的 2 分频
16	PLLSEL	PLL 时钟源选择。软件置 1 或清零来控制 PLL 时钟源。 0：选择 IRC8M 2 分频作为 PLL 时钟源； 1：选择 HXTAL（RCU_CFG1 寄存器的 PLLPRESEL 位）作为 PLL 时钟源
15:14	ADCPSC[1:0]	ADC 时钟预分频选择。软件写这两位及 RCU_CFG2 的 31 位来确定 ADC 时钟分频。 软件清零和置 1。 000：选择 APB2 时钟 2 分频；001：选择 APB2 时钟 4 分频； 010：选择 APB2 时钟 6 分频；011：选择 APB2 时钟 8 分频； 100：选择 AHB 时钟 3 分频；101：选择 AHB 时钟 5 分频； 110：选择 AHB 时钟 7 分频；111：选择 AHB 时钟 9 分频

续表

位/位域	名 称	描 述
13:11	APB2PSC[2:0]	APB2 预分频选择。软件置 1 和清零来控制 APB2 时钟分频因子。 0xx：选择 AHB 时钟不分频；100：选择 AHB 时钟 2 分频； 101：选择 AHB 时钟 4 分频；110：选择 AHB 时钟 8 分频； 111：选择 AHB 时钟 16 分频
10:8	APB1PSC[2:0]	APB1 预分频选择。软件置 1 和清零来控制 APB1 时钟分频因子。 0xx：选择 AHB 时钟不分频；100：选择 AHB 时钟 2 分频； 101：选择 AHB 时钟 4 分频；110：选择 AHB 时钟 8 分频； 111：选择 AHB 时钟 16 分频
7:4	AHBPSC[3:0]	AHB 预分频选择。软件置 1 和清零来控制 AHB 时钟分频因子。 0xxx：选择 CK_SYS 系统时钟不分频；1000：选择 CK_SYS 系统时钟 2 分频； 1001：选择 CK_SYS 系统时钟 4 分频；1010：选择 CK_SYS 系统时钟 8 分频； 1011：选择 CK_SYS 系统时钟 16 分频；1100：选择 CK_SYS 系统时钟 64 分频； 1101：选择 CK_SYS 系统时钟 128 分频；1110：选择 CK_SYS 系统时钟 256 分频； 1111：选择 CK_SYS 系统时钟 512 分频
3:2	SCSS[1:0]	系统时钟转换状态。硬件置 1 和清零指示系统当前时钟源。 00：选择 CK_IRC8M 作为 CK_SYS 系统时钟源； 01：选择 CK_HXTAL 作为 CK_SYS 系统时钟源； 10：选择 CK_PLL 作为 CK_SYS 系统时钟源； 11：保留
1:0	SCS[1:0]	系统时钟转换。 软件设置选择系统时钟源。由于 CK_SYS 的改变有固有延迟，需要软件读 SCSS 位来确保转换是否结束。当从深度睡眠或待机模式中返回，或作为系统时钟或 PLL 时钟源的 HXTAL 出现故障时，强制选择 IRC8M 作为系统时钟或 PLL 时钟。 00：选择 IRC8M 作为 CK_SYS 系统时钟源； 01：选择 HXTAL 作为 CK_SYS 系统时钟源； 10：选择 PLL 作为 CK_SYS 系统时钟源

3．中断寄存器（RCU_INT）

RCU_INT 的结构、偏移地址和复位值如图 9-4 所示，部分位的解释说明如表 9-3 所示。

偏移地址：0x08

复位值：0x0000 0000

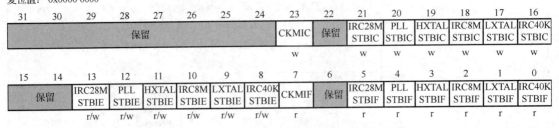

图 9-4　RCU_INT 的结构、偏移地址和复位值

表 9-3　RCU_INT 部分位的解释说明

位/位域	名 称	描 述
23	CKMIC	HXTAL 阻塞中断清除。软件写 1 复位 CKMIF 标志位。 0：不复位 CKMIF 标志位；1：复位 CKMIF 标志位

位/位域	名　称	描　述
21	IRC28MSTBIC	IRC28M 稳定中断清除。软件写 1 复位 IRC28MSTBIF 标志位。 0：不复位 IRC28MSTBIF 标志位；1：复位 IRC28MSTBIF 标志位
20	PLLSTBIC	PLL 稳定中断清除。软件写 1 复位 PLLSTBIF 标志位。 0：不复位 PLLSTBIF 标志位；1：复位 PLLSTBIF 标志位
19	HXTALSTBIC	HXTAL 稳定中断清除。软件写 1 复位 HXTALSTBIF 标志位。 0：不复位 HXTALSTBIF 标志位；1：复位 HXTALSTBIF 标志位
18	IRC8MSTBIC	IRC8M 稳定中断清除。软件写 1 复位 IRC8MSTBIF 标志位。 0：不复位 IRC8MSTBIF 标志位；1：复位 IRC8MSTBIF 标志位
17	LXTALSTBIC	LXTAL 稳定中断清除。软件写 1 复位 LXTALSTBIF 标志位。 0：不复位 LXTALSTBIF 标志位；1：复位 LXTALSTBIF 标志位
16	IRC40KSTBIC	IRC40K 稳定中断清除。软件写 1 复位 IRC40KSTBIF 标志位。 0：不复位 IRC40KSTBIF 标志位；1：复位 IRC40KSTBIF 标志位
13	IRC28MSTBIE	IRC28M 稳定中断使能。软件置 1 和清零来使能/禁止 IRC28M 稳定中断。 0：禁止 IRC28M 稳定中断；1：使能 IRC28M 稳定中断
12	PLLSTBIE	PLL 时钟稳定中断使能。软件置 1 和清零来使能/禁止 PLL 时钟稳定中断。 0：禁止 PLL 时钟稳定中断；1：使能 PLL 时钟稳定中断
11	HXTALSTBIE	HXTAL 稳定中断使能。软件置 1 和清零来使能/禁止 HXTAL 稳定中断。 0：禁止 HXTAL 稳定中断；1：使能 HXTAL 稳定中断
10	IRC8MSTBIE	IRC8M 稳定中断使能。软件置 1 和清零来使能/禁止 IRC8M 稳定中断。 0：禁止 IRC8M 稳定中断；1：使能 IRC8M 稳定中断
9	LXTALSTBIE	LXTAL 稳定中断使能。软件置 1 和清零来使能/禁止 LXTAL 稳定中断。 0：禁止 LXTAL 稳定中断；1：使能 LXTAL 稳定中断
8	IRC40KSTBIE	IRC40K 稳定中断使能。软件置 1 和清零来使能/禁止 IRC40K 稳定中断。 0：禁止 IRC40K 稳定中断；1：使能 IRC40K 稳定中断
7	CKMIF	HXTAL 阻塞中断标志位。当 HXTAL 阻塞时硬件置 1。 软件置 CKMIC=1 时清除该位。 0：时钟运行正常；1：HXTAL 阻塞
5	IRC28MSTBIF	IRC28M 稳定中断标志位。当 IRC28M 稳定且 IRC28MSTBIE 位被置 1 时由硬件置 1。 软件置 IRC28MSTBIC=1 时清除该位。 0：无 IRC28M 稳定中断产生；1：IRC28M 稳定中断发生
4	PLLSTBIF	PLL 时钟稳定中断标志位。当 PLL 时钟稳定且 PLLSTBIE 位被置 1 时由硬件置 1。软件置 PLLSTBIC=1 时清除该位。 0：无 PLL 时钟稳定中断产生；1：产生 PLL 时钟稳定中断
3	HXTALSTBIF	HXTAL 稳定中断标志位。当外部 4~32MHz 晶振时钟稳定且 HXTALSTBIE 位被置 1 时由硬件置 1。软件置 HXTALSTBIC=1 时清除该位。 0：无 HXTAL 稳定中断发生；1：发生 HXTAL 稳定中断
2	IRC8MSTBIF	IRC8M 稳定中断标志位。当 IRC8M 稳定且 IRC8MSTBIE 位被置 1 时由硬件置 1。软件置 IRC8MSTBIC=1 时清除该位。 0：无 IRC8M 稳定中断产生；1：产生 IRC8M 稳定中断
1	LXTALSTBIF	LXTAL 稳定中断标志位。当外部 32.768kHz 晶振时钟稳定且 LXTALSTBIE 为被置 1 时由硬件置 1。软件置 LXTALSTBIC=1 时清除该位。 0：无 LXTAL 稳定中断发生；1：发生 LXTAL 稳定中断
0	IRC40KSTBIF	IRC40K 稳定中断标志位。当内部 32kHz RC 振荡器时钟稳定且 IRC40KSTBIE 位被置 1 时由硬件置 1。软件置 IRC40KSTBIC =1 时清除该位。 0：无 IRC40K 稳定中断产生；1：产生 IRC40K 稳定中断

关于上述寄存器及更多其他寄存器的定义和功能可参见《GD32E23x 用户手册（中文版）》或《GD32E23x 用户手册（英文版）》。

9.2.3　RCU 部分固件库函数

本实验涉及的 RCU 固件库函数包括 rcu_deinit、rcu_osci_on、rcu_osci_stab_wait、rcu_ahb_clock_config、rcu_apb1_clcok_config、rcu_apb2_clock_config、rcu_hxtal_prediv_config、rcu_pll_config、rcu_flag_get、rcu_system_clock_source_config、rcu_system_clock_source_get。这些函数在 gd32e230_rcu.h 文件中声明，在 gd32e230_rcu.c 文件中实现。

1. rcu_osci_on 函数

rcu_osci_on 函数的功能是打开振荡器。具体描述如表 9-4 所示。

参数 osci 可取值如表 9-5 所示。

表 9-4　rcu_osci_on 函数的描述

函 数 名	rcu_osci_on
函 数 原 型	void rcu_osci_on(rcu_osci_type_enum osci)
功 能 描 述	打开振荡器
输 入 参 数	osci：振荡器类型
输 出 参 数	无
返 回 值	void

表 9-5　参数 osci 的可取值

可 取 值	描 述
RCU_HXTAL	高速晶体振荡器
RCU_LXTAL	低速晶体振荡器
RCU_IRC8M	内部 8MHz RC 振荡器
RCU_IRC28M	内部 28MHz RC 振荡器
RCU_IRC40K	内部 40kHz RC 振荡器
RCU_PLL_CK	锁相环

例如，打开高速晶体振荡器，代码如下：

```
rcu_osci_on(RCU_HXTAL);
```

2. rcu_osci_stab_wait 函数

rcu_osci_stab_wait 函数的功能是等待振荡器稳定标志位置 1 或振荡器起振超时。具体描述如表 9-6 所示。

表 9-6　rcu_osci_stab_wait 函数的描述

函 数 名	rcu_osci_stab_wait
函 数 原 型	ErrStatus rcu_osci_stab_wait(rcu_osci_type_enum osci)
功 能 描 述	等待振荡器稳定标志位置 1 或振荡器起振超时
输 入 参 数	osci：振荡器类型
输 出 参 数	reval：振荡器稳定标志位置 1 或振荡器起振超时
返 回 值	SUCCESS 或 ERROR

参数 osci 的可取值如表 9-5 所示。

例如，等待高速晶体振荡器稳定标志位，代码如下：

```
if(SUCCESS == rcu_osci_stab_wait(RCU_HXTAL))
{
}
```

3. rcu_ahb_clock_config 函数

rcu_ahb_clock_config 函数的功能是配置 AHB 时钟预分频选择，通过向 RCU_CTL0 写入参数来实现。具体描述如表 9-7 所示。

表 9-7　rcu_ahb_clock_config 函数的描述

函 数 名	rcu_ahb_clock_config
函 数 原 型	void rcu_ahb_clock_config(uint32_t ck_ahb)
功 能 描 述	配置 AHB 时钟预分频选择
输 入 参 数	ck_ahb：RCU_AHB_CKSYS_DIVx，选择 CK_SYS 时钟 x 分频（x=1, 2, 4, 8, 16, 64, 128, 256, 512）
输 出 参 数	无
返 回 值	void

例如，配置 CK_SYS 时钟 128 分频，代码如下：

```
rcu_ahb_clock_config(RCU_AHB_CKSYS_DIV128);
```

4．rcu_pll_config 函数

rcu_pll_config 函数的功能是配置主 PLL 时钟，通过向 RCU_CFG0 写入参数来实现。具体描述如表 9-8 所示。

表 9-8　rcu_pll_config 函数的描述

函 数 名	rcu_pll_config
函 数 原 型	void rcu_pll_config(uint32_t pll_src, uint32_t pll_mul)
功 能 描 述	配置主 PLL 时钟
输 入 参 数 1	pll_src：PLL 时钟源选择
输 入 参 数 2	pll_mul：PLL 时钟倍频因子，RCU_PLL_MULx，PLL 源时钟× x (x = 2, …, 32)
输 出 参 数	无
返 回 值	void

参数 pll_src 可取值如表 9-9 所示。

表 9-9　参数 pll_src 的可取值

可 取 值	描 述
RCU_PLLSRC_IRC8M_DIV2	(IRC8M / 2)被选择为 PLL 时钟的时钟源
RCU_PLLSRC_HXTAL	HXTAL 时钟被选择为 PLL 时钟的时钟源

例如，配置主 PLL 时钟，代码如下：

```
rcu_pll_config(RCU_PLLSRC_HXTAL, RCU_PLL_MUL10);
```

5．rcu_flag_get 函数

rcu_flag_get 函数的功能是获取时钟稳定和外设复位标志。具体描述如表 9-10 所示。

表 9-10　rcu_flag_get 函数的描述

函 数 名	rcu_flag_get
函 数 原 型	FlagStatus rcu_flag_get (rcu_flag_enum flag)
功 能 描 述	获取时钟稳定和外设复位标志
输 入 参 数	flag：时钟稳定和外设复位标志
输 出 参 数	FlagStatus
返 回 值	SET 或 RESET

参数 flag 的可取值如表 9-11 所示。

表 9-11　参数 flag 的可取值

可 取 值	描 述	可 取 值	描 述
RCU_FLAG_IRC40KSTB	IRC40K 稳定标志	RCU_FLAG_OBLRST	选项字节复位标志
RCU_FLAG_LXTALSTB	LXTAL 稳定标志	RCU_FLAG_EPRST	外部引脚复位标志
RCU_FLAG_IRC8MSTB	IRC8M 稳定标志	RCU_FLAG_PORRST	电源复位标志
RCU_FLAG_HXTALSTB	HXTAL 稳定标志	RCU_FLAG_SWRST	软件复位标志
RCU_FLAG_PLLSTB	PLL 时钟稳定标志	RCU_FLAG_FWDGTRST	独立看门狗复位标志
RCU_FLAG_IRC28MSTB	IRC28M 稳定标志	RCU_FLAG_WWDGTRST	窗口看门狗复位标志
RCU_FLAG_V12RST	PLL 时钟稳定标志	RCU_FLAG_LPRST	低电压复位标志

例如，获取时钟稳定标志位，代码如下：

```
if(RESET != rcu_flag_get(RCU_FLAG_LXTALSTB))
{
}
```

6. rcu_system_clock_source_config 函数

rcu_system_clock_source_config 函数的功能是配置选择系统时钟源，通过向 RCU_CFG0 写入参数来实现。具体描述如表 9-12 所示。

表 9-12　rcu_system_clock_source_config 函数的描述

函 数 名	rcu_system_clock_source_config
函 数 原 型	void rcu_system_clock_source_config(uint32_t ck_sys)
功 能 描 述	配置选择系统时钟源
输 入 参 数	ck_sys：系统时钟源选择
输 出 参 数	无
返 回 值	void

参数 ck_sys 的可取值如表 9-13 所示。

表 9-13　参数 ck_sys 的可取值

可 取 值	描 述
RCU_CKSYSSRC_IRC8M	选择 CK_IRC8M 时钟作为 CK_SYS 时钟源
RCU_CKSYSSRC_HXTAL	选择 CK_HXTAL 时钟作为 CK_SYS 时钟源
RCU_CKSYSSRC_PLL	选择 CK_PLL 时钟作为 CK_SYS 时钟源

例如，配置 CK_SYS 时钟源为 CK_HXTAL，代码如下：

```
rcu_system_clock_source_config(RCU_CKSYSSRC_HXTAL);
```

9.2.4　FMC 部分寄存器

GD32E23x 系列的内部 Flash 共有 9 个寄存器，本实验仅涉及 FMC 等待状态寄存器（FMC_WS）。

FMC_WS 的结构、偏移地址和复位值如图 9-5 所示，部分位的解释说明如表 9-14 所示。

偏移地址：0x00
复位值：0x0000 0030

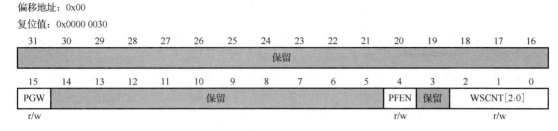

图 9-5　FMC_WS 的结构、偏移地址和复位值

表 9-14　FMC_WS 部分位的解释说明

位/位域	名　称	描　述
15	PGW	闪存存储器编程宽度。 0：闪存存储器 32 位编程；1：闪存存储器 64 位编程
4	PFEN	预取使能。 0：预取禁止；1：预取使能
2:0	WSCNT[2:0]	等待状态计数寄存器。软件置 1 和清零。 000：不增加等待状态；001：增加 1 个等待状态； 010：增加 2 个等待状态；011～111：保留

9.2.5　FMC 部分固件库函数

本实验涉及的 FMC 固件库函数为 fmc_wscnt_set，该函数在 gd23e230_fmc.h 文件中声明，在 gd23e230_fmc.c 文件中实现。

fmc_wscnt_set 函数的功能是设置等待状态计数值，通过向 FMC_WS 写入参数来实现。具体描述如表 9-15 所示。

参数 wscnt 的可取值如表 9-16 所示。

表 9-15　fmc_wscnt_set 函数的描述

函　数　名	fmc_wscnt_set
函 数 原 型	void fmc_wscnt_set(uint32_t wscnt)
功 能 描 述	设置等待状态计数值
输 入 参 数	wscnt：等待状态计数值
输 出 参 数	无
返 回 值	void

表 9-16　参数 wscnt 的可取值

可 取 值	描　述
WS_WSCNT_0	FMC 0 个等待状态
WS_WSCNT_1	FMC 1 个等待状态
WS_WSCNT_2	FMC 2 个等待状态

例如，设置等待状态计数值为 1，代码如下：

```
fmc_wscnt_set (WS_WSCNT_1);
```

9.2.6　程序架构

RCU 实验的程序架构如图 9-6 所示。该图简要介绍了程序开始运行后各个函数的执行和调用流程，图中仅列出了与本实验相关的一部分函数。下面解释说明程序架构图。

（1）在 main 函数中调用 InitHardware 函数进行硬件相关模块初始化，包含 NVIC、UART、

Timer 和 RCU 等模块，这里仅介绍 RCU 模块初始化函数 InitRCU。在 InitRCU 函数中调用 ConfigRCU 函数配置 RCU，包括使能外部高速晶振、配置 AHB、APB1 和 APB2 总线的时钟频率，配置 PLL 和配置系统时钟等。

（2）调用 InitSoftware 函数进行软件相关模块初始化，本实验中，InitSoftware 函数为空。

（3）调用 Proc2msTask 函数进行 2ms 任务处理，在该函数中，先通过 Get2msFlag 函数获取 2ms 标志位，若标志位为 1，则调用 LEDFlicker 函数实现 LED 电平翻转，再通过 Clr2msFlag 函数清除 2ms 标志位。

（4）2ms 任务之后再调用 Proc1SecTask 函数进行 1s 任务处理，在该函数中，先通过 Get1SecFlag 函数获取 1s 标志位，若标志位为 1，则通过 printf 函数打印输出信息，再通过 Clr1SecFlag 函数清除 1s 标志位。

（5）Proc2msTask 和 Proc1SecTask 均在 while 循环中调用，因此，Proc1SecTask 函数执行完后将再次执行 Proc2msTask 函数，从而实现 LED 交替闪烁，且串口每秒输出一次字符串。

在图 9-6 中，编号为①、④、⑤和⑦的函数在 Main.c 文件中声明和实现；编号为②的函数在 RCU.h 文件中声明，在 RCU.c 文件中实现；编号为③的函数在 RCU.c 文件中声明和实现。在编号为③的 ConfigRCU 函数中所调用的一系列函数均为固件库函数，在对应的固件库中声明和实现。

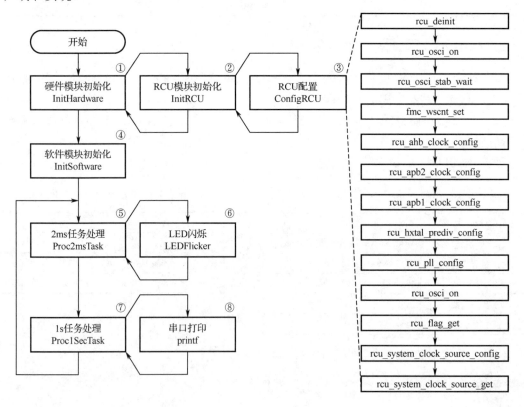

图 9-6　程序架构

本实验编程要点：

（1）配置时钟系统，包括设置外部高速晶振为时钟源、配置锁相环 PLL、配置 AHB、APB1 和 APB2 总线时钟，以及配置系统时钟等。

（2）在 ConfigRCU 函数中通过调用 RCU 相关固件库函数来实现上述时钟配置。

在本实验中，核心内容即为 GD32E23x 系列微控制器的时钟树系统，理解时钟树中各个时钟的来源和配置方法，掌握配置时钟的固件库函数的定义和用法，以及固件库函数对应操作的寄存器，即可快速完成本实验。

9.3　实 验 步 骤

步骤 1：复制并编译原始工程

首先，将 "D:\GD32E2KeilTest\Material\08.RCUClockOut" 文件夹复制到 "D:\GD32E2KeilTest\Product" 文件夹中。然后，双击运行 "D:\GD32E2KeilTest\Product\08.RCUClockOut\Project" 文件夹中的 GD32KeilPrj.uvprojx。编译通过后，下载程序并进行复位，观察 GD32E2 杏仁派开发板上的两个 LED 是否交替闪烁。如果两个 LED 交替闪烁，串口助手正常输出字符串，表示原始工程是正确的，可以进入下一步操作。

步骤 2：添加 RCU 文件对

首先，将 "D:\GD32E2KeilTest\Product\08.RCUClockOut\HW\RCU" 文件夹中的 RCU.c 添加到 HW 分组中。然后，将 "D:\GD32E2KeilTest\Product\08.RCUClockOut\HW\RCU" 路径添加到 Include Paths 栏中。

步骤 3：完善 RCU.h 文件

单击 📖 按钮进行编译，编译结束后，在 Project 面板中，双击 RCU.c 下的 RCU.h 文件。

在 RCU.h 文件的 "API 函数声明" 区，添加如程序清单 9-1 所示的 API 函数声明代码。InitRCU 函数的主要功能是初始化 RCU 时钟控制器模块。

程序清单 9-1

```
void InitRCU(void);      //初始化 RCU 模块
```

步骤 4：完善 RCU.c 文件

在 RCU.c 文件 "包含头文件" 区的最后，添加代码#include "gd32e230x_conf.h"。

在 RCU.c 文件的 "内部函数声明" 区，添加 ConfigRCU 函数的声明代码，如程序清单 9-2 所示，ConfigRCU 函数用于配置 RCU。

程序清单 9-2

```
static  void  ConfigRCU(void);  //配置 RCU
```

在 RCU.c 文件的 "内部函数实现" 区，添加 ConfigRCU 函数的实现代码，如程序清单 9-3 所示。下面按照顺序对 ConfigRCU 函数中的语句进行解释说明。

（1）通过 rcu_deinit 函数将 RCU 部分寄存器重设为默认值，这些寄存器包括 RCU_CTL0、RCU_CTL1、RCU_CFG0、RCU_CFG1、RCU_CFG2 和 RCU_INT。

（2）通过 rcu_osci_on 函数使能外部高速晶振。该函数涉及 RCU_CTL0 的 HXTALEN，HXTALEN 为 0 关闭外部高速晶振，HXTALEN 为 1 使能外部高速晶振，可参见图 9-2 和表 9-1。

（3）通过 rcu_osci_stab_wait 函数判断外部高速时钟是否就绪，返回值赋值给 HXTALStartUpStatus。该函数涉及 RCU_CTL0 的 HXTALSTB，HXTALSTB 为 1 表示外部高速时钟准备就绪，HXTALStartUpStatus 为 SUCCESS；HXTALSTB 为 0 表示外部高速时钟没

有就绪，HSEStartUpStatus 为 ERROR，可参见图 9-2 和表 9-1。

（4）通过 fmc_wscnt_set 函数将时延设置为 1 个等待状态。该函数涉及 FMC_WS 的
WSCNT[2:0]，可以参见图 9-5 和表 9-14。

程序清单 9-3

```
static void ConfigRCU(void)
{
  ErrStatus HXTALStartUpStatus;

  rcu_deinit();                                        //RCU 配置恢复默认值

  rcu_osci_on(RCU_HXTAL);                              //使能外部高速晶振

  HXTALStartUpStatus = rcu_osci_stab_wait(RCU_HXTAL);  //等待外部晶振稳定

  if(HXTALStartUpStatus == SUCCESS)                    //外部晶振已经稳定
  {
    fmc_wscnt_set(WS_WSCNT_1);

    rcu_ahb_clock_config(RCU_AHB_CKSYS_DIV1);          //设置高速 AHB 时钟（HCLK）= SYSCLK

    rcu_apb2_clock_config(RCU_APB2_CKAHB_DIV1);        //设置高速 APB2 时钟（PCLK2）= AHB

    rcu_apb1_clock_config(RCU_APB1_CKAHB_DIV2);        //设置低速 APB1 时钟（PCLK1）= AHB/2

    //设置锁相环 PLL = HXTAL / 2 × 18 = 72 MHz
    rcu_hxtal_prediv_config(RCU_PLL_PREDV1);
    rcu_pll_config(RCU_PLLSRC_HXTAL,RCU_PLL_MUL9);

    rcu_osci_on(RCU_PLL_CK);

    //等待锁相环稳定
    while(0U == rcu_flag_get(RCU_FLAG_PLLSTB))
    {
    }

    //选择 PLL 作为系统时钟
    rcu_system_clock_source_config(RCU_CKSYSSRC_PLL);

    //等待 PLL 成功用于系统时钟
    while(0U == rcu_system_clock_source_get())
    {
    }
  }
}
```

（5）通过 rcu_ahb_clock_config 函数将高速 AHB 时钟的预分频系数设置为 1。该函数涉
及 RCU_CFG0 的 AHBPSC[3:0]，AHB 时钟是系统时钟 CK_SYS 进行 1、2、4、8、16、64、128、
256 或 512 分频的结果，AHBPSC[3:0]控制 AHB 时钟的预分频系数，可参见图 9-3 和表 9-2。本
实验的 AHBPSC[3:0]为 0000，即 AHB 时钟与 CK_SYS 时钟频率相等，均为 72MHz。

（6）通过 rcu_apb2_clock_config 函数将高速 APB2 时钟的预分频系数设置为 1。该函数涉及 RCU_CFG0 的 APB2PSC[2:0]，APB2 时钟是 AHB 时钟进行 1、2、4、8 或 16 分频的结果，APB2PSC[2:0]控制 APB2 时钟的预分频系数，可参见图 9-3 和表 9-2。本实验的 APB2PSC[2:0]为 000，即 APB2 时钟与 AHB 时钟频率相等（均为 72MHz）。

（7）通过 rcu_apb1_clock_config 函数将高速 APB1 时钟的预分频系数设置为 2。该函数涉及 RCU_CFG0 的 APB1PSC[2:0]，APB1 时钟是 AHB 时钟进行 1、2、4、8 或 16 分频的结果，APB1PSC[2:0]控制 APB1 时钟的预分频系数，可参见图 9-3 和表 9-2。本实验的 APB1PSC[2:0]为 100，即 APB1 时钟是 AHB 时钟的 2 分频，所以 APB1 时钟频率为 36MHz。

（8）通过 rcu_hxtal_prediv_config 函数设置外部高速晶振 HXTAL 作为 PLL 输入时钟源时的分频系数，该函数涉及 RCU_CFG0 的 PLLPREDV 和 RCU_CFG1 的 PREDV，这些位用于选择作为 PLL 输入时钟源的 HXTAL 的分频系数，可参见图9-3和表9-2。本实验中 PLLPREDV 为 0，PREDV 为 000，即将 HXTAL 的 1 分频作为 PLL 输入时钟源，HXTAL 为 8MHz，因此，PLL 的输入时钟频率为 8MHz。

（9）通过 rcu_pll_config 函数 PLL 时钟源及倍频系数。该函数涉及 RCU_CFG0 的 PLLMF[4:0]和 PLLSEL，PLLMUL[4:0]用于控制 PLL 时钟倍频系数，PLLSEL 用于选择 IRC8M 时钟 2 分频或经过分频的 HXTAL 作为 PLL 时钟，可参见图 9-3 和表 9-2。本实验的 PLLSEL 为 1，PLLMF 为 00111，因此，频率为 8MHz 的 HXTAL 时钟经过 9 倍频后作为 PLL 时钟，即 PLL 时钟频率为 72MHz。

（10）通过 rcu_osci_on 函数使能 PLL 时钟。该函数涉及 RCU_CTL0 的 PLLEN，PLLEN 用于关闭或使能 PLL 时钟，可参见图 9-2 和表 9-1。

（11）通过 rcu_flag_get 函数判断 PLL 时钟是否就绪。该函数涉及 RCU_CTL0 的 PLLSTB，PLLSTB 用于指示 PLL 时钟是否就绪，可参见图 9-2 和表 9-1。

（12）通过 rcu_system_clock_source_config 函数将 PLL 选作 CK_SYS 的时钟源。该函数涉及 RCU_CFG0 的 SCS[1:0]，SCS[1:0]用于选择 IRC8M、HXTAL 或 PLL 作为 CK_SYS 的时钟源，可参见图 9-3 和表 9-2。

在 RCU.c 文件的"API 函数实现"区，添加 InitRCU 函数的实现代码，如程序清单 9-4 所示，InitRCU 函数调用 ConfigRCU 函数实现对 RCU 模块的初始化。

程序清单 9-4

```
void InitRCU(void)
{
  ConfigRCU();                                              //配置 RCU
}
```

步骤 5：完善 RCU 实验应用层

在 Project 面板中，双击打开 Main.c 文件，在 Main.c 文件"包含头文件"区的最后，添加代码#include "RCU.h"。这样就可以在 Main.c 文件中调用 RCU 模块的 API 函数等，实现对 RCU 模块的操作。

在 Main.c 文件的 InitHardware 函数中，添加调用 InitRCU 函数的代码，如程序清单 9-5 所示，即可实现对 RCU 模块的初始化。

程序清单 9-5

```
static  void  InitHardware(void)
{
  SystemInit();                        //系统初始化
  InitNVIC();                          //初始化 NVIC 模块
  InitUART0(115200);                   //初始化 UART 模块
  InitTimer();                         //初始化 Timer 模块
  InitLED();                           //初始化 LED 模块
  InitSysTick();                       //初始化 SysTick 模块
  InitRCU();                           //初始化 RCU 模块
}
```

步骤 6：编译及下载验证

代码编写完成并编译通过后，下载程序并进行复位。如果 GD32E2 杏仁派开发板上的两个 LED 交替闪烁，串口助手正常输出字符串，则表示实验成功。

本 章 任 务

基于 GD32E2 杏仁派开发板，重新配置 RCU 时钟，将 PCLK2 时钟配置为 18MHz，对比修改前后的 LED 闪烁间隔以及串口助手输出字符串的间隔，分析产生变化的原因。

任务提示：

（1）TIMER15、TIMER16 和 USART0 的时钟均来源于 PCLK2。

（2）修改 PCLK2 时钟频率后，串口可能输出乱码，可将 InitHardware 函数中的 RCU 模块初始化函数 InitRCU 置于串口模块初始化函数 InitUART0 之前。

本 章 习 题

1. 什么是有源晶振，什么是无源晶振？
2. 简述 RCU 模块中的各个时钟源及其配置方法。
3. 简述 rcu_deinit 函数的功能。
4. 在 rcu_system_clock_source_get 函数中通过直接操作寄存器完成相同的功能。

第10章 外部中断

通过学习 GPIO 与独立按键输入实验，已经掌握了将 GD32E23x 系列微控制器的 GPIO 用作输入端口。本章将基于中断/事件控制器（EXTI），通过 GPIO 检测输入脉冲，并产生中断，打断原来的代码执行流程，进入中断服务函数中进行处理，处理完成后再返回中断之前的代码继续执行，从而实现和 GPIO 与独立按键输入类似的功能。

10.1 实 验 内 容

通过学习 EXTI 功能框图、EXTI 的相关寄存器和固件库函数，以及系统配置 SYSCFG 的相关寄存器和固件库函数，基于 EXTI，实现由 GD32E2 杏仁派开发板上的 KEY$_1$、KEY$_2$ 和 KEY$_3$ 按键控制 LED$_1$ 和 LED$_2$ 的亮灭，其中 KEY$_1$ 用于控制 LED$_1$ 的状态翻转，KEY$_2$ 用于控制 LED$_2$ 的状态翻转，KEY$_3$ 用于控制 LED$_1$ 和 LED$_2$ 的状态同时翻转。

10.2 实 验 原 理

10.2.1 EXTI 功能框图

EXTI 管理了 21 个中断/事件线，每个中断/事件线都对应一个边沿检测电路，可以对输入线的上升沿、下降沿或上升/下降沿进行检测，每个中断/事件线可以通过寄存器进行单独配置，既可以产生中断触发，也可以产生事件触发。图 10-1 所示是 EXTI 的功能框图，下面介绍各主要功能模块。

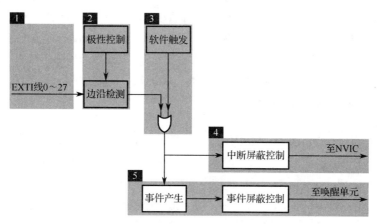

图 10-1　EXTI 功能框图

1. EXTI 输入线

GD32E23x 系列微控制器的 EXTI 输入线有 28 条，即 EXTI0～EXTI27，其中 21 条有触发源，表 10-1 列出了 EXTI 所有输入线的输入源，其中，EXTI0～EXTI15 用于 GPIO，每个 GPIO 都可以作为 EXTI 的输入源，EXTI16 与 LVD 相连接，EXTI17 与 RTC 闹钟事件相连接，

EXTI19 与 RTC 干预和时间戳相连接，EXTI21 与 CMP 输出相连接，EXTI25 与 USART0 唤醒事件相连接。

表 10-1　EXTI 输入线

EXTI 线编号	输　入　源	EXTI 线编号	输　入　源
0	PA0/PB0/PF0	14	PA14/PB14/PC14
1	PA1/PB1/PF1	15	PA15/PB15/PC15
2	PA2/PB2	16	LVD
3	PA3/PB3	17	RTC 闹钟
4	PA4/PB4	18	保留
5	PA5/PB5	19	RTC 干预和时间戳
6	PA6/PB6/PF6	20	保留
7	PA7/PB7/PF7	21	CMP 输出
8	PA8/PB8	22	保留
9	PA9/PB9	23	保留
10	PA10/PB10	24	保留
11	PA11/PB11	25	USART0 唤醒
12	PA12/PB12	26	保留
13	PA13/PB13/PC13	27	保留

2. 边沿检测电路

通过配置上升沿触发使能寄存器（EXTI_RTEN）和下降沿触发使能寄存器（EXTI_FTEN），可以实现输入信号的上升沿检测、下降沿检测或上升/下降沿同时检测。EXTI_RTEN 的各个位与 EXTI 输入线的编号一一对应，例如，第 1 个位 RTEN0 对应 EXTI0 输入线，当 RTEN0 配置为 1 时，EXTI0 输入线的上升沿触发有效；第 20 个位 RTEN19 对应 EXTI19 输入线，当 RTEN19 配置为 0 时，EXTI0 输入线的上升沿触发无效。同样，EXTI_FTEN 的各个位也分别对应一个 EXTI 输入线，例如，第 2 个位 FTEN1 对应 EXTI1 输入线，当 FTEN1 配置为 1 时，EXTI1 输入线的下降沿触发有效。

3. 软件触发

软件中断事件寄存器（EXTI_SWIEV）的输出和边沿检测电路的输出通过或运算输出到下一级，因此，无论 EXTI_SWIEV 输出高电平，还是边沿检测电路输出高电平，下一级都会输出高电平。虽然通过 EXTI 输入线产生触发源，但是使用软件中断触发的设计方法能够让 GD32E23x 系列微控制器的应用变得更加灵活，例如，在默认情况下，通过 PA4 的上升沿脉冲触发 A/D 转换，而在某种特定场合，又需要人为地触发 A/D 转换，这时就可以借助 EXTI_SWIEV，只需要向该寄存器的 SWIEV4 位写入 1，即可触发 A/D 转换。

4. 中断输出

EXTI 的最后一个环节是输出，既可以中断输出，也可以事件输出。先简单介绍中断和事件，中断和事件的产生源可以相同，两者的目的都是执行某一具体任务，如启动 A/D 转换或触发 DMA 数据传输。中断需要 CPU 的参与，当产生中断时，会执行对应的中断服务函数，具体的任务在中断服务函数中执行；事件是通过脉冲发生器产生一个脉冲，该脉冲直接通过硬件执行具体的任务，不需要 CPU 的参与。因为事件触发提供了一个完全由硬件自动完成而不需要 CPU 参与的方式，使用事件触发，诸如 A/D 转换或 DMA 数据传输任务，不需要软件的参与，降低了 CPU 的负荷，节省了中断资源，提高了响应速度。但是，中断正是因为有CPU 的参与，才可以对某一具体任务进行调整，例如，A/D 采样通道需要从第 1 通道切换到第 7 通道，就必须在中断服务函数中实现。

软件中断事件寄存器（EXTI_SWIEV）的输出和边沿检测电路的输出经过或运算后的输出，经过中断屏蔽控制后，输出至 NVIC 中断控制器。因此，如果需要屏蔽某 EXTI 输入线上的中断，可以向中断使能寄存器（EXTI_INTEN）的对应位写入 0；如果需要开放某 EXTI输入线上的中断，可以向 EXTI_INTEN 的对应位写入 1。

5. 事件输出

软件中断事件寄存器（EXTI_SWIEV）的输出和边沿检测电路的输出经过或运算后，产生的事件经过事件屏蔽控制后输出至唤醒单元。因此，如果需要屏蔽某 EXTI 输入线上的事件，可以向事件使能寄存器（EXTI_EVEN）的对应位写入 0；如果需要开放某 EXTI 输入线上的事件，可以向 EXTI_EVEN 的对应位写入 1。

10.2.2　EXTI 部分寄存器

本实验涉及的 EXTI 寄存器包括中断使能寄存器（EXTI_INTEN）、事件使能寄存器（EXTI_EVEN）、上升沿触发使能寄存器（EXTI_RTEN）、下降沿触发使能寄存器（EXTI_FTEN）、软件中断事件寄存器（EXTI_SWIEV）和挂起寄存器（EXTI_PD）。

1. 中断使能寄存器（EXTI_INTEN）

EXTI_INTEN 的结构、偏移地址和复位值如图 10-2 所示，部分位的解释说明如表 10-2所示。

偏移地址：0x00

复位值：0x0F94 0000

31	30	29	28	27	26	25	24	23	22	21	20	19	18	17	16
保留				INTEN 27	INTEN 26	INTEN 25	INTEN 24	INTEN 23	INTEN 22	INTEN 21	INTEN 20	INTEN 19	INTEN 18	INTEN 17	INTEN 16
				r/w	r/w	r/w	r/w	r/w	r/w	r/w	r/w	r/w	r/w	r/w	r/w

15	14	13	12	11	10	9	8	7	6	5	4	3	2	1	0
INTEN 15	INTEN 14	INTEN 13	INTEN 12	INTEN 11	INTEN 10	INTEN 9	INTEN 8	INTEN 7	INTEN 6	INTEN 5	INTEN 4	INTEN 3	INTEN 2	INTEN 1	INTEN 0
r/w	r/w	r/w	r/w	r/w	r/w	r/w	r/w	r/w	r/w	r/w	r/w	r/w	r/w	r/w	r/w

图 10-2　EXTI_INTEN 的结构、偏移地址和复位值

表 10-2　EXTI_INTEN 部分位的解释说明

位/位域	名　　称	描　　　　述
27:0	INTENx	中断使能位 x(x=0, 1, …, 27)。 0：第 x 线中断被禁止；1：第 x 线中断被使能

2. 事件使能寄存器（EXTI_EVEN）

EXTI_EVEN 的结构、偏移地址和复位值如图 10-3 所示，部分位的解释说明如表 10-3所示。

偏移地址：0x04

复位值：0x0000 0000

31	30	29	28	27	26	25	24	23	22	21	20	19	18	17	16
		保留		EVEN 27	EVEN 26	EVEN 25	EVEN 24	EVEN 23	EVEN 22	EVEN 21	EVEN 20	EVEN 19	EVEN 18	EVEN 17	EVEN 16
				r/w	r/w	r/w	r/w	r/w	r/w	r/w	r/w	r/w	r/w	r/w	r/w

15	14	13	12	11	10	9	8	7	6	5	4	3	2	1	0
EVEN 15	EVEN 14	EVEN 13	EVEN 12	EVEN 11	EVEN 10	EVEN 9	EVEN 8	EVEN 7	EVEN 6	EVEN 5	EVEN 4	EVEN 3	EVEN 2	EVEN 1	EVEN 0
r/w	r/w	r/w	r/w	r/w	r/w	r/w	r/w	r/w	r/w	r/w	r/w	r/w	r/w	r/w	r/w

图 10-3　EXTI_EVEN 的结构、偏移地址和复位值

表 10-3　EXTI_EVEN 部分位的解释说明

位/位域	名　　称	描　　述
27:0	EVENx	事件使能位 x(x=0, 1, …, 27)。 0: 第 x 线事件被禁止；1: 第 x 线事件被使能

3．上升沿触发使能寄存器（EXTI_RTEN）

EXTI_RTEN 的结构、偏移地址和复位值如图 10-4 所示，部分位的解释说明如表 10-4 所示。

偏移地址：0x08

复位值：0x0000 0000

31	30	29	28	27	26	25	24	23	22	21	20	19	18	17	16
					保留					RTEN 21	保留	RTEN 19	保留	RTEN 17	RTEN 16
										r/w		r/w		r/w	r/w

15	14	13	12	11	10	9	8	7	6	5	4	3	2	1	0
RTEN 15	RTEN 14	RTEN 13	RTEN 12	RTEN 11	RTEN 10	RTEN 9	RTEN 8	RTEN 7	RTEN 6	RTEN 5	RTEN 4	RTEN 3	RTEN 2	RTEN 1	RTEN 0
r/w	r/w	r/w	r/w	r/w	r/w	r/w	r/w	r/w	r/w	r/w	r/w	r/w	r/w	r/w	r/w

图 10-4　EXTI_RTEN 的结构、偏移地址和复位值

表 10-4　EXTI_RTEN 部分位的解释说明

位/位域	名　　称	描　　述
21	RTEN21	上升沿触发使能。 0: 第 21 线上升沿触发无效；1: 第 21 线上升沿触发有效（中断/事件请求）
19	RTEN19	上升沿触发使能。 0: 第 19 线上升沿触发无效；1: 第 19 线上升沿触发有效（中断/事件请求）
17:0	RTENx	上升沿触发使能（x=0, 1, …, 17）。 0: 第 x 线上升沿触发无效；1: 第 x 线上升沿触发有效（中断/事件请求）

4．下降沿触发使能寄存器（EXTI_FTEN）

EXTI_FTEN 的结构、偏移地址和复位值如图 10-5 所示，部分位的解释说明如表 10-5 所示。

5．软件中断事件寄存器（EXTI_SWIEV）

EXTI_SWIEV 的结构、偏移地址和复位值如图 10-6 所示，部分位的解释说明如表 10-6 所示。

偏移地址：0x0C

复位值：0x0000 0000

31	30	29	28	27	26	25	24	23	22	21	20	19	18	17	16
保留										FTEN 21	保留	FTEN 19	保留	FTEN 17	FTEN 16
										r/w		r/w		r/w	r/w

15	14	13	12	11	10	9	8	7	6	5	4	3	2	1	0
FTEN 15	FTEN 14	FTEN 13	FTEN 12	FTEN 11	FTEN 10	FTEN 9	FTEN 8	FTEN 7	FTEN 6	FTEN 5	FTEN 4	FTEN 3	FTEN 2	FTEN 1	FTEN 0
r/w	r/w	r/w	r/w	r/w	r/w	r/w	r/w	r/w	r/w	r/w	r/w	r/w	r/w	r/w	r/w

图 10-5　EXTI_FTEN 的结构、偏移地址和复位值

表 10-5　EXTI_FTEN 部分位的解释说明

位/位域	名　称	描　述
21	FTEN21	下降沿触发使能。 0：第 21 线下降沿触发无效；1：第 21 线下降沿触发有效（中断/事件请求）
19	FTEN19	下降沿触发使能。 0：第 19 线下降沿触发无效；1：第 19 线下降沿触发有效（中断/事件请求）
17:0	FTENx	下降沿触发使能（x=0, 1, …, 17）。 0：第 x 线下降沿触发无效；1：第 x 线下降沿触发有效（中断/事件请求）

偏移地址：0x10

复位值：0x0000 0000

31	30	29	28	27	26	25	24	23	22	21	20	19	18	17	16
保留										SWIEV 21	保留	SWIEV 19	保留	SWIEV 17	SWIEV 16
										r/w		r/w		r/w	r/w

15	14	13	12	11	10	9	8	7	6	5	4	3	2	1	0
SWIEV 15	SWIEV 14	SWIEV 13	SWIEV 12	SWIEV 11	SWIEV 10	SWIEV 9	SWIEV 8	SWIEV 7	SWIEV 6	SWIEV 5	SWIEV 4	SWIEV 3	SWIEV 2	SWIEV 1	SWIEV 0
r/w	r/w	r/w	r/w	r/w	r/w	r/w	r/w	r/w	r/w	r/w	r/w	r/w	r/w	r/w	r/w

图 10-6　EXTI_SWIEV 的结构、偏移地址和复位值

表 10-6　EXTI_SWIEV 部分位的解释说明

位/位域	名　称	描　述
21	SWIEV21	中断/事件软件触发。 0：禁用 EXTI 线 21 软件中断/事件请求；1：触发 EXTI 线 21 软件中断/事件请求
19	SWIEV19	中断/事件软件触发。 0：禁用 EXTI 线 19 软件中断/事件请求；1：触发 EXTI 线 19 软件中断/事件请求
17:0	SWIEVx	中断/事件软件触发（x=0, 1, …, 17）。 0：禁用 EXTI 线 x 软件中断/事件请求；1：触发 EXTI 线 x 软件中断/事件请求

6. 挂起寄存器（EXTI_PD）

EXTI_PD 的结构、偏移地址和复位值如图 10-7 所示，部分位的解释说明如表 10-7 所示。

偏移地址：0x14

复位值：未定义

31	30	29	28	27	26	25	24	23	22	21	20	19	18	17	16
保留										PD21	保留	PD19	保留	PD17	PD16
										rc_w1		rc_w1		rc_w1	rc_w1

15	14	13	12	11	10	9	8	7	6	5	4	3	2	1	0
PD15	PD14	PD13	PD12	PD11	PD10	PD9	PD8	PD7	PD6	PD5	PD4	PD3	PD2	PD1	PD0
rc_w1	rc_w1	rc_w1	rc_w1	rc_w1	rc_w1	rc_w1	rc_w1	rc_w1	rc_w1	rc_w1	rc_w1	rc_w1	rc_w1	rc_w1	rc_w1

图 10-7　EXTI_PD 的结构、偏移地址和复位值

表 10-7　EXTI_PD 部分位的解释说明

位/位域	名　　称	描　　　　述
21	PD21	中断挂起状态。 0：EXTI 线 21 没有被触发；1：EXTI 线 21 被触发，对该位写 1，可将其清零
19	PD19	中断挂起状态。 0：EXTI 线 19 没有被触发；1：EXTI 线 19 被触发，对该位写 1，可将其清零
17:0	PDx	中断挂起状态（x=0, 1, …, 17）。 0：EXTI 线 x 没有被触发；1：EXTI 线 x 被触发，对这些位写 1，可将其清零

10.2.3　EXTI 部分固件库函数

本实验涉及的 EXTI 固件库函数包括 exti_init、exti_interrupt_flag_get 和 exti_interrupt_flag_clear。这些函数在 gd32e230_exti.h 文件中声明，在 gd32e230_exti.c 文件中实现。

1．exti_init 函数

exti_init 函数的功能是初始化 EXTI 线 x，通过向 EXTI_INTEN、EXTI_EVEN、EXTI_RTEN 和 EXTI_FTEN 写入参数来实现。具体描述如表 10-8 所示。

表 10-8　exti_init 函数的描述

函　数　名	exti_init
函　数　原　型	void exti_init(exti_line_enum linex, exti_mode_enum mode,exti_trig_type_enum trig_type)
功　能　描　述	初始化 EXTI 线 x
输入参数 1	linex：EXTI 线 x。EXTI_x(x=0, 1, 2, …, 17, 19, 21)
输入参数 2	mode：EXTI 模式
输入参数 3	trig_type：触发类型
输　出　参　数	无
返　回　值	void

参数 mode 的可取值如表 10-9 所示。

参数 trig_type 的可取值如表 10-10 所示。

例如，配置外部中断线 0 在上升沿和下降沿均触发，代码如下：

```
exti_init(EXTI_0, EXTI_INTERRUPT, EXTI_TRIG_BOTH);
```

表 10-9　参数 mode 的可取值

可　取　值	描　　述
EXTI_INTERRUPT	中断模式
EXTI_EVENT	事件模式

表 10-10　参数 trig_type 的可取值

可　取　值	描　　述
EXTI_TRIG_RISING	上升沿触发
EXTI_TRIG_FALLING	下降沿触发
EXTI_TRIG_BOTH	上升沿和下降沿均触发

2. exti_interrupt_flag_get 函数

exti_interrupt_flag_get 函数的功能是获取 EXTI 线 x 的中断标志位，通过读取并判断 EXTI_INTEN 和 EXTI_PD 来实现。具体描述如表 10-11 所示。

表 10-11　exti_interrupt_flag_get 函数的描述

函　数　名	exti_interrupt_flag_get
函 数 原 型	FlagStatus exti_interrupt_flag_get(exti_line_enum linex)
功 能 描 述	获取 EXTI 线 x 中断标志位
输 入 参 数	linex：EXTI 线 x。EXTI_x(x=0, 1, 2, ⋯, 17, 19, 21)
输 出 参 数	FlagStatus
返 回 值	SET 或 RESET

例如，获取外部中断线 0 的中断标志位，代码如下：

```
FlagStatus state = exti_interrupt_flag_get(EXTI_0);
```

3. exti_interrupt_flag_clear 函数

exti_interrupt_flag_clear 函数的功能是清除 EXTI 线 x 的中断标志位，通过向 EXTI_PD 写入参数来实现。具体描述如表 10-12 所示。

表 10-12　exti_interrupt_flag_clear 函数的描述

函　数　名	exti_interrupt_flag_clear
函 数 原 型	void exti_interrupt_flag_clear(exti_line_enum linex)
功 能 描 述	清除 EXTI 线 x 中断标志位
输 入 参 数	linex：EXTI 线 x。EXTI_x(x=0, 1, 2, ⋯, 17, 19, 21)
输 出 参 数	无
返 回 值	void

例如，清除 EXTI 线 0 的中断标志位，代码如下：

```
exti_interrupt_flag_clear(EXTI_0);
```

10.2.4　SYSCFG 部分寄存器

本实验涉及的 SYSCFG 寄存器包括 EXTI 源选择寄存器 0～3（SYSCFG_EXTISS0～SYSCFG_EXTISS3）。

上述 4 个寄存器的定义类似，下面仅介绍其中 2 个，其余的可参见《GD32E23x 用户手册（中文版）》或《GD32E23x 用户手册（英文版）》。

1. EXTI 源选择寄存器 0（SYSCFG_EXTISS0）

SYSCFG_EXTISS0 的结构、偏移地址和复位值如图 10-8 所示，部分位的解释说明如表 10-13 所示。

偏移地址：0x08

复位值：0x0000 0000

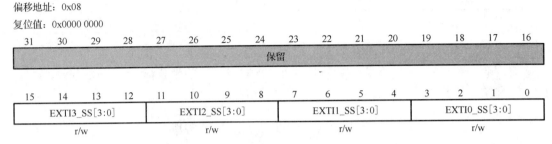

图 10-8　SYSCFG_EXTISS0 的结构、偏移地址和复位值

表 10-13　SYSCFG_EXTISS0 部分位的解释说明

位/位域	名　称	描　述
15:12	EXTI3_SS[3:0]	EXTI3 源选择。 x000：PA3 引脚；x001：PB3 引脚；x010：保留；x011：保留； x100：保留；x101：保留；x110：保留；x111：保留
11:8	EXTI2_SS[3:0]	EXTI2 源选择。 x000：PA2 引脚；x001：PB2 引脚；x010：保留；x011：保留； x100：保留；x101：保留；x110：保留；x111：保留
7:4	EXTI1_SS[3:0]	EXTI1 源选择。 x000：PA1 引脚；x001：PB1 引脚；x010：保留；x011：保留； x100：保留；x101：PF1 引脚；x110：保留；x111：保留
3:0	EXTI0_SS[3:0]	EXTI0 源选择。 x000：PA0 引脚；x001：PB0 引脚；x010：保留；x011：保留； x100：保留；x101：PF0 引脚；x110：保留；x111：保留

2. EXTI 源选择寄存器 1（SYSCFG_EXTISS1）

SYSCFG_EXTISS1 的结构、偏移地址和复位值如图 10-9 所示，部分位的解释说明如表 10-14 所示。

偏移地址：0x0C

复位值：0x0000 0000

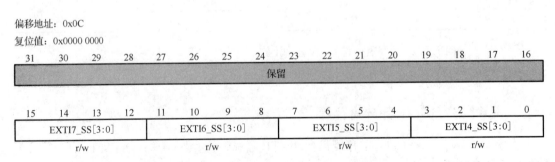

图 10-9　SYSCFG_EXTISS1 的结构、偏移地址和复位值

表 10-14　SYSCFG_EXTISS1 部分位的解释说明

位/位域	名　称	描　述
15:12	EXTI7_SS[3:0]	EXTI7 源选择。 x000：PA7 引脚；x001：PB7 引脚；x010：保留；x011：保留； x100：保留；x101：PF7 引脚；x110：保留；x111：保留
11:8	EXTI6_SS[3:0]	EXTI6 源选择。 x000：PA6 引脚；x001：PB6 引脚；x010：保留；x011：保留； x100：保留；x101：PF6 引脚；x110：保留；x111：保留
7:4	EXTI5_SS[3:0]	EXTI5 源选择。 x000：PA5 引脚；x001：PB5 引脚；x010：保留；x011：保留； x100：保留；x101：保留；x110：保留；x111：保留
3:0	EXTI4_SS[3:0]	EXTI4 源选择。 x000：PA4 引脚；x001：PB4 引脚；x010：保留；x011：保留； x100：保留；x101：保留；x110：保留；x111：保留

10.2.5　SYSCFG 部分固件库函数

本实验涉及的 SYSCFG 固件库函数只有 syscfg_exti_line_config。该函数在 gd32e230_syscfg.h 文件中声明，在 gd32e230_syscfg.c 文件中实现。

syscfg_exti_line_config 函数的功能是配置 GPIO 引脚作为 EXTI。通过配置 SYSCFG_EXTISSx（x = 0，…，3），从而选择 GPIO 的某一引脚作为外部中断线。具体描述如表 10-15 所示。

表 10-15　syscfg_exti_line_config 函数的描述

函　数　名	syscfg_exti_line_config
函　数　原　型	void syscfg_exti_line_config(uint8_t exti_port, uint8_t exti_pin)
功　能　描　述	配置 GPIO 引脚作为 EXTI
输入参数 1	exti_port：待清除的 EXTI 线挂起位
输入参数 2	exti_pin：EXTI 引脚。EXTI_SOURCE_PINx，x= 0, 1, …, 15（GPIOA、GPIOB）；x= 13, 14, 15（GPIOC）；x = 0, 1, 6, 7（GPIOF）
输　出　参　数	无
返　回　值	void

例如，配置 PA0 引脚作为 EXTI，代码如下：

```
syscfg_exti_line_config(EXTI_SOURCE_GPIOA, EXTI_SOURCE_PIN0);
```

10.2.6　程序架构

外部中断实验的程序架构如图 10-10 所示。该图简要介绍了程序开始运行后各个函数的执行和调用流程，图中仅列出了与本实验相关的一部分函数。下面解释说明程序架构图。

（1）在 main 函数中调用 InitHardware 函数进行硬件相关模块的初始化，包括 RCU、NVIC、UART、Timer 和 EXTI 等模块，这里仅介绍 EXTI 模块初始化函数 InitEXTI。在 InitEXTI 函数中先调用 ConfigEXTIGPIO 函数配置 EXTI 的 GPIO，再调用 ConfigEXTI 函数配置 EXTI，

包括使能时钟、使能外部中断线、连接中断线和 GPIO 以及配置中断线等。

（2）调用 InitSoftware 函数进行软件相关模块的初始化，本实验中 InitSoftware 函数为空。

（3）调用 Proc2msTask 函数进行 2ms 任务处理。由于本实验通过按键来控制 LED 的状态，不需要调用 LEDFlicker 函数使 LED 闪烁，因此，在 Proc2msTask 函数中只需要清除 2ms 标志位即可，无须执行其他任务。

（4）执行完 2ms 任务后再调用 Proc1SecTask 函数进行 1s 任务处理，在该函数中，通过 printf 函数打印一行字符串。

（5）Proc2msTask 和 Proc1SecTask 函数均在 while 循环中调用，因此，Proc1SecTask 函数执行完后将再次执行 Proc2msTask 函数，从而实现串口每秒输出一次字符串。

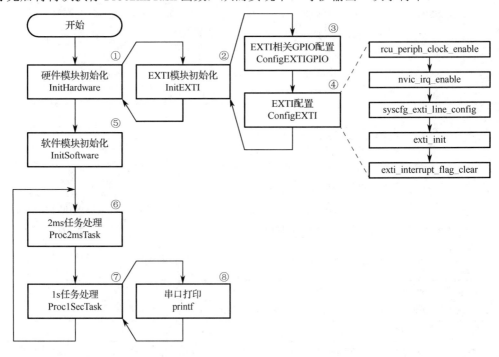

图 10-10　程序架构

在图 10-10 中，编号为①、⑤、⑥和⑦的函数在 Main.c 文件中声明和实现；编号为②的函数在 EXTI.h 文件中声明，在 EXTI.c 文件中实现；编号为③和④的函数在 EXTI.c 文件中声明和实现。在编号为④的 ConfigEXTI 函数中调用的一系列函数均为固件库函数，在对应的固件库中声明和实现。

本实验编程要点：

（1）配置 EXTI 相关的 GPIO。本实验使用独立按键触发外部中断，因此，应配置独立按键对应的 3 个 GPIO。由于电路结构的差异性，应将 KEY_1 按键对应的 PA0 引脚配置为下拉输入模式，当按下 KEY_1 按键时，PA0 引脚的电平由低电平变为高电平；KEY_2 和 KEY_3 按键对应的 PA12 和 PF7 引脚配置为上拉、下拉或悬空输入均可，当按下 KEY_2 或 KEY_3 按键时，对应引脚的电平由高电平变为低电平。

（2）通过调用固件库函数配置 EXTI，包括配置 GPIO 作为外部中断的引脚和配置外部中断的边沿触发模式等。由 KEY_1 按键触发的外部中断线应配置为上升沿触发，由 KEY_2 和 KEY_3 按键触发的外部中断线应配置为下降沿触发。

（3）编写 EXTI 的中断服务函数。ETXI 的中断服务函数名可在启动文件 startup_gd32e230.s 中查找到，其中，EXTI0 和 EXTI1 公用一个中断服务函数 EXTI0_1_IRQHandler，EXTI2 和 EXTI3 公用一个中断服务函数 EXTI2_3_IRQHandler，EXTI4～EXTI15 公用一个中断服务函数 EXTI4_15_IRQHandler。在中断服务函数中通过 exti_interrupt_flag_get 函数获取 EXTI 线 x（x=0, 1, 2, …, 17, 19, 21）的中断标志，若检测到按键对应的 EXTI 线产生中断，则翻转 LED 引脚的电平。

本实验的主要内容为将独立按键的 GPIO 配置为 EXTI 输入线，通过检测按键按下时对应 GPIO 的电平变化来触发外部中断，在中断服务函数中实现 LED 状态翻转。掌握了 EXTI 线与 GPIO 的对应关系及 EXTI 的配置方法即可快速完成本实验。

10.3　实　验　步　骤

步骤 1：复制并编译原始工程

首先，将"D:\GD32E2KeilTest\Material\09.EXTIKeyInterrupt"文件夹复制到"D:\GD32E2KeilTest\Product"文件夹中。然后，双击运行"D:\GD32E2KeilTest\Product\09.EXTIKeyInterrupt\Project"文件夹中的 GD32KeilPrj.uvprojx。编译通过后，下载程序并进行复位，观察 GD32E2 杏仁派开发板上的两个 LED 是否交替闪烁。如果两个 LED 交替闪烁，串口助手正常输出字符串，表示原始工程是正确的，可以进入下一步操作。

步骤 2：添加 EXTI 文件对

首先，将"D:\GD32E2KeilTest\Product\09.EXTIKeyInterrupt\HW\EXTI"文件夹中的 EXTI.c 添加到 HW 分组中；然后，将"D:\GD32E2KeilTest\Product\09. EXTIKeyInterrupt\HW\EXTI"路径添加到 Include Paths 栏中。

步骤 3：完善 EXTI.h 文件

单击 🖳 按钮进行编译，编译结束后，在 Project 面板中，双击 EXTI.c 下的 EXTI.h 文件。

在 EXTI.h 文件的"API 函数声明"区，添加如程序清单 10-1 所示的 API 函数声明代码，InitEXTI 函数主要用于初始化 EXTI 模块。

程序清单 10-1

```
void  InitEXTI(void);                //初始化 EXTI 模块
```

步骤 4：完善 EXTI.c 文件

在 EXTI.c 文件"包含头文件"区的最后，添加代码#include "gd32e230x_conf.h"。

在 EXTI.c 文件的"内部函数声明"区，添加 ConfigEXTIGPIO 和 ConfigEXTI 函数的声明代码，如程序清单 10-2 所示。ConfigEXTIGPIO 函数用于配置按键的 GPIO，ConfigEXTI 函数用于配置 EXTI。

程序清单 10-2

```
static void ConfigEXTIGPIO(void);     //配置 EXTI 的 GPIO
static void ConfigEXTI(void);         //配置 EXTI
```

在 EXTI.c 文件的"内部函数实现"区，添加 ConfigEXTIGPIO 函数的实现代码，如程序清单 10-3 所示。下面按照顺序对 ConfigEXTIGPIO 函数中的语句进行解释说明。

（1）由于本实验是基于 PA0（KEY₁）、PA12（KEY₂）和 PF7（KEY₃）的，因此，需要通过 rcu_periph_clock_enable 函数使能 GPIOA 和 GPIOF 时钟。

（2）通过 gpio_mode_set 函数将 PA0 引脚配置为下拉输入模式，将 PA12 和 PF7 引脚配置为上拉输入模式。

程序清单 10-3

```c
static void ConfigEXTIGPIO(void)
{
  //使能 RCU 相关时钟
  rcu_periph_clock_enable(RCU_GPIOA);//使能 GPIOA 的时钟
  rcu_periph_clock_enable(RCU_GPIOF);//使能 GPIOF 的时钟

  gpio_mode_set(GPIOA, GPIO_MODE_INPUT, GPIO_PUPD_PULLDOWN, GPIO_PIN_0);//配置 PA0 模式为下拉输入
  gpio_mode_set(GPIOA, GPIO_MODE_INPUT, GPIO_PUPD_PULLUP, GPIO_PIN_12); //配置 PA12 模式为上拉输入
  gpio_mode_set(GPIOF, GPIO_MODE_INPUT, GPIO_PUPD_PULLUP, GPIO_PIN_7);//配置 PF7 模式为上拉输入
}
```

在 EXTI.c 文件"内部函数实现"区的 ConfigEXTIGPIO 函数后，添加 ConfigEXTI 函数的实现代码，如程序清单 10-4 所示。下面按照顺序对 ConfigEXTI 函数中的语句进行解释说明。

（1）EXTI 与 SYSYCFG 有关的寄存器包括 SYSCFG_EXTISS0～SYSCFG_EXTISS3，这些寄存器用于选择 EXTIx 外部中断的输入源，因此，需要通过 rcu_periph_clock_enable 函数使能 SYSCFG 时钟。该函数涉及 RCU_APB2EN 的 CFGCMPEN，CFGCMPEN 为 1 时开启系统配置与比较器时钟，CFGCMPEN 为 0 关闭系统配置与比较器时钟，可参见图 7-6 和表 7-12。

（2）syscfg_exti_line_config 函数用于将 PA0 引脚设置为 EXTI0 的输入源。该函数涉及 SYSCFG_EXTISS0 的 EXTI0_SS[3:0]，可参见图 10-8 和表 10-13。PA0、PA12 引脚与 PF7 引脚类似，不再赘述。

（3）exti_init 函数用于初始化中断线参数。该函数涉及 EXTI_INTEN 的 INTENx、EXTI_EVEV 的 EVENx，以及 EXTI_RTEN 的 RTENx 和 EXTI_FTEN 的 FTENx。INTENx 为 0，禁止来自 EXTIx 的中断请求；为 1，使能来自 EXTIx 的中断请求。EVENx 为 0，禁止来自 EXTIx 的事件请求；为 1，使能来自 EXTIx 的事件请求。RTENx 为 0，EXTIx 上的上升沿触发无效；为 1，EXTIx 上的上升沿触发有效。FTENx 为 0，EXTIx 上的下降沿触发无效；为 1，EXTIx 上的下降沿触发有效。可参见图 10-2～图 10-5 和表 10-2～表 10-5。本实验中，均使能来自 EXTI0、EXTI12 和 EXTI7 的中断请求，并将 EXTI0 配置为上升沿触发，将 EXTI12 和 EXTI7 配置为下降沿触发。

（4）通过 nvic_irq_enable 函数使能 EXTI0、EXTI12 和 EXTI7 的中断，同时设置这 3 个中断优先级为 0。其中，EXTI0 的中断号为 EXTI0_1_IRQn，EXTI12 和 EXTI7 的中断号为 EXTI4_15_IRQn，可参见表 6-13。

（5）通过 exti_interrupt_flag_clear 函数清除 3 条中断线上的中断标志位，该函数涉及 EXTI_PD 的 PDx，PDx 为 0 表示 EXTI 线 x 没有被触发，PDx 为 1 表示 EXTI 线 x 被触发。通过向 PDx 写 1 可将 PDx 位清零，这里通过向 PD0、PD12 和 PD7 写 1，将 Line0、Line12 和 Line7 上的中断标志位清除。

程序清单 10-4

```c
static void ConfigEXTI(void)
{
```

```
  rcu_periph_clock_enable(RCU_CFGCMP);        //使能 CFGCMP 时钟

  syscfg_exti_line_config(EXTI_SOURCE_GPIOA, EXTI_SOURCE_PIN0);        //连接 EXTI0 和 PA0
  syscfg_exti_line_config(EXTI_SOURCE_GPIOA, EXTI_SOURCE_PIN12);       //连接 EXTI12 和 PA12
  syscfg_exti_line_config(EXTI_SOURCE_GPIOF, EXTI_SOURCE_PIN7);        //连接 EXTI7 和 PF7

  exti_init(EXTI_0, EXTI_INTERRUPT, EXTI_TRIG_RISING);        //配置 EXTI0
  exti_init(EXTI_12, EXTI_INTERRUPT, EXTI_TRIG_FALLING);      //配置 EXTI12
  exti_init(EXTI_7, EXTI_INTERRUPT, EXTI_TRIG_FALLING);       //配置 EXTI7

  nvic_irq_enable(EXTI0_1_IRQn, 0U);       //使能 EXTI0，并设置优先级为 0
  nvic_irq_enable(EXTI4_15_IRQn, 0U);      //使能 EXTI12 和 EXTI7，并设置优先级为 0

  exti_interrupt_flag_clear(EXTI_0);       //清除 Line0 上的中断标志位
  exti_interrupt_flag_clear(EXTI_12);      //清除 Line12 上的中断标志位
  exti_interrupt_flag_clear(EXTI_7);       //清除 Line7 上的中断标志位
}
```

在 EXTI.c 文件"内部函数实现"区的 ConfigEXTI 函数后，添加 EXTI0_1_IRQHandler 和 EXTI4_15_IRQHandler 中断服务函数的实现代码，如程序清单 10-5 所示。

（1）通过 exti_interrupt_flag_get 函数获取中断标志，该函数涉及 EXTI_INTEN 的 INTENx 和 EXTI_PD 的 PDx。本实验中，INTENx 为 1，表示使能来自 EXTIx 的中断；当 EXTIx 发生了选择的边沿事件时，PDx 由硬件置为 1，并产生中断，执行 EXTIx 对应的中断服务函数。因此，在中断服务函数中，还需要通过 exti_interrupt_flag_clear 函数清除中断标志位，即向 PDx 写入 1 来清除 PDx。

（2）在 EXTI0_1_IRQHandler 函数中，通过 gpio_bit_write 函数对 LED$_1$（PA8）执行取反操作。在 EXTI4_15_IRQHandler 函数中，若 EXTI7 产生中断，则通过 gpio_bit_write 函数对 LED$_1$（PA8）和 LED$_2$（PB9）同时执行取反操作；若 EXTI12 产生中断，则通过 gpio_bit_write 函数对 LED$_2$（PB9）执行取反操作。

程序清单 10-5

```
void EXTI0_1_IRQHandler(void)
{
  if(RESET != exti_interrupt_flag_get(EXTI_0))
  {
    //LED₁状态取反
    gpio_bit_write(GPIOA, GPIO_PIN_8, 1 - gpio_output_bit_get(GPIOA, GPIO_PIN_8));
    exti_interrupt_flag_clear(EXTI_0);        //清除 Line0 上的中断标志位
  }
}

void EXTI4_15_IRQHandler(void)
{
  if(RESET != exti_interrupt_flag_get(EXTI_7))
  {
    //LED₁状态取反
    gpio_bit_write(GPIOA, GPIO_PIN_8, 1 - gpio_output_bit_get(GPIOA, GPIO_PIN_8));

    //LED₂状态取反
```

```
  gpio_bit_write(GPIOB, GPIO_PIN_9, 1 - gpio_output_bit_get(GPIOB, GPIO_PIN_9));
  exti_interrupt_flag_clear(EXTI_7);        //清除 Line7 上的中断标志位
}

if(RESET != exti_interrupt_flag_get(EXTI_12))
{
  //LED₂ 状态取反
  gpio_bit_write(GPIOB, GPIO_PIN_9, 1 - gpio_output_bit_get(GPIOB, GPIO_PIN_9));
  exti_interrupt_flag_clear(EXTI_12);       //清除 Line12 上的中断标志位
}
}
```

在 EXTI.c 文件的"API 函数实现"区，添加 API 函数的实现代码，如程序清单 10-6 所示，InitEXTI 函数调用 ConfigEXTIGPIO 和 ConfigEXTI 函数初始化 EXTI 模块。

程序清单 10-6

```
void  InitEXTI(void)
{
  ConfigEXTIGPIO();                         //配置 EXTI 的 GPIO
  ConfigEXTI();                             //配置 EXTI
}
```

步骤 5：完善外部中断实验应用层

在 Project 面板中，双击打开 Main.c 文件，在 Main.c 文件的"包含头文件"区的最后，添加代码#include "EXTI.h"。这样就可以在 Main.c 文件中调用 EXTI 模块的 API 函数等。

在 Main.c 文件的 InitHardware 函数中，添加调用 InitEXTI 函数的代码，如程序清单 10-7 所示，这样就实现了对 EXTI 模块的初始化。

程序清单 10-7

```
static  void  InitHardware(void)
{
  SystemInit();                 //系统初始化
  InitRCU();                    //初始化 RCU 模块
  InitNVIC();                   //初始化 NVIC 模块
  InitUART0(115200);            //初始化 UART 模块
  InitTimer();                  //初始化 Timer 模块
  InitLED();                    //初始化 LED 模块
  InitSysTick();                //初始化 SysTick 模块
  InitEXTI();                   //初始化 EXTI 模块
}
```

本实验通过外部中断控制 GD32E2 杏仁派开发板上两个 LED 的状态，因此需要注释掉 Proc2msTask 函数中的 LEDFlicker 语句，如程序清单 10-8 所示。

程序清单 10-8

```
static  void  Proc2msTask(void)
{
  if(Get2msFlag())              //判断 2ms 标志位状态
  {
```

```
  //LEDFlicker(250);          //调用闪烁函数

  Clr2msFlag();              //清除 2ms 标志位
 }
}
```

步骤 6：编译及下载验证

代码编写完成并编译通过后，下载程序并进行复位。按下 KEY$_1$ 按键，LED$_1$ 的状态会发生翻转；按下 KEY$_2$ 按键，LED$_2$ 的状态会发生翻转；按下 KEY$_3$ 按键，LED$_1$ 和 LED$_2$ 的状态会同时发生翻转，表示实验成功。

本 章 任 务

基于 GD32E2 杏仁派开发板编写程序，通过按键中断实现 LED 编码计数功能。假设 LED 熄灭为 0，点亮为 1，初始状态为 LED$_1$ 和 LED$_2$ 均熄灭（00），第二状态为 LED$_1$ 熄灭、LED$_2$ 点亮（01），第三状态为 LED$_1$ 点亮、LED$_2$ 熄灭（10），第四状态为 LED$_1$ 点亮、LED$_2$ 点亮（11）。按下 KEY$_1$ 按键，状态递增直至第四状态；按下 KEY$_2$ 按键，状态复位到初始状态；按下 KEY$_3$ 按键，状态递减直至初始状态。

任务提示：

（1）定义一个变量表示计数标志，在 EXTI0（对应 KEY$_1$）和 EXTI7（对应 KEY$_3$）中断服务函数中设置该标志为 1。然后，参考 LEDFlicker 函数编写 LEDCounter 函数，在该函数中先判断计数标志，如果为 1，则开始进行递增或递减编码。

（2）分别单独观察 LED$_1$ 和 LED$_2$ 的状态变化情况：在递增编码时，LED$_1$ 每隔 2s 切换一次状态；在递减编码时，LED$_1$ 第一次切换状态需要 1s，随后每隔 2s 切换一次状态。而 LED$_2$ 无论在递增编码还是在递减编码时，均为每隔 1s 切换一次状态。因此，可分别定义两个变量对 LED$_1$ 和 LED$_2$ 计数，计数完成后，翻转引脚电平实现 LED 状态切换。

本 章 习 题

1. 简述什么是外部输入中断。

2. 简述外部中断服务函数的中断标志位的作用。应该在什么时候清除中断标志位，如果不清除中断标志位会有什么后果？

3. 在本实验中，假设有一个全局 int 型变量 g_iCnt，该变量在 TIMER15 中断服务函数中执行乘 9 操作，而在 KEY$_3$ 按键按下的中断服务函数中对 g_iCnt 执行加 5 操作。若某一时刻两个中断恰巧同时发生，且此时全局变量 g_iCnt 的值为 20，那么两个中断都结束后，全局变量 g_iCnt 的值应该是多少？

第 11 章　OLED 显示

本章首先介绍 OLED 显示原理及 SSD1306 驱动芯片的工作原理，然后编写 SSD1306 芯片控制 OLED 模块的驱动程序，最后在应用层调用 API 函数，验证 OLED 驱动是否能够正常工作。

11.1　实　验　内　容

通过学习 OLED 模块原理图、OLED 显示原理及 SSD1306 工作原理，基于资料包中提供的实验例程，编写 OLED 驱动程序。该驱动包括 8 个 API 函数，分别是初始化 OLED 显示模块函数 InitOLED、开启 OLED 显示函数 OLEDDisplayOn、关闭 OLED 显示函数 OLEDDisplayOff、更新 GRAM 函数 OLEDRefreshGRAM、清屏函数 OLEDClear、显示数字函数 OLEDShowNum、指定位置显示字符函数 OLEDShowChar、显示字符串函数 OLEDShowString。最后，在 Main.c 文件中调用这些函数来验证 OLED 驱动是否正确。

11.2　实　验　原　理

11.2.1　OLED 显示模块

OLED，即有机发光二极管，又称为有机发光显示器。OLED 由于同时具备自发光、不需背光源、对比度高、厚度薄、视角广、反应速度快、可用于挠曲性面板、使用温度范围广、构造及制程较简单等优异特性，被广泛应用于各种产品中。OLED 自发光的特性源于其采用非常薄的有机材料涂层和玻璃基板，当有电流通过时，这些有机材料就会发光。由于 LCD 需要背光，而 OLED 不需要，因此，OLED 的显示效果要比 LCD 的好。

图 11-1　OLED 显示效果

GD32E2 杏仁派开发板使用的 OLED 显示模块是一款集 SSD1306 驱动芯片、0.96 英寸 128×64ppi 分辨率显示屏及驱动电路为一体的集成显示屏，可以通过 SPI 接口控制显示屏。OLED 显示效果如图 11-1 所示。

OLED 显示模块的引脚说明如表 11-1 所示，模块上的硬件接口为 2×4 Pin 双排排针。

表 11-1　OLED 显示模块引脚说明

序　号	名　　称	说　　明
1	VCC	电源（5V）
2	GND	接地
3	RES（EMA_IO1）	复位引脚，低电平有效，连接开发板的 PB6 引脚
4	NC（EMA_IO2）	未使用，该引脚悬空
5	CS（EMA_IO3）	片选信号引脚，低电平有效，连接开发板的 PA15 引脚
6	SCK（EMA_IO4）	时钟线，连接开发板的 PB3 引脚
7	D/C（EMA_IO5）	数据/命令控制引脚，D/C=1，传输数据；D/C=0，传输命令，连接开发板的 PB4 引脚
8	DIN（EMA_IO6）	数据线，连接开发板的 PB5 引脚

由于 SSD1306 的工作电压为 3.3V，而 OLED 显示模块通过接口引入的电压为 5V，因此，在 OLED 显示模块上还集成了 5V 转 3.3V 电路。通过将 OLED 显示模块插入开发板上的 OLED 显示屏接口（J_{105}，2×4 Pin 双排排母，如图 11-2 所示），即可通过开发板控制 OLED 显示屏。

GD32E2 杏仁派开发板上的 OLED 显示屏接口电路原理图如图 11-3 所示。观察 EMA_IO1～EMA_IO6 网络对应的引脚可以发现，EMA_IO1 和 EMA_IO2 网络对应的 PB6 和 PB7 引脚除了可以用作 GPIO，还可以复用为 I^2C 或 USART 引脚；

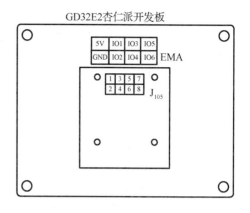

图 11-2　OLED 显示屏接口

EMA_IO3～EMA_IO6 网络对应的 PA15、PB3、PB4 和 PB5 引脚除了可以用作 GPIO，还可以复用为 SPI 引脚。因此，通过 J_{105}（EMA）接口，GD32E2 杏仁派开发板可以外接使用 I^2C、USART 或 SPI 通信模块，只需配置对应外设的引脚为备用模式，其他引脚可配置为 GPIO 或悬空，即可实现开发板与外接模块的通信。例如，OLED 显示模块可以通过 SPI 通信模式来控制，同时，将复位引脚 RES（EMA_IO1）配置为 GPIO，EMA_IO2 引脚悬空。

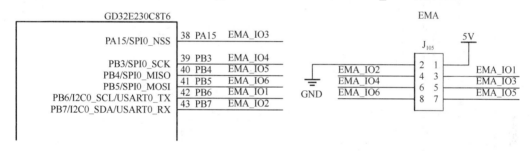

图 11-3　OLED 显示屏接口电路原理图

OLED 显示模块支持的 SPI 通信模式需要 4 条信号线和 1 条复位控制线，分别是 OLED 片选信号 CS、数据/命令控制信号 D/C、串行时钟线 SCK、串行数据线 DIN，以及复位控制线（复位引脚 RES）。因此，只能往 OLED 显示模块写数据而不能读数据，在 SPI 通信模式下，每个数据长度均为 8 位，在 SCK 的上升沿，数据从 DIN 移入 SSD1306，高位在前，D/C 线用作命令/数据控制。在 SPI 通信模式下，写操作时序如图 11-4 所示。

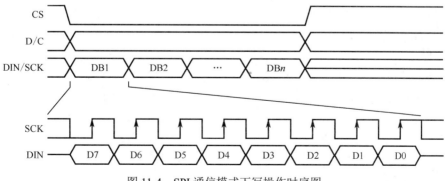

图 11-4　SPI 通信模式下写操作时序图

11.2.2　SSD1306 的显存

SSD1306 的显存大小为 128×64=8192bit，SSD1306 将这些显存分为 8 页，其对应关系如图 11-5（a）所示。可以看出，SSD1306 包含 8 页，每页包含 128 字节，即 128×64bit。将图 11-5（a）的 PAGE3 取出并放大，如图 11-5（b）所示，图 11-5（a）中的每个格子表示 1 字节，图 11-5（b）中的每个格子表示 1 位。从图 11-5（b）和图 11-5（d）中可以看出，将 SSD1306 显存中的 SEG62、COM29 位置为 1，屏幕上的 62 列/34 行对应的点为点亮状态。为什么显存中的列编号与 OLED 显示屏的列编号是对应的，但显存中的行编号与 OLED 显示屏的行编号不对应？这是因为 OLED 显示屏上的列与 SSD1306 显存上的列是一一对应的，但 OLED 显示屏上的行与 SSD1306 显存上的行正好互补，如 OLED 显示屏的第 34 行对应 SSD1306 显存上的 COM29。

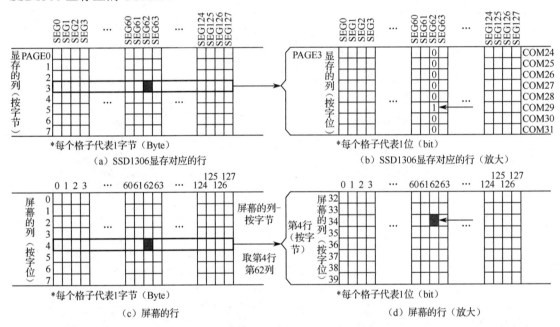

图 11-5　SSD1306 显存与显示屏对应关系图

11.2.3　SSD1306 常用命令

SSD1306 的命令较多，这里仅介绍几个常用的，如表 11-2 所示。若需了解其他命令，可参见 SSD1306 的数据手册。第 1 组命令用于设置屏幕对比度，该命令由 2 字节组成，第一字节 0x81 为操作码，第二字节为对比度，该值越大，屏幕越亮，对比度的取值范围为 0x00～0xFF。第 2 组命令用于设置显示开和关，当 X0 为 0 时关闭显示，当 X0 为 1 时开启显示。第 3 组命令用于设置电荷泵，该命令由 2 字节组成，第一字节 0x8D 为操作码，第二字节的 A2 位为电荷泵开关，该位为 1 时开启电荷泵，为 0 时关闭电荷泵。在模块初始化时，电荷泵一定要开启，否则看不到屏幕显示。第 4 组命令用于设置页地址，该命令取值范围为 0xB0～0xB7，对应页 0～7。第 5 组命令用于设置列地址的低 4 位，该命令取值范围为 0x00～0x0F。第 6 组命令用于设置列地址的高 4 位，该命令取值范围为 0x10～0x1F。

表 11-2　SSD1306 常用命令表

序号	命令	各位描述								命令	说明
	HEX	D7	D6	D5	D4	D3	D2	D1	D0		
1	0x81	1	0	0	0	0	0	0	1	设置对比度	A 的值越大屏幕越亮，A 的范围为 0x00～0xFF
	A[7:0]	A7	A6	A5	A4	A3	A2	A1	A0		
2	AE/AF	1	0	1	0	1	1	1	X0	设置显示开和关	X0=0，关闭显示；X0=1，开启显示
3	0x8D	1	0	0	0	1	1	0	1	设置电荷泵	A2=0，关闭电荷泵；A2=1，开启电荷泵
	A[7:0]	—	—	0	1	0	A2	0	0		
4	B0～B7	1	0	1	1	0	X2	X1	X0	设置页地址	X[2:0]=0～7 对应页 0～7
5	00～0F	0	0	0	0	X3	X2	X1	X0	设置列地址低 4 位	设置 8 位起始列地址的低 4 位
6	10～1F	0	0	0	1	X3	X2	X1	X0	设置列地址高 4 位	设置 8 位起始列地址的高 4 位

11.2.4　字模选项

字模选项包括点阵格式、取模走向和取模方式。其中，点阵格式分为阴码（1 表示亮，0 表示灭）和阳码（1 表示灭，0 表示亮）；取模走向包括逆向（低位在前）和顺向（高位在前）两种；取模方式包括逐列式、逐行式、列行式和行列式。

本实验的字模选项为"16×16 字体顺向逐列式（阴码）"，以图 11-6 所示的问号为例来说明。由于汉字是方块字，因此，16×16 字体的汉字为 16×16 像素，而 16×16 字体的字符（如数字、标点符号、英文大写字母和英文小写字母）为 16×8 像素。逐列式表示按照列进行取模，左上角的 8 个格子为第一字节，高位在前，即 0x00，左下角的 8 个格子为第二字节，即 0x00，第三字节为 0x0E，第四字节为 0x00，依次往下分别是 0x12、0x00、0x10、0x0C、0x10、0x6C、0x10、0x80、0x0F、0x00、0x00、0x00。

可以看到，字符的取模过程较复杂。而在 OLED 显示中，常用的字符非常多，有数字、标点符号、英文大写字母、英文小写字母，还有汉字，而且字体和字宽有很多选择。因此，需要借助取模软件。在本书配套资料包的"02.相关软件"目录下的"PCtoLCD2002 完美版"文件夹中，找到并双击 PCtoLCD2002.exe。该软件的运行界面如图 11-7 左图所示，单击菜单栏中的"选项"按钮，按照图 11-7 右图所示选择"点阵格式""取模走向""自定义格式""取模方式"和"输出数制"等，然后在图 11-7 左图中间栏尝试输入 OLED12864，并单击"生成字模"，就可以使用最终生成的字模（数组格式）。

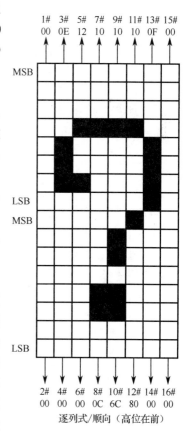

图 11-6　问号的顺向逐列式（阴码）取模示意图

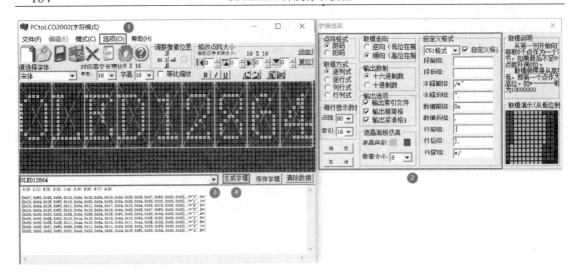

图 11-7　取模软件运行界面及使用方法

11.2.5　ASCII 码表与取模工具

我们通常使用 OLED 显示数字、标点符号、英文大写字母和英文小写字母。为了便于开发，可以提前通过取模软件取出常用字符的字模并保存到数组中，在 OLED 应用设计中，直接调用这些数组即可将对应字符显示到 OLED 显示屏上。由于 ASCII[①] 码表几乎涵盖了最常使用的字符，因此，本实验以 ASCII 码表为基础，将其中 95 个字符（ASCII 值为 32～126）生成字模数组，ASCII 码表如附录 B 所示。在本书配套资料包的"04.例程资料\Material\10.OLEDDisplay\App\OLED"文件夹的 OLEDFont.h 文件中有 2 个数组，分别是 g_iASCII1206 和 g_iASCII1608，其中 g_iASCII1206 数组用于存放 12×6 像素字体字模，g_iASCII1608 数组用于存放 16×8 像素字体字模。

11.2.6　GD32E230C8T6 的 GRAM 与 SSD1306 的 GRAM

GD32E230C8T6 通过向 OLED 驱动芯片 SSD1306 的 GRAM 写入数据来实现 OLED 显示。在 OLED 应用设计中，通常只需要更改某几个字符，比如，通过 OLED 显示时间，每秒只需要更新秒值，只有在进位时才会更新分钟值或小时值。为了确保之前写入的数据不被覆盖，可以采用"读→改→写"的方式，也就是先将 SSD1306 的 GRAM 中原有的数据读取到微控制器的 GRAM（实际上是内部 SRAM），再对微控制器的 GRAM 进行修改，最后写入 SSD1306 的 GRAM，如图 11-8 所示。

"读→改→写"的方式要求微控制器既能写 SSD1306，也能读 SSD1306，但是，微控制器只有写 OLED 显示模块的数据线 DIN（EMA_IO6），没有读 OLED 显示模块的数据线，因此不支持读 OLED 显示模块操作。推荐使用"改→写"的方式实现 OLED 显示，这种方式通过在微控制器的内部建立一个 GRAM（128×8 字节，对应 128×64 像素），与 SSD1306 的 GRAM 对应，在需要更新显示时，只需修改微控制器的 GRAM，然后一次性把微控制器的 GRAM 写入 SSD1306 的 GRAM，如图 11-9 所示。

---

① ASCII（American Standard Code for Information Interchange，美国信息交换标准代码）是基于拉丁字母的一套计算机编码系统，主要用于显示现代英语和其他西欧语言，它是现今通用的计算机编码系统。

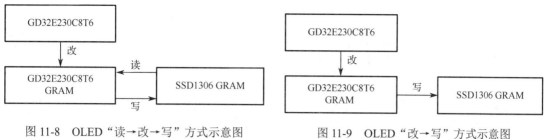

图 11-8　OLED "读→改→写" 方式示意图　　　　　图 11-9　OLED "改→写" 方式示意图

11.2.7　OLED 显示模块显示流程

OLED 显示模块的显示流程如图 11-10 所示。首先，配置 OLED 相关的 GPIO；然后，将 RES 引脚电平拉低 10ms 之后再将 RES 引脚电平拉高，对 SSD1306 进行复位；接着，关闭显示，配置 SSD1306，再开启显示，并执行清屏操作；最后，写微控制器上的 GRAM，并将微控制器的 GRAM 更新到 SSD1306 上。

11.2.8　程序架构

外部中断实验的程序架构如图 11-11 所示。该图简要介绍了程序开始运行后各个函数的执行和调用流程，图中仅列出了与本实验相关的一部分函数。下面解释说明程序架构图。

（1）在 main 函数中调用 InitHardware 函数进行硬件相关模的块初始化，包括 RCU、NVIC、UART、Timer 和 OLED 等模块，这里仅介绍 OLED 模块初始化函数 InitOLED。在 InitOLED 函数中先调用 ConfigOLEDGPIO 函数配置 OLED 的 GPIO，再通过 CLR_OLED_RES 和 DelayNms 函数将 OLED 显示模块的复位引脚 RES 的电平拉低 10ms，通过 SET_OLED_RES 将 RES 电平拉高，延时 10ms 之后，调用 ConfigOLEDReg 函数配置 OLED 的 SSD1306 寄存器，最后调用 OLEDClear 函数清除屏幕上的所有内容。

（2）调用 InitSoftware 函数进行软件相关模块的初始化，本实验中，InitSoftware 函数为空。

（3）调用 OLEDShowString 函数从 OLED 显示屏的指定位置开始显示字符串。

（4）调用 Proc2msTask 函数进行 2ms 任务处理，在 Proc2msTask 函数中仅通过调用 LEDFlicker 函数实现 LED 闪烁即可，无须执行其他任务。

（5）调用 Proc1SecTask 函数进行 1s 任务处理，在本实验中，需要每秒刷新一次 OLED 显示屏的显示内容，即通过在 Proc1SecTask 函数中调用 OLEDRefreshRAM 函数更新显存来实现。

在图 11-11 中，编号为①、③、⑤和⑦的函数在 Main.c 文件中声明和实现；编号为②、④和⑧的函数在 OLED.h 文件中声明，在 OLED.c 文件中实现。InitOLED 函数中的 ConfigOLEDGPIO 和 ConfigOLEDReg 函数在 OLED.c 文件中声明和实现，而 CLR_OLED_RES 和 SET_OLED_RES 函数为宏定义，在 OLED.c 文件中定义。

开始

配置OLED相关GPIO

将RES引脚电平拉低10ms

将RES引脚电平拉高

关闭显示

配置SSD1306

开启显示

清屏

写微控制器的GRAM

更新微控制器的GRAM到SSD1306

结束

图 11-10　OLED 显示模块
显示流程图

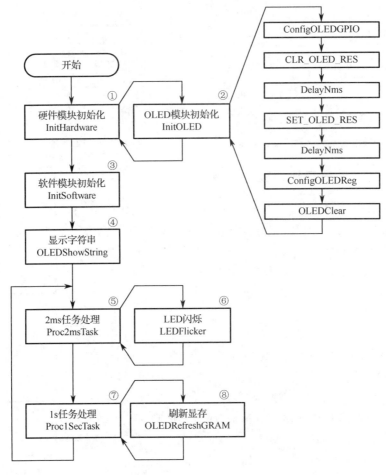

图 11-11　程序架构

本实验要点解析：

（1）OLED 模块的初始化，在 InitOLED 函数中执行了配置 OLED 相关 GPIO、复位 SSD1306 和配置 SSD1306 等操作。本实验中，通过控制 GPIO 输出高、低电平来模拟 SPI 通信模式，因此，在配置 OLED 相关 GPIO 时，只需配置为默认的 GPIO 输出模式即可，无须配置为备用的 SPI 功能。配置 SSD1306 主要通过向 SSD1306 的寄存器写命令来实现，写命令的函数为 OLEDWriteByte，关于命令的具体定义可以参见 SSD1306 的数据手册。

（2）通过 OLEDShowString 函数设置屏幕上显示的字符串内容和显示的位置，该函数通过调用 OLEDShowChar 函数逐个显示字符串中的字符，显示的起始位置由函数的输入参数（指定 x 和 y 坐标）决定。常用 ASCII 码表中各字符的字模存储在 OLEDFont.h 文件的二维数组中，在 OLEDShowChar 函数中，通过调用 OLEDDrawPoint 函数来根据字模设置 OLED 显示屏上指定区域的像素点的亮灭。

（3）OLEDShowString 函数仅将要显示的数据写入微控制器的 GRAM，若要实现在 OLED 显示屏上显示，还需要通过 OLEDRefreshGRAM 函数将微控制器的 GRAM 更新到 SSD1306 的 GRAM 中。

在本实验的实验步骤中，只需将 OLED 文件对添加到工程，并在应用层调用 OLEDShowString 和 OLEDRefreshGRAM 函数实现 OLED 显示屏显示。但掌握 OLED 的显示原理才是本实验的最终目的，因此，对于 OLED 驱动中定义和实现的各个 API 函数同样不可忽视，其函数功能、实现过程和应用方式也是本实验的重要学习目标。

11.3　实　验　步　骤

步骤 1：复制并编译原始工程

首先，将"D:\GD32E2KeilTest\Material\10.OLEDDisplay"文件夹复制到"D:\GD32E2KeilTest\Product"文件夹中。然后，双击运行"D:\GD32E2KeilTest\Product\10.OLEDDisplay\Project"文件夹中的 GD32KeilPrj.uvprojx。编译通过后，下载程序并进行复位，观察 GD32E2 杏仁派开发板上的两个 LED 是否交替闪烁。如果两个 LED 交替闪烁，串口助手正常输出字符串，表示原始工程是正确的，可以进入下一步操作。

步骤 2：添加 OLED 文件对

首先，将"D:\GD32E2KeilTest\Product\10.OLEDDisplay\App\OLED"文件夹中的 OLED.c 添加到 App 分组中。然后，将"D:\GD32E2KeilTest\Product\10.OLEDDisplay\App\OLED"路径添加到 Include Paths 栏中。

步骤 3：OLED.h 文件代码详解

单击🛠按钮进行编译，编译结束后，在 Project 面板中，双击 OLED.c 下的 OLED.h 文件。在 OLED.h 文件的"API 函数声明"区，添加如程序清单 11-1 所示的 API 函数声明代码。

程序清单 11-1

```
void  InitOLED(void);                  //初始化 OLED 模块
void  OLEDDisplayOn(void);             //开启 OLED 显示
void  OLEDDisplayOff(void);            //关闭 OLED 显示
void  OLEDRefreshGRAM(void);           //将微控制器的 GRAM 写入到 SSD1306 的 GRAM 中

void  OLEDClear(void);                 //清屏函数，清除屏幕上显示的所有内容
void  OLEDShowChar(unsigned char x, unsigned char y, unsigned char chr, unsigned char size,
unsigned char mode);                   //在指定位置显示一个字符
void  OLEDShowNum(unsigned char x, unsigned char y, unsigned int num, unsigned char len, unsigned
char size);                            //在指定位置显示数字
void  OLEDShowString(unsigned char x, unsigned char y, const unsigned char* p);
                                       //在指定位置显示字符串
```

步骤 4：OLED.c 文件代码详解

在 OLED.c 文件的"包含头文件"区，包含了 OLEDFont.h 和 SysTick.h 等头文件，OLEDFont.h 与 OLED 文件对位于同一文件夹中（D:\GD32E2KeilTest\Product\10.OLEDDisplay\App\OLED），其中定义了存放 ASCII 码表中各字符的字模的二维数组。OLED.c 文件的代码中还需要使用 DelayNms 延时函数，该函数在 SysTick.h 文件中声明，因此，还需要包含 SysTick.h 头文件。

在 OLED.c 文件的"宏定义"区，进行了如程序清单 11-2 所示的宏定义。通过微控制器控制 OLED 时，既可以向 OLED 显示模块写数据又可以写命令，其中 OLED_CMD 表示写命令，OLED_DATA 表示写数据。CLR_OLED_CS 通过 gpio_bit_reset 函数将 CS（EMA_IO3）引脚的电平拉低（清零），SET_OLED_CS 通过 gpio_bit_set 函数将 CS（EMA_IO3）引脚的电平拉高（置 1），其余 8 个宏定义与之类似，这里不再赘述。

程序清单 11-2

```
#define OLED_CMD        0 //命令
#define OLED_DATA       1 //数据

//OLED 端口定义
#define CLR_OLED_RES()  gpio_bit_reset(GPIOB, GPIO_PIN_6)    //RES，复位
#define SET_OLED_RES()  gpio_bit_set(GPIOB, GPIO_PIN_6)

#define CLR_OLED_CS()   gpio_bit_reset(GPIOA, GPIO_PIN_15)   //CS，片选
#define SET_OLED_CS()   gpio_bit_set(GPIOA, GPIO_PIN_15)

#define CLR_OLED_SCK()  gpio_bit_reset(GPIOB, GPIO_PIN_3)    //SCK，时钟
#define SET_OLED_SCK()  gpio_bit_set(GPIOB, GPIO_PIN_3)

#define CLR_OLED_DC()   gpio_bit_reset(GPIOB, GPIO_PIN_4)    //DC，命令数据标志（0-命令/1-数据）
#define SET_OLED_DC()   gpio_bit_set(GPIOB, GPIO_PIN_4)

#define CLR_OLED_DIN()  gpio_bit_reset(GPIOB, GPIO_PIN_5)    //DIN，数据
#define SET_OLED_DIN()  gpio_bit_set(GPIOB, GPIO_PIN_5)
```

在 OLED.c 文件的"内部变量定义"区，定义了内部变量 s_arrOLEDGRAM[128][8]，如程序清单 11-3 所示。s_iOLEDGRAM 是 GD32E230C8T6 微控制器的 GRAM，大小为 128×8 字节，与 SSD1306 上的 GRAM 对应。本实验先将需要显示到 OLED 显示模块上的数据写入 GD32E230C8T6 的 GRAM，再将 GD32E230C8T6 的 GRAM 写入 SSD1306 的 GRAM。

程序清单 11-3

```
static  unsigned char  s_arrOLEDGRAM[128][8];        //OLED 显存缓冲区
```

在 OLED.c 文件的"内部函数声明"区，声明了 5 个内部函数，如程序清单 11-4 所示。

程序清单 11-4

```
static  void  ConfigOLEDGPIO(void);                  //配置 OLED 的 GPIO
static  void  ConfigOLEDReg(void);                   //配置 OLED 的 SSD1306 寄存器

static  void  OLEDWriteByte(unsigned char dat, unsigned char cmd);//向 SSD1306 写入 1 字节数据或命令
static  void  OLEDDrawPoint(unsigned char x, unsigned char y, unsigned char t);
                                                     //在 OLED 显示屏指定位置画点

static  unsigned int  CalcPow(unsigned char m, unsigned char n); //计算 m 的 n 次方
```

在 OLED.c 文件的"内部函数实现"区，首先实现了 ConfigOLEDGPIO 函数，如程序清单 11-5 所示。下面按照顺序解释说明 ConfigOLEDGPIO 函数中的语句。

（1）本实验通过引脚 PB6（EMA_IO1/RES）、PA15（EMA_IO3/CS）、PB3（EMA_IO4/SCK）、PB4（EMA_IO5/DC）和 PB5（EMA_IO6/DIN）实现 OLED 控制，因此，需要通过 rcu_periph_clock_enable 函数使能 GPIOA 和 GPIOB 时钟。

（2）通过 gpio_output_options_set 函数将 PB6、PA15、PB3、PB4 和 PB5 引脚配置为推挽输出模式，并通过 gpio_bit_set 函数将这 5 个引脚的初始电平设置为高电平。

程序清单 11-5

```
static  void  ConfigOLEDGPIO(void)
{
  //使能 RCU 相关时钟
  rcu_periph_clock_enable(RCU_GPIOA);        //使能 GPIOA 时钟
  rcu_periph_clock_enable(RCU_GPIOB);        //使能 GPIOB 时钟

  //配置 RES
  gpio_mode_set(GPIOB, GPIO_MODE_OUTPUT, GPIO_PUPD_NONE, GPIO_PIN_6);        //设置 GPIO 模式
  gpio_output_options_set(GPIOB, GPIO_OTYPE_PP, GPIO_OSPEED_50MHZ, GPIO_PIN_6);
                                    //设置 GPIO 输出模式及速度
  gpio_bit_set(GPIOB, GPIO_PIN_6);        //设置初始状态为高电平

  //配置 CS
  gpio_mode_set(GPIOA, GPIO_MODE_OUTPUT, GPIO_PUPD_NONE, GPIO_PIN_15);        //设置 GPIO 模式
  gpio_output_options_set(GPIOA, GPIO_OTYPE_PP, GPIO_OSPEED_50MHZ, GPIO_PIN_15);
                                    //设置 GPIO 输出模式及速度
  gpio_bit_set(GPIOA, GPIO_PIN_15);        //设置初始状态为高电平

  //配置 SCK
  gpio_mode_set(GPIOB, GPIO_MODE_OUTPUT, GPIO_PUPD_NONE, GPIO_PIN_3);        //设置 GPIO 模式
  gpio_output_options_set(GPIOB, GPIO_OTYPE_PP, GPIO_OSPEED_50MHZ, GPIO_PIN_3);
                                    //设置 GPIO 输出模式及速度
  gpio_bit_set(GPIOB, GPIO_PIN_3);        //设置初始状态为高电平

  //配置 DC
  gpio_mode_set(GPIOB, GPIO_MODE_OUTPUT, GPIO_PUPD_NONE, GPIO_PIN_4);        //设置 GPIO 模式
  gpio_output_options_set(GPIOB, GPIO_OTYPE_PP, GPIO_OSPEED_50MHZ, GPIO_PIN_4);
                                    //设置 GPIO 输出模式及速度
  gpio_bit_set(GPIOB, GPIO_PIN_4);        //设置初始状态为高电平

  //配置 DIN
  gpio_mode_set(GPIOB, GPIO_MODE_OUTPUT, GPIO_PUPD_NONE, GPIO_PIN_5);        //设置 GPIO 模式
  gpio_output_options_set(GPIOB, GPIO_OTYPE_PP, GPIO_OSPEED_50MHZ, GPIO_PIN_5);
                                    //设置 GPIO 输出模式及速度
  gpio_bit_set(GPIOB, GPIO_PIN_5);        //设置初始状态为高电平
}
```

在 OLED.c 文件的"内部函数实现"区，ConfigOLEDGPIO 函数之后为 ConfigOLEDReg 函数的实现代码，如程序清单 11-6 所示。下面按照顺序解释说明 ConfigOLEDReg 函数中的语句。

（1）ConfigOLEDReg 函数首先通过 OLEDWriteByte 函数向 SSD1306 写入 0xAE 关闭 OLED 显示。

（2）ConfigOLEDReg 函数主要通过写 SSD1306 的寄存器来配置 SSD1306，包括设置时钟分频系数、振荡频率、驱动路数、显示偏移、显示对比度、电荷泵等，读者可查阅 SSD1306 数据手册深入了解这些命令。

（3）ConfigOLEDReg 函数最后通过向 SSD1306 写入 0xAF 开启 OLED 显示。

程序清单 11-6

```
static  void  ConfigOLEDReg( void )
{
  OLEDWriteByte(0xAE, OLED_CMD); //关闭显示

  OLEDWriteByte(0xD5, OLED_CMD); //设置时钟分频因子、振荡频率
  OLEDWriteByte(0x50, OLED_CMD); //[3:0]为分频因子，[7:4]为振荡频率

  OLEDWriteByte(0xA8, OLED_CMD); //设置驱动路数
  OLEDWriteByte(0x3F, OLED_CMD); //默认 0x3F （1/64）

  OLEDWriteByte(0xD3, OLED_CMD); //设置显示偏移
  OLEDWriteByte(0x00, OLED_CMD); //默认为 0

  OLEDWriteByte(0x40, OLED_CMD); //设置显示开始行，[5:0]为行数

  OLEDWriteByte(0x8D, OLED_CMD); //设置电荷泵
  OLEDWriteByte(0x14, OLED_CMD); //bit2 用于设置开启（1）/关闭（0）

  OLEDWriteByte(0x20, OLED_CMD); //设置内存地址模式
  OLEDWriteByte(0x02, OLED_CMD); //[1:0]，00-列地址模式，01-行地址模式，10-页地址模式（默认值）

  OLEDWriteByte(0xA1, OLED_CMD);
                  //设置段重定义，bit0 为 0，列地址 0→SEG0；bit0 为 1，列地址 0→SEG127

  OLEDWriteByte(0xC0, OLED_CMD); //设置 COM 扫描方向，bit3 为 0，普通模式；bit3 为 1，重定义模式

  OLEDWriteByte(0xDA, OLED_CMD); //设置 COM 硬件引脚配置
  OLEDWriteByte(0x12, OLED_CMD); //[5:4]为硬件引脚配置信息

  OLEDWriteByte(0x81, OLED_CMD); //设置对比度
  OLEDWriteByte(0xEF, OLED_CMD); //1～255，默认为 0x7F （亮度设置，越大越亮）

  OLEDWriteByte(0xD9, OLED_CMD); //设置预充电周期
  OLEDWriteByte(0xf1, OLED_CMD); //[3:0]为 PHASE1，[7:4]为 PHASE2

  OLEDWriteByte(0xDB, OLED_CMD); //设置 VCOMH 电压倍率
  OLEDWriteByte(0x30, OLED_CMD); //[6:4]，000-0.65*vcc, 001-0.77*vcc, 011-0.83*vcc

  OLEDWriteByte(0xA4, OLED_CMD); //全局显示开启，bit0 为 1，开启，bit0 为 0，关闭

  OLEDWriteByte(0xA6, OLED_CMD); //设置显示方式，bit0 为 1，反相显示；bit0 为 0，正常显示

  OLEDWriteByte(0xAF, OLED_CMD); //开启显示
}
```

在 OLED.c 文件"内部函数实现"区的 ConfigOLEDReg 函数后，为 OLEDWriteByte 函数的实现代码，如程序清单 11-7 所示。下面按照顺序解释说明 OLEDWriteByte 函数中的语句。

（1）OLEDWriteByte 函数用于向 SSD1306 写入 1 字节数据或命令，参数 dat 是要写入的数据或命令。参数 cmd 为 0，表示写入命令（宏定义 OLED_CMD 为 0），将 DC 引脚电平通

过 CLR_OLED_DC 拉低；参数 cmd 为 1，表示写入数据（宏定义 OLED_DATA 为 1），将 DC 引脚电平通过 SET_OLED_DC 拉高。

（2）将 CS 引脚电平通过 CLR_OLED_CS 拉低，即将片选信号拉低，为写入数据或命令做准备。

（3）在 SCK 引脚的上升沿，分 8 次通过 DIN 引脚向 SSD1306 写入数据或命令，DIN 引脚电平通过 CLR_OLED_DIN 被拉低，通过 SET_OLED_DIN 被拉高。SCK 引脚电平通过 CLR_OLED_SCK 被拉低，通过 SET_OLED_SCK()被拉高。

（4）写入数据或命令之后，将 CS 引脚电平通过 SET_OLED_CS 拉高。

程序清单 11-7

```c
static  void  OLEDWriteByte(unsigned char dat, unsigned char cmd)
{
  signed short i;

  //判断要写入数据还是命令
  if(OLED_CMD == cmd)              //如果标志 cmd 为写入命令时
  {
    CLR_OLED_DC();                 //DC 输出低电平用来读/写命令
  }
  else if(OLED_DATA == cmd)        //如果标志 cmd 为写入数据时
  {
    SET_OLED_DC();                 //DC 输出高电平用来读/写数据
  }

  CLR_OLED_CS();                   //CS 输出低电平为写入数据或命令做准备

  for(i = 0; i < 8; i++)           //循环 8 次，从高到低取出要写入的数据或命令的 8 个 bit
  {
    CLR_OLED_SCK();                //SCK 输出低电平为写入数据做准备

    if(dat & 0x80)                 //判断要写入的数据或命令的最高位是 1 还是 0
    {
      SET_OLED_DIN();              //要写入的数据或命令的最高位是 1，DIN 输出高电平表示 1
    }
    else
    {
      CLR_OLED_DIN();              //要写入的数据或命令的最高位是 0，DIN 输出低电平表示 0
    }
    SET_OLED_SCK();                //SCK 输出高电平，DIN 的状态不再变化，此时写入数据线的数据

    dat <<= 1;                     //左移 1 位，次高位移到最高位
  }

  SET_OLED_CS();                   //OLED 的 CS 输出高电平，不再写入数据或命令
  SET_OLED_DC();                   //OLED 的 DC 输出高电平
}
```

在 OLED.c 文件"内部函数实现"区的 OLEDWriteByte 函数后，为 OLEDDrawPoint 函数的实现代码，如程序清单 11-8 所示。OLEDDrawPoint 函数有 3 个参数，分别是 x、y 坐标

和 t（t 为 1，表示点亮 OLED 上的某一点，t 为 0，表示熄灭 OLED 上的某一点）。xy 坐标系的原点位于 OLED 显示屏的左上角，这是因为显存中的列编号与 OLED 显示屏的列编号是对应的，但显存中的行编号与 OLED 显示屏的行编号不对应（参见 11.2.2 节）。例如，OLEDDrawPoint(127,63,1)表示点亮 OLED 显示屏右下角对应的点，实际上是向 GD32E230C8T6 微控制器的 GRAM（与 SSD1306 的 GRAM 对应），即 s_iOLEDGRAM[127][0]的最低位写入 1。OLEDDrawPoint 函数体的前半部分实现 OLED 显示屏物理坐标到 SSD1306 显存坐标的转换，后半部分根据参数 t 向 SSD1306 显存的某一位写入 1 或 0。

程序清单 11-8

```
static  void  OLEDDrawPoint(unsigned char x, unsigned char y, unsigned char t)
{
  unsigned char pos;              //存放点所在的页数
  unsigned char bx;               //存放点所在的屏幕的行号
  unsigned char temp = 0;         //用来存放画点位置相对于字节的位

  if(x > 127 || y > 63)           //如果指定位置超过额定范围
  {
    return;                       //返回空，函数结束
  }

  pos = 7 - y / 8;                //求指定位置所在页数
  bx = y % 8;                     //求指定位置在上面求出页数中的行号
  temp = 1 << (7 - bx);           // （7-bx）求出相应 SSD1306 的行号，并在字节中相应的位置为 1

  if(t)                           //判断填充标志为 1 还是 0
  {
    s_arrOLEDGRAM[x][pos] |= temp; //如果填充标志为 1，指定点填充
  }
  else
  {
    s_arrOLEDGRAM[x][pos] &= ~temp; //如果填充标志为 0，指定点清空
  }
}
```

在 OLED.c 文件"内部函数实现"区的 ConfigOLEDGPIO 函数后，为 CalcPow 函数的实现代码，如程序清单 11-9 所示。CalcPow 函数的参数为 m 和 n，最终返回值为 m 的 n 次幂的值。

程序清单 11-9

```
static  unsigned int CalcPow(unsigned char m, unsigned char n)
{
  unsigned int  result = 1;       //定义用来存放结果的变量

  while(n--)                      //随着每次循环，n 递减，直至为 0
  {
    result *= m;                  //循环 n 次，相当于 n 个 m 相乘
  }
```

```
return result;                          //返回 m 的 n 次幂的值
}
```

在 OLED.c 文件的"API 函数实现"区为 InitOLED 函数的实现代码，如程序清单 11-10
所示。下面按照顺序解释说明 InitOLED 函数中的语句。

（1）ConfigOLEDGPIO 函数用于配置与 OLED 显示模块相关的 5 个 GPIO。

（2）将 RES 引脚电平拉低 10ms，对 SSD1306 进行复位，再将 RES 引脚电平拉高。

（3）RES 引脚电平拉高 10ms 之后，通过 ConfigOLEDReg 函数配置 SSD1306。

（4）通过 OLEDClear 函数清除 OLED 显示屏上的内容。

程序清单 11-10

```
void  InitOLED(void)
{
  ConfigOLEDGPIO();                     //配置 OLED 的 GPIO

  CLR_OLED_RES();
  DelayNms(10);
  SET_OLED_RES();                       //RES 引脚电平务必拉高
  DelayNms(10);

  ConfigOLEDReg();                      //配置 OLED 的寄存器

  OLEDClear();                          //清除 OLED 显示屏
}
```

在 OLED.c 文件"API 函数实现"区的 InitOLED 函数后，为 OLEDDisplayOn 和
OLEDDisplayOff 函数的实现代码，如程序清单 11-11 所示。下面按照顺序解释说明
OLEDDisplayOn 和 OLEDDisplayOff 函数中的语句。

（1）开启 OLED 显示之前，要先打开电荷泵，因此，需要通过 OLEDWriteByte 函数向
SSD1306 写入 0x8D 和 0x14，再通过 OLEDWriteByte 函数向 SSD1306 写入 0xAF，开启 OLED
显示。

（2）关闭 OLED 显示之前，先要关闭电荷泵，因此，需要通过 OLEDWriteByte 函数向
SSD1306 写入 0x8D 和 0x10，再通过 OLEDWriteByte 函数向 SSD1306 写入 0xAE，关闭 OLED
显示。

程序清单 11-11

```
void  OLEDDisplayOn( void )
{
  //打开关闭电荷泵，第 1 字节为命令字，0x8D，第 2 字节设置值，0x10-关闭电荷泵，0x14-打开电荷泵
  OLEDWriteByte(0x8D, OLED_CMD);        //第 1 字节 0x8D 为命令
  OLEDWriteByte(0x14, OLED_CMD);        //0x14-打开电荷泵

  //设置显示开关，0xAE-关闭显示，0xAF-开启显示
  OLEDWriteByte(0xAF, OLED_CMD);        //开启显示
}

void  OLEDDisplayOff( void )
```

```
{
  //打开关闭电荷泵，第 1 字节为命令字，0x8D，第 2 字节设置值，0x10-关闭电荷泵，0x14-打开电荷泵
  OLEDWriteByte(0x8D, OLED_CMD);        //第 1 字节为命令字，0x8D
  OLEDWriteByte(0x10, OLED_CMD);        //0x10-关闭电荷泵

  //设置显示开关，0xAE-关闭显示，0xAF-开启显示
  OLEDWriteByte(0xAE, OLED_CMD);        //关闭显示
}
```

　　在 OLED.c 文件"API 函数实现"区的 OLEDDisplayOff 函数后，为 OLEDRefreshGRAM 函数的实现代码，如程序清单 11-12 所示。OLED 显示屏有 128×64=8192 个像素点，对应于 SSD1306 显存的 8 页×128 字节/页，合计 1024 字节。OLEDRefreshGRAM 函数执行 8 次大循环（按照从 PAGE0 到 PAGE7 的顺序），每次写 1 页，调用 OLEDWriteByte 函数执行 128 次小循环（按照从 SEG0 到 SEG127 的顺序），每次写 1 字节，总共写 1024 字节，对应 8192 个像素点。OLEDRefreshGRAM 以页为单位将 GD32E230C8T6 微控制器的 GRAM 写入 SSD1306 的 GRAM，每页通过 OLEDWriteByte 函数分 128 次向 SSD1306 的 GRAM 写入数据。因此，在进行页写入操作之前，需要通过 OLEDWriteByte 函数设置页地址和列地址，每次设置的页地址按照从 PAGE0 到 PAGE7 的顺序，而每次设置的列地址固定为 0x00。

程序清单 11-12

```
void  OLEDRefreshGRAM(void)
{
  unsigned char i;
  unsigned char n;

  for(i = 0; i < 8; i++)                    //遍历每一页
  {
    OLEDWriteByte(0xb0 + i, OLED_CMD);      //设置页地址（0~7）
    OLEDWriteByte(0x00, OLED_CMD);          //设置显示位置——列低地址
    OLEDWriteByte(0x10, OLED_CMD);          //设置显示位置——列高地址
    for(n = 0; n < 128; n++)                //遍历每一列
    {
      //通过循环将微控制器的 GRAM 写入到 SSD1306 的 GRAM 中
      OLEDWriteByte(s_arrOLEDGRAM[n][i], OLED_DATA);
    }
  }
}
```

　　在 OLED.c 文件"API 函数实现"区的 OLEDRefreshGRAM 函数后，为 OLEDClear 函数的实现代码，如程序清单 11-13 所示。OLEDClear 函数用于清除 OLED 显示屏，先向微控制器的 GRAM（即 s_iOLEDGRAM 的每字节）写入 0x00，然后将微控制器的 GRAM 通过 OLEDRefreshGRAM 函数写入 SSD1306 的 GRAM。

程序清单 11-13

```
void  OLEDClear(void)
{
  unsigned char i;
  unsigned char n;
```

```
for(i = 0; i < 8; i++)                    //遍历每一页
{
  for(n = 0; n < 128; n++)                //遍历每一列
  {
    s_arrOLEDGRAM[n][i] = 0x00;           //将指定点清零
  }
}

OLEDRefreshGRAM();                        //将微控制器的 GRAM 写入 SSD1306 的 GRAM 中
}
```

在 OLED.c 文件 "API 函数实现" 区的 OLEDClear 函数后，为 OLEDShowChar 函数的实现代码，如程序清单 11-14 所示。下面按照顺序解释说明 OLEDShowChar 函数中的语句。

（1）OLEDShowChar 函数用于在指定位置显示一个字符，字符位置由参数 x、y 确定，待显示的字符以整数形式（ASCII 码）存放于参数 chr 中。参数 size 为字体选项，16 代表 16×16 字体（汉字为 16×16 像素，字符为 16×8 像素）；12 代表 12×12 字体（汉字为 12×12 像素，字符为 12×6 像素）。最后一个参数 mode 用于选择显示方式，mode 为 1 代表阴码显示（1 表示亮，0 表示灭），mode 为 0 代表阳码显示（1 表示灭，0 表示亮）。

（2）由于本实验只对 ASCII 码表中的 95 个字符（参见 11.2.5 节）进行取模，12×6 字体字模存放于数组 g_iASCII1206 中，16×8 字体字模存放于数组 g_iASCII1608 中，这 95 个字符的第一个字符是 ASCII 码表的空格（空格的 ASCII 值为 32），而且所有字符的字模都按照 ASCII 码表顺序存放于数组 g_iASCII1206 和 g_iASCII1608 中，又由于 OLEDShowChar 函数的参数 chr 是字符型数据（以 ASCII 码存放），因此，需要将 chr 减去空格的 ASCII 值（32）得到 chr 在数组中的索引。

（3）对于 16×16 字体的字符（实际为 16×8 像素），每个字符由 16 字节组成，1 字节由 8 个有效位组成，每个有效位对应 1 个点，这里采用两个循环画点，其中，大循环执行 16 次，每次取出 1 字节，执行 8 次小循环，每次画 1 个点。类似地，对于 12×12 字体的字符（实际为 12×6 像素），采用 12 个大循环和 6 个小循环画点。本实验的字模选项为 "16×16 字体顺向逐列式（阴码）"（参见 11.2.4 节），因此，在向 GD32E230C8T6 微控制器的 GRAM 按照字节写入数据时，是按列写入的。

程序清单 11-14

```
void  OLEDShowChar(unsigned char x, unsigned char y, unsigned char chr, unsigned char size,
unsigned char mode)
{
  unsigned char  temp;                //用来存放字符顺向逐列式的相对位置
  unsigned char  t1;                  //循环计数器 1
  unsigned char  t2;                  //循环计数器 2
  unsigned char  y0 = y;              //当前操作的行数

  chr = chr - ' ';                    //得到相对于空格（ASCII 为 0x20）的偏移值，求出要 chr 在数组中的索引

  for(t1 = 0; t1 < size; t1++)        //循环逐列显示
  {
    if(size == 12)                    //判断字号大小，选择相对的顺向逐列式
```

```
    {
      temp = g_iASCII1206[chr][t1];    //取出字符在 g_iASCII1206 数组中的第 t1 列
    }
    else
    {
      temp = g_iASCII1608[chr][t1];    //取出字符在 g_iASCII1608 数组中的第 t1 列
    }

    for(t2 = 0; t2 < 8; t2++)          //在一个字符的第 t2 列的横向范围（8 个像素点）内显示点
    {
      if(temp & 0x80)                  //取出 temp 的最高位，并判断为 0 还是 1
      {
        OLEDDrawPoint(x, y, mode);     //如果 temp 的最高位为 1 填充指定位置的点
      }
      else
      {
        OLEDDrawPoint(x, y, !mode);    //如果 temp 的最高位为 0 清除指定位置的点
      }

      temp <<= 1;                      //左移一位，次高位移到最高位
      y++;                             //进入下一行

      if((y - y0) == size)             //如果显示完一列
      {
        y = y0;                        //行号回到原来的位置
        x++;                           //进入下一列
        break;                         //跳出上面带#的循环
      }
    }
  }
}
```

在 OLED.c 文件"API 函数实现"区的 OLEDShowChar 函数后，为 OLEDShowNum 和 OLEDShowString 函数的实现代码，如程序清单 11-15 所示。这两个函数调用 OLEDShowChar 函数分别实现数字和字符串的显示。

程序清单 11-15

```
void  OLEDShowNum(unsigned char x, unsigned char y, unsigned int num, unsigned char len, unsigned
char size)
{
  unsigned char t;                   //循环计数器
  unsigned char temp;                //用来存放要显示数字的各位
  unsigned char enshow = 0;          //区分 0 是否为高位 0 标志位

  for(t = 0; t < len; t++)
  {
    temp = (num / CalcPow(10, len - t - 1)) % 10;//按从高到低取出要显示数字的各位，存到 temp 中
    if(enshow == 0 && t < (len - 1)) //如果标记 enshow 为 0 并且还未取到最后一位
    {
      if(temp == 0 )                 //如果 temp 等于 0
      {
```

```
      OLEDShowChar(x + (size / 2) * t, y, ' ', size, 1);        //此时的 0 在高位, 用空格替代
      continue;                            //提前结束本次循环, 进入下一次循环
    }
    else
    {
      enshow = 1;                          //否则将标记 enshow 置为 1
    }
  }
  OLEDShowChar(x + (size / 2) * t, y, temp + '0', size, 1);      //在指定位置显示得到的数字
 }
}

void  OLEDShowString(unsigned char x, unsigned char y, const unsigned char* p)
{
#define MAX_CHAR_POSX 122              //OLED 显示屏横向的最大范围
#define MAX_CHAR_POSY 58              //OLED 显示屏纵向的最大范围

  while(*p != '\0')                    //指针不等于结束符时, 循环进入
  {
    if(x > MAX_CHAR_POSX)              //如果 x 超出指定最大范围, x 赋值为 0
    {
      x  = 0;
      y += 16;                         //显示到下一行左端
    }

    if(y > MAX_CHAR_POSY)             //如果 y 超出指定最大范围, x 和 y 均赋值为 0
    {
      y = x = 0;                       //清除 OLED 显示屏内容
      OLEDClear();                     //显示到 OLED 显示屏左上角
    }

    OLEDShowChar(x, y, *p, 16, 1);    //指定位置显示一个字符

    x += 8;                            //一个字符横向占 8 个像素点
    p++;                               //指针指向下一个字符
  }
}
```

步骤 5: 完善 OLED 显示实验应用层

在 Project 面板中, 双击打开 Main.c 文件, 在 Main.c 文件"包含头文件"区的最后, 添加代码#include "OLED.h"。这样就可以在 Main.c 文件中调用 OLED 模块的宏定义和 API 函数, 实现对 OLED 显示屏的控制。

在 Main.c 文件的 InitHardware 函数中, 添加调用 InitOLED 函数的代码, 如程序清单 11-16 所示, 这样就实现了对 OLED 模块的初始化。

程序清单 11-16

```
static  void  InitHardware(void)
{
  SystemInit();                       //系统初始化
  InitRCU();                          //初始化 RCU 模块
```

```
InitNVIC();                        //初始化 NVIC 模块
InitUART0(115200);                 //初始化 UART 模块
InitTimer();                       //初始化 Timer 模块
InitLED();                         //初始化 LED 模块
InitSysTick();                     //初始化 SysTick 模块
InitOLED();                        //初始化 OLED 模块
}
```

在 Main.c 文件的 main 函数中，添加调用 OLEDShowString 函数的代码，如程序清单 11-17
所示。通过 4 次调用 OLEDShowString 函数，将待显示的数据写入 GD32E230C8T6 微控制器
的 GRAM，即 s_iOLEDGRAM 中。

程序清单 11-17

```
int main(void)
{
  InitHardware();                        //初始化硬件相关函数
  InitSoftware();                        //初始化软件相关函数

  printf("Init System has been finished.\r\n" );     //打印系统状态

  OLEDShowString(8, 0, (const unsigned char*)"GD32E230 Board");
  OLEDShowString(24, 16, (const unsigned char*)"2021-07-01");
  OLEDShowString(32, 32, (const unsigned char*)"00-06-00");
  OLEDShowString(24, 48, (const unsigned char*)"OLED IS OK!");

  while(1)
  {
    Proc2msTask();                       //2ms 处理任务
    Proc1SecTask();                      //1s 处理任务
  }
}
```

仅在 main 函数中调用 OLEDShowString 函数，还无法将这些字符串显示在 OLED 显示屏
上，还要通过每秒调用一次 OLEDRefreshGRAM 函数，将微控制器的 GRAM 中的数据写入
SSD1306 的 GRAM，才能实现 OLED 显示屏上的数据更新。在 Main.c 文件的 Proc1SecTask
函数中，添加调用 OLEDRefreshGRAM 函数的代码，如程序清单 11-18 所示，即每秒将微控
制器的 GRAM 中的数据写入 SSD1306 的 GRAM 一次。

程序清单 11-18

```
static  void  Proc1SecTask(void)
{
  if(Get1SecFlag())                        //判断 1s 标志位状态
  {
    printf("This is the first GD32E230 Project, by Zhangsan\r\n");

    OLEDRefreshGRAM();

    Clr1SecFlag();                         //清除 1s 标志位
  }
}
```

步骤 6：编译及下载验证

图 11-12　OLED 显示实验结果

代码编写完成并编译通过后，下载程序并进行复位。下载完成后，可以看到 GD32E2 杏仁派开发板上 OLED 显示屏上显示如图 11-12 所示的字符，同时，开发板上的两个 LED 交替闪烁，表示实验成功。

本 章 任 务

将"第 2 章　串口电子钟"的 RunClock 模块集成到"10.OLEDDisplay"的工程中，实现电子钟的运行，并将动态时间显示到 OLED 显示屏上。另外，将自己的姓名的拼音大写显示在 OLED 显示屏的最后一行，如图 11-13 所示。

0	8	16	24	32	40	48	56	64	72	80	88	96	104	112	120
G	D	3	2	E	2	3	0		B	o	a	r	d		
		2	0	2	1	-	0	7	-	0	1				
		2	3	-	5	9	-	5	0						
		Z	H	A	N	G			S	A	N				

图 11-13　显示结果

任务提示：

（1）将 RunClock 文件对添加到本实验的工程中，且无须对 RunClock 文件对进行修改。

（2）参考串口电子钟实验的实现过程，在 main 函数中通过 SetTimeVal 函数设置初始时间值，在 Proc1SecTask 函数中获取当前小时值、分钟值和秒值，然后调用 OLEDShowNum 函数在屏幕第三行的对应位置分别显示小时值、分钟值和秒值。

（3）当时、分、秒的数值小于 10 时，可以通过 OLEDShowNum 函数在小时值、分钟值和秒值的十位补 0。

本 章 习 题

1. 简述 OLED 显示原理。

2. 简述 SSD1306 芯片的工作原理。

3. 简述 SSD1306 芯片控制 OLED 显示的原理。

4. 基于 E230 微控制器的 OLED 驱动的 API 函数包括 InitOLED、OLEDDisplayOn、OLEDDisplayOff、OLEDRefreshGRAM、OLEDClear、OLEDShowNum、OLEDShowChar、OLEDShowString，简述这些函数的功能。

第 12 章 定时器与 PWM 输出

PWM（Pulse Width Modulation）即脉冲宽度调制，简言之，就是对脉冲宽度的控制。GD32E23x 系列微控制器的定时器分为三类，分别是基本定时器（TIMER5）、通用定时器（TIMER2、TIMER13、TIMER14、TIMER15 和 TIMER16）和高级定时器（TIMER0）。除了基本定时器，其他定时器都可以用来产生 PWM 输出，其中高级定时器可同时产生多达 4 路 PWM 输出，而通用定时器也能同时产生多达 4 路、2 路或 1 路的 PWM 输出，这样，GD32E23x 系列微控制器最多就可以同时产生 13 路 PWM 输出。本章首先介绍 PWM，以及相关寄存器和固件库函数，最后通过一个 PWM 输出实验，让读者掌握 PWM 输出控制的方法。

12.1 实 验 内 容

将 GD32E23x 系列微控制器的 PA4 引脚（TIMER13 的 CH0）配置为 PWM 模式 0，输出一个频率为 120Hz 的方波，默认的占空比为 50%，可以通过按下按键 KEY_1 对占空比进行递增调节，每次递增方波周期的 1/12，当占空比递增到 100%时，PA4 引脚输出高电平；通过按下按键 KEY_3 对占空比进行递减调节，每次递减方波周期的 1/12，当占空比递减到 0%时，PA4 引脚输出低电平。

12.2 实 验 原 理

12.2.1 PWM 输出实验流程图分析

图 12-1 是 PWM 输出实验的流程图。首先，将 TIMER13 的 CH0 配置为 PWM 模式 0，将 TIMER13 的计数模式配置为递增计数模式；其次，向 TIMER13_CAR 写入 599，向 TIMER13_PSC 写入 999。由于本实验中的 TIMER13 时钟频率为 72MHz，因此，PSC_CLK 时钟频率 $f_{PSC\_CLK} = f_{TIMER\_CK}/(TIMER13\_PSC+1) = 72MHz/(999+1) = 72kHz$。由于 TIMER13 的 CNT 计数器对 PSC_CLK 时钟进行计数，而 TIMER13_CAR 等于 599，因此，TIMER13 的 CNT 计数器递增计数从 0 到 599，计数器的周期 = $(1/f_{PSC\_CLK}) \times (TIMER13\_CAR+1) = (1/72) \times (599+1)$ms = (100/12)ms，转换为频率即为 120Hz。

本实验将 TIMER13 的 CH0 配置为 PWM 模式 0，将比较输出引脚设置为高电平有效，由于 TIMER13 仅有递增计数模式（可参见《GD32E23x 用户手册（中文版）》中的表 14-1），因此，一旦 TIMER13_CNT<TIMER13_CH0CV，则比较输出引脚为有效电平（高电平）；否则为无效电平（低电平）。当按下按键 KEY_3 时，对占空比进行递减调节，每次递减 50，由于 TIMER13 的 CNT 计数器递增计数从 0 到 599，因此，占空比每次递减方波周期的 1/12，最多递减到 0%。当按下按键 KEY_1 时，对占空比进行递增调节，每次递增方波周期的 1/12，最多递增到 100%。当按下按键 KEY_2 时，占空比设置为 50%。

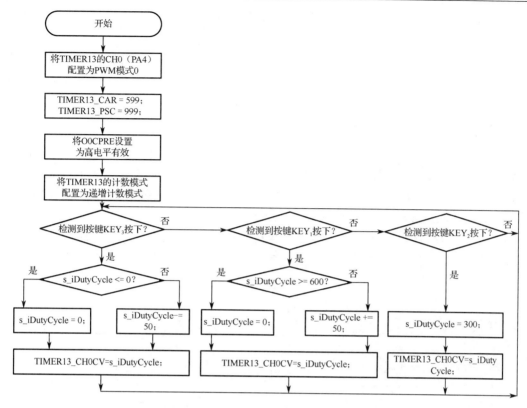

图 12-1 PWM 输出实验流程图

假设 TIMER13_CH0CV 为 300, TIMER13_CNT 从 0 计数到 599, 当 TIMER13_CNT 从 0 计数到 299 时, 比较输出引脚为高电平; 当 TIMER13_CNT 从 300 计数到 599 时, 比较输出引脚为低电平, 周而复始, 就可以输出一个占空比为 1/2 的方波, 如图 12-2 所示。

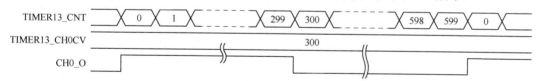

图 12-2 占空比为 1/2 的波形图

又假设 TIMER13_CH0CV 为 100, TIMER13_CNT 从 0 计数到 599, 当 TIMER13_CNT 从 0 计数到 99 时, 比较输出引脚为高电平; 当 TIMER13_CNT 从 100 计数到 599 时, 比较输出引脚为低电平, 周而复始, 就可以输出一个占空比为 1/6 的方波, 如图 12-3 所示。

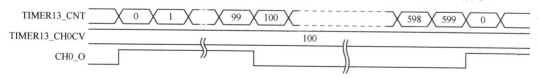

图 12-3 占空比为 1/6 的波形图

又假设 TIMER13_CH0CV 为 500, TIMER13_CNT 从 0 计数到 599, 当 TIMER13_CNT 从 0 计数到 499 时, 比较输出引脚为高电平; 当 TIMER13_CNT 从 500 计数到 599 时, 比较输出引脚为低电平, 周而复始, 就可以输出一个占空比为 5/6 的方波, 如图 12-4 所示。

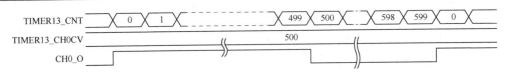

图 12-4　占空比为 5/6 的波形图

12.2.2　通用定时器部分寄存器

本实验涉及的通用定时器寄存器，除了 7.2.2 节中介绍的，还包括通道控制寄存器 0（TIMERx_CHCTL0）、通道控制寄存器 2（TIMERx_CHCTL2）、预分频寄存器（TIMERx_PSC）、计数器自动重载寄存器（TIMERx_CAR）和通道 0 捕获/比较值寄存器（TIMERx_CH0CV）。

1. 通道控制寄存器 0（TIMERx_CHCTL0）

TIMERx_CHCTL0 的结构、偏移地址和复位值如图 12-5 所示，部分位的解释说明如表 12-1 所示。

偏移地址：0x18
复位值：0x0000 0000

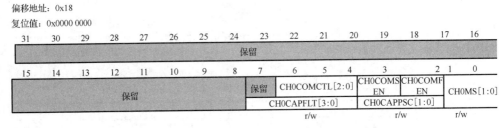

图 12-5　TIMERx_CHCTL0 的结构、偏移地址和复位值

表 12-1　TIMERx_CHCTL0 部分位的解释说明

位/位域	名　称	描　述
6:4	CH0COMCTL[2:0]	通道 0 输出比较模式。 此位定义了输出参考信号 O0CPRE 的动作，而 O0CPRE 决定了 CH0_O 的值。O0CPRE 高电平有效，而 CH0_O 的有效电平取决于 CH0P 位。 000：时基。输出比较寄存器 TIMERx_CH0CV 与计数器 TIMERx_CNT 间的比较对 O0CPRE 不起作用； 001：匹配时设置为高。当计数器的值与捕获/比较值寄存器 TIMERx_CH0CV 相同时，强制 O0CPRE 为高电平； 010：匹配时设置为低。当计数器的值与捕获/比较值寄存器 TIMERx_CH0CV 相同时，强制 O0CPRE 为低电平； 011：匹配时翻转。当计数器的值与捕获/比较值寄存器 TIMERx_CH0CV 相同时，强制 O0CPRE 翻转； 100：强制为低。强制 O0CPRE 为低电平； 101：强制为高。强制 O0CPRE 为高电平； 110：PWM 模式 0。在向上计数时，一旦计数器值小于 TIMERx_CH0CV，则 O0CPRE 为有效电平，否则为无效电平。在向下计数时，一旦计数器的值大于 TIMERx_CH0CV，则 O0CPRE 为无效电平，否则为有效电平； 111：PWM 模式 1。在向上计数时，一旦计数器值小于 TIMERx_CH0CV，则 O0CPRE 为无效电平，否则为有效电平。在向下计数时，一旦计数器的值大于 TIMERx_CH0CV，则 O0CPRE 为有效电平，否则为无效电平； 在 PWM 模式 0 或 PWM 模式 1 中，只有当比较结果改变了或者输出比较模式从时基模式切换到 PWM 模式时，CxCOMR 的电平才改变。 当 TIMERx_CCHP 寄存器的 PROT[1:0]=11 且 CH0MS=00（比较模式）时，此位不能被改变

续表

位/位域	名　称	描　述
3	CH0COMSEN	通道 0 输出比较影子寄存器使能。 当此位被置 1，TIMERx_CH0CV 寄存器的影子寄存器被使能，影子寄存器在每次更新事件时都会被更新。 0：禁止通道 0 输出/比较影子寄存器； 1：使能通道 0 输出/比较影子寄存器。 仅在单脉冲模式下（TIMERx_CTL0 寄存器的 SPM =1），可以在未确认预装载寄存器的情况下使用 PWM 模式。 当 TIMERx_CCHP 寄存器的 PROT [1:0]=11 且 CH0MS =00 时，此位不能被改变

2．通道控制寄存器 2（TIMERx_CHCTL2）

TIMERx_CHCTL2 的结构、偏移地址和复位值如图 12-6 所示，部分位的解释说明如表 12-2 所示。

偏移地址：0x20
复位值：0x0000 0000

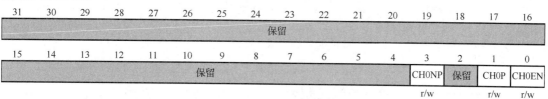

图 12-6　TIMERx_CHCTL2 的结构、偏移地址和复位值

表 12-2　TIMERx_CHCTL2 部分位的解释说明

位/位域	名　称	描　述
1	CH0P	通道 0 极性。 当通道 0 配置为输出模式时，此位定义了输出信号极性。 0：通道 0 高电平有效；1：通道 0 低电平有效。 当通道 0 配置为输入模式时，此位定义了输入信号极性。 [CH0NP, CH0P] 将选择 CI0FE0 或 CI1FE0 的有效边沿或捕获极性。 [CH0NP==0, CH0P==0]：把 CIxFE0 的上升沿作为捕获或从模式下触发的有效信号，并且 CIxFE0 不会被翻转。 [CH0NP==0, CH0P==1]：把 CIxFE0 的下降沿作为捕获或从模式下触发的有效信号，并且 CIxFE0 会被翻转。 [CH0NP==1, CH0P==0]：保留。 [CH0NP==1, CH0P==1]：把 CIxFE0 的上升沿和下降沿都作为捕获或从模式下触发的有效信号，并且 CIxFE0 不会被翻转。 当 TIMERx_CCHP 寄存器的 PROT [1:0]=11 或 10 时，此位不能被更改
0	CH0EN	通道 0 捕获/比较使能。 当通道 0 配置为输出模式时，将此位置 1 使能 CH0_O 信号有效；当通道 0 配置为输入模式时，将此位置 1 使能通道 0 上的捕获事件。 0：禁止通道 0；1：使能通道 0

3．预分频寄存器（TIMERx_PSC）

TIMERx_PSC 的结构、偏移地址和复位值如图 12-7 所示，部分位的解释说明如表 12-3 所示。

偏移地址：0x28

复位值：0x0000 0000

31	30	29	28	27	26	25	24	23	22	21	20	19	18	17	16
保留															

15	14	13	12	11	10	9	8	7	6	5	4	3	2	1	0
PSC[15:0]															
r/w															

图 12-7　TIMERx_PSC 的结构、偏移地址和复位值

表 12-3　TIMERx_PSC 部分位的解释说明

位/位域	名　称	描　　述
15:0	PSC[15:0]	计数器时钟预分频值。 计数器时钟等于 PSC 时钟除以(PSC+1)，每次当更新事件产生时，PSC 的值被装入当前预分频寄存器

4．计数器自动重载寄存器（TIMERx_CAR）

TIMERx_CAR 的结构、偏移地址和复位值如图 12-8 所示，部分位的解释说明如表 12-4 所示。

偏移地址：0x2C

复位值：0x0000 0000

31	30	29	28	27	26	25	24	23	22	21	20	19	18	17	16
保留															

15	14	13	12	11	10	9	8	7	6	5	4	3	2	1	0
CARL[15:0]															
r/w															

图 12-8　TIMERx_CAR 的结构、偏移地址和复位值

表 12-4　TIMERx_CAR 部分位的解释说明

位/位域	名　称	描　　述
15:0	CARL[15:0]	计数器自动重载值。 这些位定义了计数器的自动重载值

5．通道 0 捕获/比较值寄存器（TIMERx_CH0CV）

TIMERx_CH0CV 的结构、偏移地址和复位值如图 12-9 所示，部分位的解释说明如表 12-5 所示。

偏移地址：0x34

复位值：0x0000 0000

31	30	29	28	27	26	25	24	23	22	21	20	19	18	17	16
保留															

15	14	13	12	11	10	9	8	7	6	5	4	3	2	1	0
CH0VAL[15:0]															
r/w															

图 12-9　TIMERx_CH0CV 的结构、偏移地址和复位值

表 12-5　TIMERx_CH0CV 部分位的解释说明

位/位域	名　　称	描　　述
15:0	CH0VAL[15:0]	通道 0 的捕获或比较值。 　当通道 0 配置为输入模式时，这些位决定了上次捕获事件的计数器值，并且本寄存器为只读；当通道 0 配置为输出模式时，这些位包含了即将和计数器比较的值，使能相应影子寄存器后，影子寄存器的值随每次更新事件更新

12.2.3　通用定时器部分固件库函数

本实验涉及的通用定时器固件库函数除了 7.2.3 节介绍的，还包括 timer_channel_output_config、timer_channel_output_pulse_value_config、timer_channel_output_mode_config、timer_channel_output_shadow_config 和 timer_auto_reload_shadow_enable。这些函数在 gd32e230_timer.h 文件中声明，在 gd32e230_timer.c 文件中实现。

1．timer_channel_output_config 函数

timer_channel_output_config 函数用于进行外设 TIMERx 的通道输出配置。具体描述如表 12-6 所示。

表 12-6　timer_channel_output_config 函数的描述

函　数　名	timer_channel_output_config
函　数　原　型	void timer_channel_output_config(uint32_t timer_periph, uint16_t channel,timer_oc_parameter_struct* ocpara)
功　能　描　述	外设 TIMERx 的通道输出配置
输入参数 1	timer_periph：TIMER 外设
输入参数 2	channel：待配置通道
输　出　参　数	Ocpara：输出通道结构体
返　回　值	void

待配置通道的可取值如表 12-7 所示。

表 12-7　待配置通道的可取值

可　取　值	功　能　描　述
TIMER_CH_0	通道 0，TIMERx (x=0, 2, 13, 14, 15, 16)
TIMER_CH_1	通道 1，TIMERx (x=0, 2, 14)
TIMER_CH_2	通道 2，TIMERx (x=0, 2)
TIMER_CH_3	通道 3，TIMERx (x=0, 2)

timer_oc_parameter_struct 结构体成员变量定义如表 12-8 所示。

表 12-8　timer_oc_parameter_struct 结构体成员变量定义

成员名称	功　能　描　述
outputstate	通道输出状态（TIMER_CCX_ENABLE，TIMER_CCX_DISABLE）
outputnstate	互补通道输出状态（TIMER_CCXN_ENABLE，TIMER_CCXN_DISABLE）
ocpolarity	通道输出极性（TIMER_OC_POLARITY_HIGH，TIMER_OC_POLARITY_LOW）

续表

成员名称	功 能 描 述
ocnpolarity	互补通道输出极性（TIMER_OCN_POLARITY_HIGH，TIMER_OCN_POLARITY_LOW）
ocidlestate	空闲状态下通道输出（TIMER_OC_IDLE_STATE_LOW，TIMER_OC_IDLE_STATE_HIGH）
ocnidlestate	空闲状态下互补通道输出（TIMER_OCN_IDLE_STATE_LOW，TIMER_OCN_IDLE_STATE_HIGH）

例如，设置 TIMER0 的通道 0 输出参数，代码如下：

```
timer_oc_parameter_struct timer_ocintpara;
timer_ocintpara.outputstate = TIMER_CCX_ENABLE;
timer_ocintpara.outputnstate = TIMER_CCXN_ENABLE;
timer_ocintpara.ocpolarity = TIMER_OC_POLARITY_HIGH;
timer_ocintpara.ocnpolarity = TIMER_OCN_POLARITY_HIGH;
timer_ocintpara.ocidlestate = TIMER_OC_IDLE_STATE_HIGH;
timer_ocintpara.ocnidlestate = TIMER_OCN_IDLE_STATE_LOW;
timer_channel_output_config(TIMER0, TIMER_CH_0, &timer_ocintpara);
```

2. timer_channel_output_pulse_value_config 函数

timer_channel_output_pulse_value_config 函数的功能是配置外设 TIMERx 的通道输出比较值。具体描述如表 12-9 所示。

表 12-9　timer_channel_output_pulse_value_config 函数的描述

函 数 名	timer_channel_output_pulse_value_config
函 数 原 型	void timer_channel_output_pulse_value_config(uint32_t timer_periph, uint16_t channel, uint32_t pulse)
功 能 描 述	配置外设 TIMERx 的通道输出比较值
输入参数 1	timer_periph：TIMER 外设
输入参数 2	channel：待配置通道
输入参数 3	pulse：通道输出比较值（0~65535）
输 出 参 数	无
返 回 值	void

例如，设置 TIMER0 的通道 0 输出比较值为 399，代码如下：

```
timer_channel_output_pulse_value_config(TIMER0, TIMER_CH_0, 399);
```

3. timer_channel_output_mode_config 函数

timer_channel_output_mode_config 函数的功能是配置外设 TIMERx 通道输出比较模式。具体描述如表 12-10 所示。

表 12-10　timer_channel_output_mode_config 函数的描述

函 数 名	timer_channel_output_mode_config
函 数 原 型	void timer_channel_output_mode_config(uint32_t timer_periph, uint16_t channel, uint16_t ocmode)
功 能 描 述	配置外设 TIMERx 通道输出比较模式
输入参数 1	TIMERx：TIMER 外设
输入参数 2	channel：待配置通道
输入参数 3	ocmode：通道输出比较模式

续表

输 出 参 数	无
返 回 值	void

通道输出比较模式的可取值如表 12-11 所示。

例如，设置 TIMER0 的通道 0 输出 PWM 模式 0，代码如下：

```
timer_channel_output_mode_config(TIMER0, TIMER_CH_0, TIMER_OC_MODE_PWM0);
```

表 12-11　通道输出比较模式的可取值

可 取 值	功 能 描 述	可 取 值	功 能 描 述
TIMER_OC_MODE_TIMING	冻结模式	TIMER_OC_MODE_LOW	强制为低电平
TIMER_OC_MODE_ACTIVE	匹配时设置为高电平	TIMER_OC_MODE_HIGH	强制为高电平
TIMER_OC_MODE_INACTIVE	匹配时设置为低电平	TIMER_OC_MODE_PWM0	PWM 模式 0
TIMER_OC_MODE_TOGGLE	匹配时翻转	TIMER_OC_MODE_PWM1	PWM 模式 1

4. timer_channel_output_shadow_config 函数

timer_channel_output_shadow_config 函数的功能是配置 TIMERx 通道输出比较影子寄存器功能。具体描述如表 12-12 所示。

表 12-12　timer_channel_output_shadow_config 函数的描述

函 数 名	timer_channel_output_shadow_config
函 数 原 型	void timer_channel_output_shadow_config(uint32_t timer_periph, uint16_t channel, uint16_t ocshadow)
功 能 描 述	配置 TIMERx 通道输出比较影子寄存器功能
输入参数 1	timer_periph：TIMER 外设
输入参数 2	Channel：待配置通道
输入参数 3	Ocshadow：输出比较影子寄存器功能状态
输 出 参 数	无
返 回 值	void

输出比较影子寄存器的可取值如表 12-13 所示。

表 12-13　输出比较影子寄存器的可取值

可 取 值	功 能 描 述
TIMER_OC_SHADOW_ENABLE	使能输出比较影子寄存器
TIMER_OC_SHADOW_DISABLE	禁止输出比较影子寄存器

例如，配置 TIMER0 通道 0 输出比较影子功能，代码如下：

```
timer_channel_output_shadow_config (TIMER0, TIMER_CH_0,TIMER_OC_SHADOW_ENABLE);
```

5. timer_auto_reload_shadow_enable 函数

timer_auto_reload_shadow_enable 函数的功能是使能 TIMERx 自动重载影子寄存器。具体描述如表 12-14 所示。

表 12-14　timer_auto_reload_shadow_enable 函数的描述

函 数 名	timer_auto_reload_shadow_enable
函 数 原 型	void timer_auto_reload_shadow_enable(uint32_t timer_periph)
功 能 描 述	使能 TIMERx 自动重载影子寄存器
输 入 参 数	timer_periph：TIMER 外设
输 出 参 数	无
返 回 值	void

例如，使能 TIMER0 自动重载影子寄存器，代码如下：

```
timer_auto_reload_shadow_enable (TIMER0);
```

12.2.4　程序架构

PWM 输出实验的程序架构如图 12-10 所示。该图简要介绍了程序开始运行后各个函数的执行和调用流程，图中仅列出了与本实验相关的一部分函数。下面解释说明该程序架构。

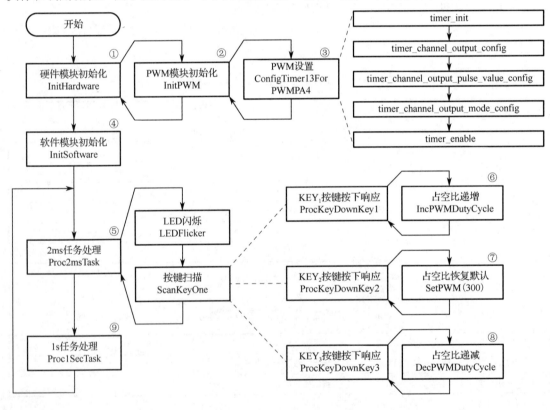

图 12-10　程序架构

（1）在 main 函数中调用 InitHardware 函数进行硬件相关模块初始化，包括 NVIC、UART、Timer、RCU 和 PWM 等模块，这里仅介绍 PWM 模块初始化函数 InitPWM。在 InitPWM 函数中调用 ConfigTimer13ForPWMPA4 函数配置 PWM。

（2）调用 InitSoftware 函数进行软件相关模块初始化，本实验中，InitSoftware 函数为空。

（3）调用 Proc2msTask 函数进行 2ms 任务处理，在该函数中，先通过 Get2msFlag 函数获取 2ms 标志位，若标志位为 1，则调用 LEDFlicker 函数实现 LED 闪烁，随后每 10ms 通过 ScanKeyOne 函数进行按键扫描，若检测到按键按下，则调用对应的按键按下响应函数 ProcKeyDownKeyx，最后通过 Clr2msFlag 函数清除 2ms 标志位。

（4）2ms 任务之后再调用 Proc1SecTask 函数进行 1s 任务处理，本实验中没有需要处理的 1s 任务。

（5）Proc2msTask 和 Proc1SecTask 均在 while 循环中调用，因此，Proc1SecTask 函数执行完后将再次执行 Proc2msTask 函数。循环调用 ScanKeyOne 函数进行按键扫描。

在图 12-10 中，编号为①、④、⑤和⑨的函数在 Main.c 文件中声明和实现；编号为②、⑥、⑦和⑧的函数在 PWM.h 文件中声明，在 PWM.c 文件中实现；编号为③的函数在 PWM.c 文件中声明和实现。在编号为③的 ConfigTimer13ForPWMPA4 函数中调用的一系列函数均为固件库函数，在对应的固件库中声明和实现。

本实验要点解析：

（1）配置 PWM，包括设置预分频值、自动重装载值、计数模式和通道输出极性等。

（2）在 ConfigTimer13ForPWMPA4 函数中通过调用 TIMER 相关固件库函数来实现上述 PWM 输出配置。

（3）掌握 PWM 模式、通道输出极性、计数器和通道输出比较值的大小关系对 PWM 通道输出高、低电平的影响。

在本实验中，核心内容为 GD32E23x 系列微控制器的定时器系统，理解定时器中各个功能的来源和配置方法，掌握配置定时器的固件库函数的定义和用法，以及固件库函数对应操作的寄存器，即可快速完成本实验。

12.3　实　验　步　骤

步骤 1：复制并编译原始工程

首先，将"D:\GD32E2KeilTest\Material\11.TIMERPWM"文件夹复制到"D:\GD32E2KeilTest\Product"文件夹中。然后，双击运行"D:\GD32E2KeilTest\Product\11.TIMERPWM\Project"文件夹中的 GD32KeilPrj.uvprojx。编译通过后，下载程序并进行复位，观察 GD32E2 杏仁派开发板上的两个 LED 是否交替闪烁。如果两个 LED 交替闪烁，分别按下 KEY$_1$、KEY$_2$ 和 KEY$_3$ 按键，串口正常打印按键按下和弹起信息，表示原始工程是正确的，接着就可以进入下一步操作。

步骤 2：添加 PWM 文件对

首先，将"D:\GD32E2KeilTest\Product\11.TIMERPWM\HW\PWM"文件夹中的 PWM.c 添加到 HW 分组。然后，将"D:\GD32E2KeilTest\Product\11.TIMERPWM \HW\PWM"路径添加到 Include Paths 栏中。

步骤 3：PWM.h 文件代码详解

单击![按钮]按钮进行编译，编译结束后，在 Project 面板中双击 PWM.c 下的 PWM.h。

在 PWM.h 文件的"API 函数声明"区，声明了 4 个 API 函数，如程序清单 12-1 所示。

程序清单 12-1

```
void  InitPWM(void);            //初始化 PWM 模块
void  SetPWM(signed short val); //设置占空比
```

```
void  IncPWMDutyCycle(void);      //递增占空比，每次递增方波周期的 1/12，直至高电平输出
void  DecPWMDutyCycle(void);      //递减占空比，每次递减方波周期的 1/12，直至低电平输出
```

步骤 4：PWM.c 文件代码详解

在 PWM.c 文件的"内部变量定义"区，定义了内部变量 s_iDutyCycle，如程序清单 12-2 所示，该变量用于存放占空比值。

程序清单 12-2

```
static  signed short s_iDutyCycle = 0;  //用于存放占空比
```

在 PWM.c 文件的"内部函数声明"区，声明了 ConfigTimer13ForPWMPA4 函数，如程序清单 12-3 所示，该函数用于配置 PWM。

程序清单 12-3

```
static void ConfigTimer13ForPWMPA4(unsigned short arr, unsigned short psc);  //配置 PWM
```

在 PWM.c 文件的"内部函数实现"区，为 ConfigTimer13ForPWMPA4 函数的实现代码，如程序清单 12-4 所示。下面按照顺序对 ConfigTimer13ForPWMPA4 函数中的语句进行解释说明。

（1）本实验中，PA4 引脚作为 TIMER13 的 CH0 输出，因此，需要通过 rcu_periph_clock_enable 函数使能 GPIOA 和 TIMER13 的时钟。

（2）通过 gpio_mode_set、gpio_output_options_set 和 gpio_af_set 函数将 PA4 引脚配置为备用功能 TIMER13_CH0，且为推挽输出模式，频率为 50MHz。

（3）通过 timer_init 函数对 TIMER13 进行配置，该函数涉及 TIMER13_PSC、TIMER13_CAR、TIMER13_CTL0 的 CKDIV[1:0]，以及 TIMER13_SWEVG 的 UPG。CKDIV[1:0] 用于设置时钟分频系数，可参见图 7-2 和表 7-1。TIMER13_PSC 和 TIMER13_CAR 分别用于设置计数器的自动重装载值和预分频器的值，可参见图 12-7、图 12-8，以及表 12-3 和表 12-4。本实验中的这两个值由 ConfigTimer13ForPWMPA4 函数的参数 arr 和 psc 分别决定。UPG 用于产生更新事件，可参见图 7-5 和表 7-4，本实验中将该值设置为 1，用于重新初始化计数器，并产生一个更新事件。

（4）通过 timer_channel_output_config 函数初始化 TIMER13 的 CH0，该函数涉及 TIMER13_CHCTL2 的 CH0P 和 CH0EN，CH0P 用于设置通道输出极性，CH0EN 用于使能或禁止通道 0 捕获/比较，可参见图 12-6 和表 12-2。本实验中，将通道 0 设置为高电平有效。

（5）通过 timer_channel_output_pulse_value_config 函数初始化占空比。

（6）通过 timer_channel_output_mode_config 函数设置 TIMER13 通道 0 的输出比较模式为 PWM 模式 0。

（7）通过 timer_enable 函数使能 TIMER13。

程序清单 12-4

```
static void ConfigTimer13ForPWMPA4(unsigned short arr, unsigned short psc)
{
  rcu_periph_clock_enable(RCU_GPIOA);          //使能时钟
  rcu_periph_clock_enable(RCU_TIMER13);        //使能 TIMER13 时钟
```

```
gpio_mode_set(GPIOA, GPIO_MODE_AF, GPIO_PUPD_NONE, GPIO_PIN_4);    //配置 PA4
gpio_output_options_set(GPIOA, GPIO_OTYPE_PP, GPIO_OSPEED_50MHZ,GPIO_PIN_4);
                                              //设置 PA4 的输出模式及速率
gpio_af_set(GPIOA, GPIO_AF_4, GPIO_PIN_4);    //PA4 复用为 TIMER13_CH0

//定义初始化结构体变量
timer_oc_parameter_struct timer_ocinitpara;
timer_parameter_struct timer_initpara;

timer_deinit(TIMER13);                                  //将 TIMER13 配置为默认值

timer_struct_para_init(&timer_initpara);                //timer_initpara 配置为默认值

timer_initpara.prescaler        = psc;              //设置预分频值
timer_initpara.alignedmode      = TIMER_COUNTER_EDGE; //设置对齐模式
timer_initpara.counterdirection = TIMER_COUNTER_UP; //设置递增计数
timer_initpara.period           = arr;              //设置重装载值
timer_initpara.clockdivision    = TIMER_CKDIV_DIV1; //设置时钟分频因子
timer_initpara.repetitioncounter = 0;               //设置重复计数值
timer_init(TIMER13, &timer_initpara);               //初始化定时器

//将结构体参数初始化为默认值
timer_channel_output_struct_para_init(&timer_ocinitpara);

timer_ocinitpara.outputstate  = TIMER_CCX_ENABLE;        //设置通道输出状态
timer_ocinitpara.outputnstate = TIMER_CCXN_DISABLE;      //设置互补通道输出状态
timer_ocinitpara.ocpolarity   = TIMER_OC_POLARITY_HIGH;  //设置通道输出极性
timer_ocinitpara.ocnpolarity  = TIMER_OCN_POLARITY_HIGH; //设置互补通道输出极性
timer_ocinitpara.ocidlestate  = TIMER_OC_IDLE_STATE_LOW; //设置空闲状态下通道输出极性
timer_ocinitpara.ocnidlestate = TIMER_OCN_IDLE_STATE_LOW; //设置空闲状态下互补通道输出极性
timer_channel_output_config(TIMER13, TIMER_CH_0, &timer_ocinitpara);    //初始化结构体

timer_channel_output_pulse_value_config(TIMER13, TIMER_CH_0, 0);    //设置占空比
timer_channel_output_mode_config(TIMER13, TIMER_CH_0, TIMER_OC_MODE_PWM0); //设置通道比较模式
timer_channel_output_shadow_config(TIMER13, TIMER_CH_0, TIMER_OC_SHADOW_DISABLE);
                                              //禁止比较影子寄存器
timer_auto_reload_shadow_enable(TIMER13);           //自动重载影子使能

timer_enable(TIMER13);                              //使能定时器
}
```

在 PWM.c 文件的 "API 函数实现" 区，为 InitPWM、SetPWM、IncPWMDutyCycle 和 DecPWMDutyCycle 函数的实现代码，如程序清单 12-5 所示。下面按照顺序对这些函数中的语句进行解释说明。

（1）InitPWM 函数调用 ConfigTimer13ForPWMPA4 函数对 PWM 模块进行初始化，ConfigTimer13ForPWMPA4 函数的两个参数分别是 599 和 999。

（2）SetPWM 函数调用 timer_channel_output_pulse_value_config 函数，按照参数 val 的值设定 PWM 输出方波的占空比。

（3）IncPWMDutyCycle 函数用于执行 PWM 输出方波的占空比递增操作，每次递增方波

周期的 1/12，直至递增到 100%。

（4）DecPWMDutyCycle 函数用于执行 PWM 输出方波的占空比递减操作，每次递减方波周期的 1/12，直至递减到 0%。

程序清单 12-5

```
void  InitPWM(void)
{
  ConfigTimer13ForPWMPA4(599, 999);   //配置 TIMER13，72000000/(999+1)/(599+1)=120Hz
}

void SetPWM(signed short val)
{
  s_iDutyCycle = val;                        //获取占空比的值

  timer_channel_output_pulse_value_config(TIMER13, TIMER_CH_0, s_iDutyCycle);   //设置占空比
}

void IncPWMDutyCycle(void)
{
  if(s_iDutyCycle >= 600)                     //如果占空比不小于 600
  {
    s_iDutyCycle = 600;                       //保持占空比值为 600
  }
  else
  {
    s_iDutyCycle += 50;                       //占空比递增方波周期的 1/12
  }

  timer_channel_output_pulse_value_config(TIMER13, TIMER_CH_0, s_iDutyCycle);   //设置占空比
}

void DecPWMDutyCycle(void)
{
  if(s_iDutyCycle <= 0)                       //如果占空比不大于 0
  {
    s_iDutyCycle = 0;                         //保持占空比值为 0
  }
  else
  {
    s_iDutyCycle -= 50;                       //占空比递减方波周期的 1/12
  }

  timer_channel_output_pulse_value_config(TIMER13, TIMER_CH_0, s_iDutyCycle);//设置占空比
}
```

步骤 5：完善 ProcKeyOne.c 文件

在 Project 面板中，双击打开 ProcKeyOne.c 文件，在 ProcKeyOne.c 的"包含头文件"区的最后，添加代码#include " PWM.h"，即可调用 PWM 模块的 API 函数。

在 ProcKeyOne.c 的 KEY$_1$、KEY$_2$ 和 KEY$_3$ 按键按下事件处理函数中，添加 PWM 模块的 API 函数，如程序清单 12-6 所示。下面按照顺序对这 3 个按键按下事件处理函数中的语句进

行解释说明。

（1）按键 KEY$_1$ 用于对 PWM 输出方波占空比进行递增调节，需要在 ProcKey DownKey1 函数中调用递增占空比函数 IncPWMDutyCycle。

（2）按键 KEY$_2$ 用于对 PWM 输出方波占空比进行复位，即将占空比设置为 50%，需要在 ProcKeyDownKey2 函数中调用 SetPWM 函数，且参数为 300。

（3）按键 KEY$_3$ 用于对 PWM 输出方波占空比进行递减调节，需要在 ProcKeyDownKey3 函数中调用递减占空比函数 DecPWMDutyCycle。

程序清单 12-6

```
void  ProcKeyDownKey1(void)
{
  IncPWMDutyCycle();                //递增占空比
  printf("KEY1 PUSH DOWN\r\n");      //打印按键状态
}

void  ProcKeyDownKey2(void)
{
  SetPWM(300);                       //复位占空比
  printf("KEY2 PUSH DOWN\r\n");      //打印按键状态
}

void  ProcKeyDownKey3(void)
{
  DecPWMDutyCycle();                 //递减占空比
  printf("KEY3 PUSH DOWN\r\n");      //打印按键状态
}
```

步骤 6：完善 PWM 输出实验应用层

在 Project 面板中，双击打开 Main.c 文件，在 Main.c 文件的"包含头文件"区的最后，添加如程序清单 12-7 所示的代码。

程序清单 12-7

```
#include "PWM.h"
```

在 Main.c 文件的 InitHardware 函数中，添加调用 InitPWM 函数的代码，如程序清单 12-8 所示，这样就实现了对 PWM 模块的初始化。

程序清单 12-8

```
static  void  InitHardware(void)
{
  SystemInit();                      //系统初始化
  InitRCU();                         //初始化 RCU 模块
  InitNVIC();                        //初始化 NVIC 模块
  InitUART0(115200);                 //初始化 UART 模块
  InitTimer();                       //初始化 Timer 模块
  InitLED();                         //初始化 LED 模块
  InitSysTick();                     //初始化 SysTick 模块
  InitKeyOne();                      //初始化 KeyOne 模块
```

```
InitProcKeyOne();                  //初始化 ProcKeyOne 模块
InitPWM();                         //初始化 PWM 模块
}
```

在 Main.c 文件的 main 函数中，通过 SetPWM 函数设置 PWM 的占空比，如程序清单 12-9 所示。注意，SetPWM 的参数控制在 0～600，且必须是 50 的整数倍，300 表示将 PWM 的占空比设置为 50%。

程序清单 12-9

```
int main(void)
{
  InitHardware();                  //初始化硬件相关函数
  InitSoftware();                  //初始化软件相关函数

  printf("Init System has been finished.\r\n" );    //打印系统状态

  SetPWM(300);

  while(1)
  {
    Proc2msTask();                 //2ms 处理任务
    Proc1SecTask();                //1s 处理任务
  }
}
```

步骤 7：编译及下载验证

代码编写完成并编译通过后，下载程序并进行复位。下载完成后，将 GD32E2 杏仁派开发板上的 PA4 引脚连接到示波器探头上，可以看到如图 12-11 所示的方波信号。可以通过按键调节方波的占空比，按下 KEY$_1$ 按键，方波的占空比递增；按下 KEY$_3$ 按键，方波的占空比递减；按下 KEY$_2$ 按键，方波的占空比复位至 50%。

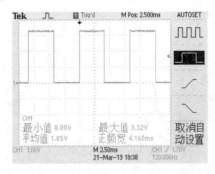

图 12-11　占空比为 6/12 的方波信号

本 章 任 务

呼吸灯的原理是灯光在被动控制下完成亮、暗之间的逐渐变化，模拟人的呼吸。设计一个程序，通过调节 PWM 的频率和占空比，实现呼吸灯功能。为了充分利用 GD32E2 杏仁派开发板，可以通过固件库函数将 PA8 引脚配置为浮空状态，然后通过杜邦线将 PA8 引脚连接到 PA4 引脚。在主函数中通过持续改变输出波形的占空比来实现呼吸灯功能。要求占空比变化能在最小值和某个合适值的范围之内循环往复，以达到 LED₁ 亮度由亮到暗、由暗到亮的渐变效果。

任务提示：

（1）配置 PA8 引脚浮空，使用杜邦线连接 PA8 和 PA4 引脚。

（2）编写函数实现占空比在一个较小值和较大值之间往复递增或递减循环，

（3）在 1s 处理任务中调用占空比循环函数，实现呼吸灯功能。

本 章 习 题

1．在 SetPWM 函数中通过直接操作寄存器完成相同的功能。

2．通用定时器有哪些计数模式？可以通过哪些寄存器配置这些计数模式？

3．根据本实验中的配置参数，计算 PWM 输出方波的周期，与示波器中测量的周期进行对比。

4．GD32E23x 系列微控制器还有哪些引脚可以用作 PWM 输出？

第13章 定时器与输入捕获

输入捕获一般应用在两种场合，即脉冲跳变沿时间（脉宽）测量和 PWM 输入测量。第 12 章介绍过，GD32E23x 系列微控制器的定时器包括基本定时器、通用定时器和高级控制定时器三类，除基本定时器外，其他定时器都有输入捕获功能。GD32E23x 系列微控制器的输入捕获是通过检测 TIMERx_CHx 上的边沿信号，在边沿信号发生跳变（如上升沿或下降沿）时，将当前定时器的值（TIMERx_CNT）存放到对应通道的捕获/比较寄存器（TIMERx_CHxCV）中，从而完成一次捕获的，同时，还可以配置捕获时是否触发中断/DMA 等。本章首先介绍输入捕获的工作原理，以及相关寄存器和固件库函数，然后通过一个输入捕获实验，让读者掌握对一个脉冲的上升沿和下降沿进行捕获的流程。

13.1 实 验 内 容

将 GD32E2 杏仁派开发板的 PB0 引脚（TIMER2 的 CH2）配置为输入捕获模式，使用杜邦线连接 PB0 与 PF7 引脚（PF7 引脚为连接到 KEY₃ 的 GPIO），编写程序实现以下功能：①当按下按键 KEY₃ 时，捕获低电平持续的时间；②将按键 KEY₃ 低电平持续的时间转换为以毫秒为单位的数值；③将低电平的持续时间通过 UART0 发送到计算机；④通过串口助手查看按键 KEY₃ 低电平持续的时间。

13.2 实 验 原 理

13.2.1 输入捕获实验流程图分析

图 13-1 是定时器与输入捕获实验中断服务函数流程图。首先，使能 TIMER2 的溢出和下降沿（独立按键未按下时为高电平，按下时为低电平）捕获中断。其次，当 TIMER2 产生中断时，判断 TIMER2 是产生溢出中断还是边沿捕获中断。如果是下降沿捕获中断，即检测到按键按下，则将 s_iCaptureSts（用于存储溢出次数）、s_iCapture（用于存储捕获值）和 TIMER2_CNT 均清零，同时将 s_iCaptureSts[6]置为 1，标记成功捕获到下降沿，然后，将 TIMER2 设置为上升沿捕获，再清除中断标志位。如果是上升沿捕获中断，即检测到按键弹起，则将 s_iCaptureSts[7]置为 1，标记成功捕获到上升沿，将 TIMER2_CH2CV 的值读取到 s_iCaptureVal，然后，将 TIMER2 设置为下降沿捕获，再清除中断标志位。如果是 TIMER2 溢出中断，则判断 s_iCaptureSts[6]是否为 1，也就是判断是否成功捕获到下降沿，如果捕获到下降沿，进一步判断是否达到最大溢出值（TIMER2 从 0 计数到 0xFFFF 溢出一次，即计数 65536 次溢出一次，计数单位为 1μs，由于本实验最大溢出次数是 0x3F+1，即十进制的 64，因此，最大溢出值为 64×65536×1μs= 4194304μs=4.194s）。如果达到最大溢出值，则强制标记成功捕获到上升沿，并将捕获值设置为 0xFFFF，也就是按键按下时间小于 4.194s，按照实际

时间通过串口助手打印输出，按键按下时间如果大于或等于 4.194s，则强制通过串口助手打印 4.194s，如果未达到最大溢出值（0x3F，即十六进制的 63），则 s_iCaptureSts 执行加 1 操作，再清除中断标志位。清除完中断标志位，当产生中断时，则继续判断 TIMER2 是产生溢出中断，还是产生边沿捕获中断。

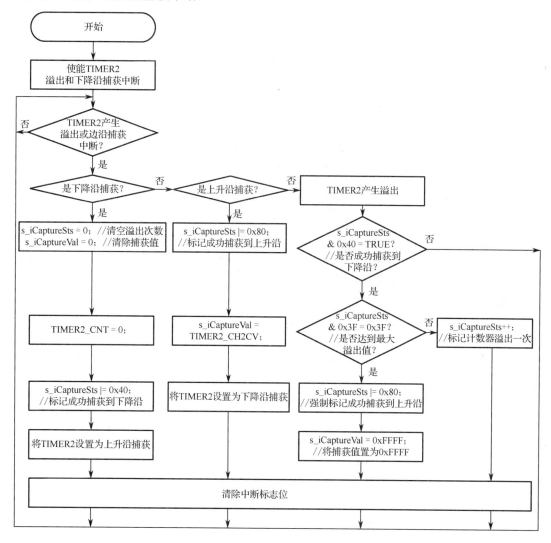

图 13-1 定时器与输入捕获实验中断服务函数流程图

图 13-2 是 TIMER 与输入捕获实验应用层流程图。首先，判断是否产生 10ms 溢出，如果产生 10ms 溢出，则判断 s_iCaptureSts[7]是否为 1，即判断是否成功捕获到上升沿，否则继续判断是否产生 10ms 溢出。如果 s_iCaptureSts[7]为 1，即成功捕获到上升沿，则取出 s_iCaptureSts 的低 6 位计数器的值，得到溢出次数，然后，令溢出次数乘以 65536，当然，还需要加上最后一次读取到的 TIMER2_CH2CV 的值，得到以微秒为单位的按键按下时间值后，再将其转换为以毫秒为单位的值，最后通过串口助手打印出以毫秒为单位的按键按下时间。如果 s_iCaptureSts[7]为 0，即没有成功捕获到上升沿，则继续判断是否产生 10ms 溢出。注意，captureVal=*pCapVal。

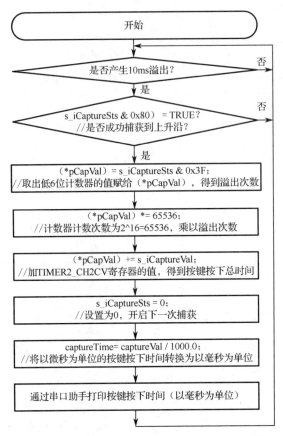

图 13-2　TIMER 与输入捕获实验应用层流程图

13.2.2　通用定时器部分寄存器

本实验涉及的通用定时器寄存器，除了 7.2.2 节介绍的，还包括通道控制寄存器 1（TIMERx_CHCTL1）、通道控制寄存器 2（TIMERx_CHCTL2）、计数器寄存器（TIMERx_CNT）和通道 2 捕获/比较值寄存器（TIMERx_CH2CV）。

1. 通道控制寄存器 1（TIMERx_CHCTL1）

TIMERx_CHCTL1 的结构、偏移地址和复位值如图 13-3 所示，部分位的解释说明如表 13-1 所示。

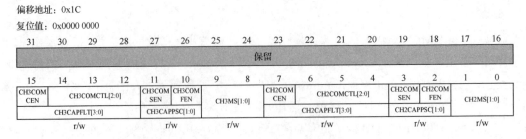

图 13-3　TIMERx_CHCTL1 的结构、偏移地址和复位值

表 13-1　TIMERx_CHCTL1 部分位的解释说明

位/位域	名　　称	描　　述
7:4	CH2CAPFLT[3:0]	通道 2 输入捕获滤波控制。 数字滤波器由一个事件计数器组成，它记录 N 个输入事件后会产生一个输出的跳变。这些位定义了 CH2 输入信号的采样频率和数字滤波器的长度。 0000：无滤波器，$f_{SAMP}=f_{DTS}$，$N=1$；0001：$f_{SAMP}=f_{PCLK}$，$N=2$； 0010：$f_{SAMP}=f_{PCLK}$，$N=4$；0011：$f_{SAMP}=f_{PCLK}$，$N=8$； 0100：$f_{SAMP}=f_{DTS}/2$，$N=6$；0101：$f_{SAMP}=f_{DTS}/2$，$N=8$； 0110：$f_{SAMP}=f_{DTS}/4$，$N=6$；0111：$f_{SAMP}=f_{DTS}/4$，$N=8$； 1000：$f_{SAMP}=f_{DTS}/8$，$N=6$；1001：$f_{SAMP}=f_{DTS}/8$，$N=8$； 1010：$f_{SAMP}=f_{DTS}/16$，$N=5$；1011：$f_{SAMP}=f_{DTS}/16$，$N=6$； 1100：$f_{SAMP}=f_{DTS}/16$，$N=8$；1101：$f_{SAMP}=f_{DTS}/32$，$N=5$； 1110：$f_{SAMP}=f_{DTS}/32$，$N=6$；1111：$f_{SAMP}=f_{DTS}/32$，$N=8$
1:0	CH2MS[1:0]	通道 2 模式选择。 与输出比较模式相同

2. 通道控制寄存器 2（TIMERx_CHCTL2）

TIMERx_CHCTL2 的结构、偏移地址和复位值如图 13-4 所示，部分位的解释说明如表 13-2 所示。

偏移地址：0x20

复位值：0x0000 0000

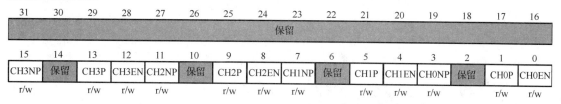

图 13-4　TIMERx_CHCTL2 的结构、偏移地址和复位值

表 13-2　TIMERx_CHCTL2 部分位的解释说明

位/位域	名　　称	描　　述
11	CH2NP	通道 2 互补输出极性。 参考 CH0NP 描述
9	CH2P	通道 2 极性。 参考 CH0P 描述
8	CH2EN	通道 2 使能。 参考 CH0EN 描述
3	CH0NP	通道 0 极性。 当通道 0 配置为输出模式时，此位定义了输出信号极性。 0：通道 0 高电平有效；1：通道 0 低电平有效。 当通道 0 配置为输入模式时，此位定义了输入信号极性。 [CH0NP, CH0P] 将选择 CI0FE0 或 CI1FE0 的有效边沿或捕获极性。 [CH0NP= =0, CH0P= =0]：把 CIxFE0 的上升沿作为捕获或从模式下触发的有效信号，并且 CIxFE0 不会被翻转。 [CH0NP= =0, CH0P= =1]：把 CIxFE0 的下降沿作为捕获或从模式下触发的有效信号，并且 CIxFE0 会被翻转。 [CH0NP= =1, CH0P= =0]：保留。 [CH0NP= =1, CH0P= =1]：把 CIxFE0 的上升沿和下降沿都作为捕获或从模式下触发的有效信号，并且 CIxFE0 不会被翻转。 当 TIMERx_CCHP 寄存器的 PROT [1:0]=11 或 10 时，此位不能被更改

续表

位/位域	名　称	描　述
1	CH0P	通道 0 极性。 当通道 0 配置为输出模式时，此位定义了输出信号极性。 0：通道 0 高电平有效；1：通道 0 低电平有效。 当通道 0 配置为输入模式时，此位定义了 CI0 信号极性。 [CH0NP, CH0P] 将选择 CI0FE0 或 CI1FE0 的有效边沿或捕获极性。 [CH0NP==0, CH0P==0]：把 CIxFE0 的上升沿作为捕获或从模式下触发的有效信号，并且 CIxFE0 不会被翻转。 [CH0NP==0, CH0P==1]：把 CIxFE0 的下降沿作为捕获或从模式下触发的有效信号，并且 CIxFE0 会被翻转。 [CH0NP==1, CH0P==0]：保留。 [CH0NP==1, CH0P==1]：把 CIxFE0 的上升沿和下降沿都作为捕获或从模式下触发的有效信号，并且 CIxFE0 不会被翻转。 当 TIMERx_CCHP 寄存器的 PROT [1:0]=11 或 10 时，此位不能被更改
0	CH0EN	通道 0 捕获/比较使能。 当通道 0 配置为输出模式时，将此位置 1 使能 CH0_O 信号有效。当通道 0 配置为输入模式时，将此位置 1 使能通道 0 上的捕获事件。 0：禁止通道 0；1：使能通道 0

3. 计数器寄存器（TIMERx_CNT）

TIMERx_CNT 的结构、偏移地址和复位值如图 13-5 所示，部分位的解释说明如表 13-3 所示。

偏移地址：0x24
复位值：0x0000 0000

31	30	29	28	27	26	25	24	23	22	21	20	19	18	17	16
							保留								

15	14	13	12	11	10	9	8	7	6	5	4	3	2	1	0
							CNT[15:0]								

r/w

图 13-5　TIMERx_CNT 的结构、偏移地址和复位值

表 13-3　TIMERx_CNT 部分位的解释说明

位/位域	名　称	描　述
15:0	CNT[15:0]	这些位是当前的计数值。写操作能改变计数器值

4. 通道 2 捕获/比较值寄存器（TIMERx_CH2CV）

TIMERx_CH2CV 的结构、偏移地址和复位值如图 13-6 所示，部分位的解释说明如表 13-4 所示。

偏移地址：0x3C
复位值：0x0000 0000

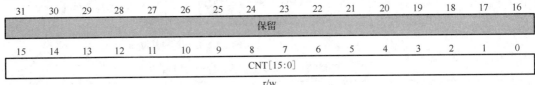

31	30	29	28	27	26	25	24	23	22	21	20	19	18	17	16
							保留								

15	14	13	12	11	10	9	8	7	6	5	4	3	2	1	0
							CH2VAL[15:0]								

r/w

图 13-6　TIMERx_CH2CV 的结构、偏移地址和复位值

表 13-4　TIMERx_CH2CV 部分位的解释说明

位/位域	名　称	描　述
15:0	CH2VAL[15:0]	通道 2 的捕获或比较值。 当通道 2 配置为输入模式时，这些位决定了上次捕获事件的计数器值，并且本寄存器为只读；当通道 2 配置为输出模式时，这些位包含了即将和计数器比较的值，使能相应影子寄存器后，影子寄存器值随每次更新事件更新

13.2.3　通用定时器部分固件库函数

本实验涉及的通用定时器固件库函数除了 7.2.3 节介绍的，还包括 timer_input_capture_config、timer_channel_capture_value_register_read 和 timer_counter_value_config。这些函数在 gd32e230_timer.h 文件中声明，在 gd32e230_timer.c 文件中实现。

1. timer_input_capture_config 函数

timer_input_capture_config 函数的功能是配置 TIMERx 输入捕获参数。具体描述如表 13-5 所示。

表 13-5　timer_input_capture_config 函数的描述

函 数 名	timer_input_capture_config
函 数 原 型	void timer_input_capture_config(uint32_t timer_periph, uint16_t channel, timer_ic_parameter_struct* icpara)
功 能 描 述	配置 TIMERx 输入捕获参数
输入参数 1	timer_periph：TIMER 外设
输入参数 2	channel：待配置通道
输入参数 3	icpara：输入捕获结构体
输 出 参 数	无
返 回 值	void

参数 icpara 的可取值如表 13-6 所示。

表 13-6　参数 icpara 的可取值

可 取 值	功 能 描 述
icpolarity	通道输入极性（TIMER_IC_POLARITY_RISING,TIMER_IC_POLARITY_FALLING,TIMER_IC_POLARITY_BOTH_EDGE）
icselection	通道输入模式选择（TIMER_IC_SELECTION_DIRECTTI, TIMER_IC_SELECTION_INDIRECTTI,TIMER_IC_SELECTION_ITS）
icprescaler	通道输入捕获预分频（TIMER_IC_PSC_DIV1, TIMER_IC_PSC_DIV2, TIMER_IC_PSC_DIV4,TIMER_IC_PSC_DIV8）
icfilter	通道输入捕获滤波（0～15）

例如，配置 TIMER0 输入捕获参数，代码如下：

```
timer_ic_parameter_struct timer_icinitpara;
timer_icinitpara.icpolarity = TIMER_IC_POLARITY_RISING;
timer_icinitpara.icselection = TIMER_IC_SELECTION_DIRECTTI;
```

```
timer_icinitpara.icprescaler = TIMER_IC_PSC_DIV1;
timer_icinitpara.icfilter = 0x0;
timer_input_capture_config(TIMER0, TIMER_CH_0, &timer_icinitpara);
```

2. timer_channel_capture_value_register_read 函数

timer_channel_capture_value_register_read 函数的功能是读取通道捕获值。具体描述如表 13-7 所示。

表 13-7   timer_channel_capture_value_register_read 函数的描述

函 数 名	timer_channel_capture_value_register_read
函 数 原 型	uint32_t timer_channel_capture_value_register_read(uint32_t timer_periph, uint16_t channel)
功 能 描 述	读取通道捕获值
输 入 参 数 1	timer_periph：TIMER 外设
输 入 参 数 2	channel：待配置通道
输 出 参 数	无
返 回 值	通道输入捕获值（0~65535）

例如，读取 TIMER0 的通道 0 捕获比较寄存器的值，代码如下：

```
uint32_t ch0_value = 0;
ch0_value = timer_channel_capture_value_register_read (TIMER0, TIMER_CH_0);
```

3. timer_counter_value_config 函数

timer_counter_value_config 函数的功能是配置外设 TIMERx 的计数器值。具体描述如表 13-8 所示。

表 13-8   timer_counter_value_config 函数的描述

函 数 名	timer_counter_value_config
函 数 原 型	void timer_counter_value_config(uint32_t timer_periph, uint16_t counter)
功 能 描 述	配置外设 TIMERx 的计数器值
输 入 参 数 1	imer_periph：TIMER 外设
输 入 参 数 2	counter：计数器值（0~65535）
输 出 参 数	无
返 回 值	void

例如，配置 TIMER0 的计数寄存器值为 3000，代码如下：

```
timer_counter_value_config (TIMER0, 3000);
```

13.2.4 程序架构

输入捕获实验的程序架构如图 13-7 所示。该图简要介绍了程序开始运行后各个函数的执行和调用流程，图中仅列出了与本实验相关的一部分函数。下面解释说明该程序架构。

（1）在 main 函数中调用 InitHardware 函数进行硬件相关模块初始化，包括 NVIC、UART、Timer 和 Capture 等模块，这里仅介绍 Capture 模块的初始化函数 InitCapture。在 InitCapture 函数中调用 ConfigTIMER2ForCapture 函数配置输入捕获。

（2）调用 InitSoftware 函数进行软件相关模块初始化，本实验中，InitSoftware 函数为空。

（3）调用 Proc2msTask 函数进行 2ms 任务处理，在该函数中，先通过 Get2msFlag 函数获取 2ms 标志位，若标志位为 1，则调用 LEDFlicker 函数实现 LED 电平翻转，然后每 10ms 调用 GetCaptureVal 函数获取一次捕获值，若捕获成功，则打印出捕获值，最后通过 Clr2msFlag 函数清除 2ms 标志位。

（4）执行完 2ms 任务后再调用 Proc1SecTask 函数进行 1s 任务处理，本实验中没有需要处理的 1s 任务。

（5）Proc2msTask 和 Proc1SecTask 函数均在 while 循环中调用，因此，Proc1SecTask 函数执行完后将再次执行 Proc2msTask 函数。循环调用 GetCaptureVal 函数获取捕获值。

在图 13-7 中，编号为①、④、⑤和⑦的函数在 Main.c 文件中声明和实现；编号为②和⑥的函数在 Capture.h 文件中声明，在 Capture.c 文件中实现；编号为③的函数在 Capture.c 文件中声明和实现。在编号为③的 ConfigTIMER2ForCapture 函数中进行的操作均通过调用固件库函数来实现。

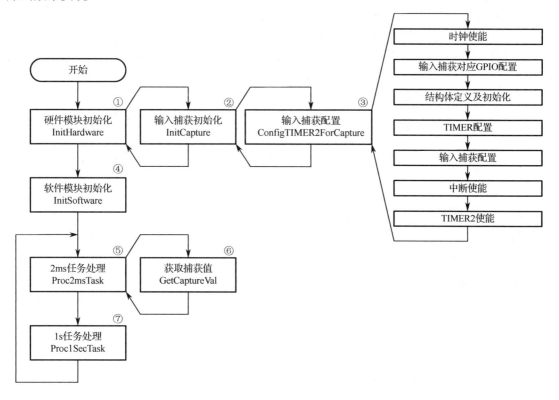

图 13-7　程序架构

本实验要点解析：

（1）TIMER2 与输入捕获的配置，调用固件库函数实现时钟使能、GPIO 配置、定时器配置、输入捕获参数配置和中断配置等操作。

（2）TIMER2 中断服务函数的实现。在中断服务函数中，分别对 TIMER2 的溢出事件和捕获事件进行处理。在已经捕获到下降沿的前提下出现溢出时，需要判断是否达到最大溢出次数，若达到最大溢出次数，则强制标记成功捕获一次；若未达到，则使溢出次数计数器执行加 1 操作。在第一次捕获到下降沿时，设置为上升沿捕获；在已经捕获到下降沿的前提下再次发生捕获事件时，标记成功捕获一次，并重新设置为下降沿捕获，为下次捕获做准备。

在本实验中，核心内容为 GD32E23x 系列微控制器的定时器系统，理解定时器中输入捕获功能的来源和配置方法，掌握配置定时器的固件库函数的定义和用法，以及固件库函数对应操作的寄存器，即可快速完成本实验。

13.3　实　验　步　骤

步骤 1：复制并编译原始工程

首先，将 "D:\GD32E2KeilTest\Material\12.TIMCapture" 文件夹复制到 "D:\GD32E2KeilTest\Product" 文件夹中。然后，双击运行 "D:\GD32E2KeilTest\Product\12.TIMCapture\Project" 文件夹中的 GD32KeilPrj.uvprojx。编译通过后，下载程序并进行复位，观察 GD32E2 杏仁派开发板上的两个 LED 是否交替闪烁。如果两个 LED 交替闪烁，串口助手正常输出字符串，表示原始工程是正确的，可以进入下一步操作。

步骤 2：添加 Capture 文件对

首先，将 "D:\GD32E2KeilTest\Product\12.TIMERCapture\HW\Capture" 文件夹中的 Capture.c 添加到 HW 分组；然后，将 "D:\GD32E2KeilTest\Product\12.TIMERCapture\HW\Capture" 路径添加到 Include Paths 栏中。

步骤 3：Capture.h 文件代码详解

单击 按钮进行编译，编译结束后，在 Project 面板中，双击 Capture.c 下的 Capture.h 文件。

在 Capture.h 文件的 "API 函数声明" 区，声明了 2 个 API 函数，如程序清单 13-1 所示。

程序清单 13-1

```
void  InitCapture(void);            //初始化 Capture 模块
unsigned char  GetCaptureVal(signed int* pCapVal);
                              //获取捕获时间，返回值为 1 表示捕获成功，此时*pCapVal 才有意义
```

步骤 4：Capture.c 文件代码详解

在 Capture.c 文件的 "内部变量定义" 区，定义了 2 个内部变量，如程序清单 13-2 所示。s_iCaptureSts 用于存放捕获状态，s_iCaptureVal 用于存放捕获值。

程序清单 13-2

```
//s_iCaptureSts 中的 bit7 为捕获完成的标志，bit6 为捕获到下降沿标志，bit5～bit0 为捕获到下降沿后
//定时器溢出的次数
static  unsigned char  s_iCaptureSts = 0;      //捕获状态
static  unsigned short  s_iCaptureVal;          //捕获值
```

在 Capture.c 文件的 "内部函数声明" 区，声明了 ConfigTIMER2ForCapture 函数，如程序清单 13-3 所示，该函数用于配置定时器 TIMERx 的通道输入捕获。

程序清单 13-3

```
static  void ConfigTIMER2ForCapture(unsigned short arr, unsigned short psc);      //配置 TIMER2
```

在 Capture.c 文件的"内部函数实现"区，为 ConfigTIMER2ForCapture 函数的实现代码，如程序清单 13-4 所示。下面按照顺序对 ConfigTIMER2ForCapture 函数中的语句进行解释说明。

（1）本实验中，TIMER2 的 CH2（PB0）作为输入捕获，需要通过 rcu_periph_clock_enable 函数使能 GPIOB 和 TIMER2 的时钟。

（2）通过 gpio_mode_set 函数将 PB0 引脚配置为备用功能模式，且为上拉输入模式，通过 gpio_af_set 函数将 PB0 引脚配置为 TIMER2_CH2 功能。

（3）通过 timer_init 函数配置 TIMER2 为边沿对齐模式，且计数器递增计数。参数 arr 和 psc 用于设置计数器的自动重装载值和预分频值。

（4）通过 timer_input_capture_config 函数初始化 TIMER2 的 CH2，该函数涉及 TIMER2_CHCTL2 的 CH2EN、CH2P 和 CH2NP，以及 TIMER2_CHCTL1 的 CH2MS[1:0]、CH2CAPPSC[1:0]和 CH2CAPFLT[3:0]。CH2EN 用于使能或禁止通道 2 的输入捕获功能，CH2P 和 CH2NP 用于设置通道的捕获极性，CH2MS[1:0] 用于设置通道的方向（输入/输出）及输入引脚，CH2CAPPSC[1:0] 用于设置通道 2 输入的预分频系数，CH2CAPFLT[3:0]用于设置通道 2 输入的采样频率及数字滤波器的长度，可参见图 13-3、图 13-4，以及表 13-1 和表 13-2。本实验中，TIMER2 的 CH2 配置为输入捕获，且捕获发生在通道 2 的下降沿，输入的采样频率为 f_{DTS}，数字滤波器长度 N 为 1，捕获输入口上检测到的每一个边沿（这里为下降沿）都触发一次捕获。

（5）通过 timer_auto_reload_shadow_enable 函数使能自动重载影子寄存器。

（6）通过 timer_interrupt_enable 函数使能 TIMER2 的 UPIE 更新中断及 CH2IE 捕获中断，该函数涉及 TIMER2_DMAINTEN 的 UPIE 和 CH2IE。UPIE 用于禁止和使能更新中断，CH2IE 用于禁止和使能捕获中断。然后，通过 nvic_irq_enable 函数使能 TIMER2 中断，并设置优先级为 0。

（7）通过 timer_enable 函数使能 TIMER2。

程序清单 13-4

```
static  void ConfigTIMER2ForCapture(unsigned short arr, unsigned short psc)
{
  rcu_periph_clock_enable(RCU_GPIOB);                         //使能 GPIOB 时钟
  rcu_periph_clock_enable(RCU_TIMER2);                        //使能 TIMER2 时钟

  //配置 PB0 为备用功能 TIMER2_CH2
  gpio_mode_set(GPIOB, GPIO_MODE_AF, GPIO_PUPD_PULLUP, GPIO_PIN_0);          //设置 PB0 工作模式
  gpio_output_options_set(GPIOB, GPIO_OTYPE_PP, GPIO_OSPEED_50MHZ,GPIO_PIN_0);//设置 PB0 输出模式
  gpio_af_set(GPIOB, GPIO_AF_1, GPIO_PIN_0);                  //设置 PB0 备用功能

  //定义 TIMER 初始化结构体变量
  timer_ic_parameter_struct timer_icinitpara;
  timer_parameter_struct timer_initpara;

  timer_deinit(TIMER2);                                      //TIMER2 设置为默认值
  timer_struct_para_init(&timer_initpara);                   //TIMER2 结构体设置为默认值
  timer_channel_input_struct_para_init(&timer_icinitpara);//将输入结构体中的参数初始化为默认值

  /* TIMER2 configuration */
```

```
  timer_initpara.prescaler        = psc;                    //设置预分频器值
  timer_initpara.alignedmode      = TIMER_COUNTER_EDGE;//设置对齐模式
  timer_initpara.counterdirection = TIMER_COUNTER_UP;  //设置递增计数模式
  timer_initpara.period           = arr;                    //设置自动重装载值
  timer_initpara.clockdivision    = TIMER_CKDIV_DIV1;  //设置时钟分割
  timer_init(TIMER2, &timer_initpara);                      //初始化时钟

  timer_icinitpara.icpolarity  = TIMER_IC_POLARITY_FALLING;        //设置输入极性
  timer_icinitpara.icselection = TIMER_IC_SELECTION_DIRECTTI;      //设置通道输入模式
  timer_icinitpara.icprescaler = TIMER_IC_PSC_DIV1;        //设置预分频器值
  timer_icinitpara.icfilter    = 0x0;                      //设置输入捕获滤波
  timer_input_capture_config(TIMER2,TIMER_CH_2,&timer_icinitpara);    //初始化通道

  timer_auto_reload_shadow_enable(TIMER2);                 //使能自动重载

  timer_interrupt_flag_clear(TIMER2,TIMER_INT_FLAG_CH2);         //清除 CH2 中断标志位
  timer_interrupt_flag_clear(TIMER2,TIMER_INT_FLAG_UP);          //清除更新中断标志位

  timer_interrupt_enable(TIMER2, TIMER_INT_CH2);      //使能定时器的 CH2 输入通道中断
  timer_interrupt_enable(TIMER2, TIMER_INT_UP);       //使能定时器的更新中断
  nvic_irq_enable(TIMER2_IRQn, 0);                    //使能 TIMER2 中断，并设置优先级为 0

  timer_enable(TIMER2);                               //使能 TIMER2
}
```

在 Capture.c 文件"内部函数实现"区的 ConfigTIMER2ForCapture 函数后，为 TIMER2_IRQHandler 中断服务函数的实现代码，如程序清单 13-5 所示。下面按照顺序对 TIMER2_IRQHandler 函数中的语句进行解释说明。

程序清单 13-5

```
void TIMER2_IRQHandler(void)
{
  if((s_iCaptureSts & 0x80) == 0)                    //最高位为 0，表示捕获还未完成
  {
    //高电平，定时器 TIMER2 发生了溢出事件
    if(timer_interrupt_flag_get(TIMER2, TIMER_INT_FLAG_UP) != RESET)
    {
      if(s_iCaptureSts & 0x40)                        //发生溢出，并且前一次已经捕获到低电平
      {
        //TIMER_CAR 16 位预装载值，即 CNT > 65536-1（2^16 - 1）时溢出。
        //若不处理，(s_iCaptureSts & 0x3F)++等于 0x40 ，溢出数等于清零
        if((s_iCaptureSts & 0x3F) == 0x3F)           //达到多次溢出，低电平持续时间太长
        {
          s_iCaptureSts |= 0x80;                      //强制标记成功捕获了一次
          s_iCaptureVal = 0xFFFF;                     //捕获值为 0xFFFF
        }
        else
        {
          s_iCaptureSts++;                            //标记计数器溢出一次
        }
      }
    }
```

```
if (timer_interrupt_flag_get(TIMER2, TIMER_INT_FLAG_CH2) != RESET) //发生捕获事件
{
  if(s_iCaptureSts & 0x40)              //bit6 为 1，即上次捕获到下降沿，那么这次捕获到上升沿
  {
    s_iCaptureSts |= 0x80;                    //完成捕获，标记成功捕获到一次上升沿
    s_iCaptureVal = timer_channel_capture_value_register_read(TIMER2,TIMER_CH_2);
                                    //s_iCaptureVa 记录捕获比较寄存器的值
    //设置为下降沿捕获，为下次捕获做准备
    TIMER_CHCTL2(TIMER2) &= (~(uint32_t)(TIMER_CHCTL2_CH2P|TIMER_CHCTL2_CH2NP));
    TIMER_CHCTL2(TIMER2) |= (uint32_t)((uint32_t)(TIMER_IC_POLARITY_FALLING) << 8U);
  }
  else  //bit6 为 0，表示上次没捕获到下降沿，这是第一次捕获下降沿
  {
    s_iCaptureSts = 0;                  //清空溢出次数
    s_iCaptureVal = 0;                  //捕获值为 0

    timer_counter_value_config(TIMER2,0);     //设置寄存器的值为 0

    s_iCaptureSts |= 0x40;                //bit6 置为 1，标记捕获到了下降沿

    //设置为上升沿捕获
    TIMER_CHCTL2(TIMER2) &= (~(uint32_t)(TIMER_CHCTL2_CH2P|TIMER_CHCTL2_CH2NP));
    TIMER_CHCTL2(TIMER2) |= (uint32_t)((uint32_t)(TIMER_IC_POLARITY_RISING) << 8U);
  }
}

timer_interrupt_flag_clear(TIMER2,TIMER_INT_FLAG_CH2);    //清除更新 CH2 捕获中断标志位
timer_interrupt_flag_clear(TIMER2,TIMER_INT_FLAG_UP);     //清除更新中断标志位
}
```

（1）无论 TIMER2 产生更新中断，还是产生通道 2 捕获中断，都会执行 TIMER2_
IRQHandler 函数。

（2）变量 s_iCaptureSts 用于存放捕获状态，s_iCaptureSts 的 bit7 为捕获完成标志位，bit6
为捕获到下降沿标志位，bit5～bit0 为捕获到下降沿后定时器溢出次数。

（3）s_iCaptureSts 的 bit7 为 0，表示捕获未完成，然后，通过 timer_interrupt_flag_get 函
数获取更新中断标志，该函数涉及 TIMER2_DMAINTEN 的 UPIE 和 TIMER2_INTF 的 UPIF，
可参见图 7-3、图 7-4、表 7-2 和表 7-3。本实验中，UPIE 为 1，表示使能更新中断，当 TIMER2
递增计数产生溢出时，UPIF 由硬件置 1，并产生更新中断，执行 TIMER2_IRQHandler
函数。

（4）s_iCaptureSts 的 bit6 为 1，表示前一次已经捕获到下降沿，然后判断 s_iCaptureSts
的 bit5～bit0 是否为 0x3F，若为 0x3F 表示计数器已经达到最大溢出次数，说明按键按下时间
太久，将 s_iCaptureSts 的 bit7 强制置 1，即强制标记成功捕获一次，同时将捕获值设为 0xFFFF。
否则，如果 s_iCaptureSts 的 bit5～bit0 不为 0x3F，则 s_iCaptureSts 执行加 1 操作，标记计数
器溢出一次。

（5）通过 timer_interrupt_flag_get 函数获取通道 2 捕获中断标志，该函数涉及
TIMER2_DMAINTEN 的 CH2IE 和 TIMER2_INTF 的 CH2IF，可参见图 7-3、图 7-4、表 7-2

和表 7-3。本实验中，CH2IE 为 1，表示使能通道 2 捕获中断，当产生通道 2 捕获事件时，CH2IF 由硬件置 1，并产生通道 2 捕获中断，执行 TIMER2_IRQHandler 函数。因此，在 TIMER2_IRQHandler 函数的最后还需要通过 timer_interrupt_flag_clear 函数将 CH2IF 清零。

（6）s_iCaptureSts 的 bit6 为 1，表示前一次已经捕获到下降沿，即这次捕获到上升沿，因此，将 s_iCaptureSts 的 bit7 置 1，同时通过 timer_channel_capture_value_register_read 函数读取 TIMER2_CH2CV 的值，并将该值赋值给 s_iCaptureVal。再通过操作寄存器 TIMER2_CH2CTL2 的 CH2NP 和 CH2P 将 TIMER2 的 CH2 设置为下降沿触发，为下一次捕获 KEY₃ 按下做准备。否则，如果 s_iCaptureSts 的 bit6 为 0，表示前一次未捕获到下降沿，那么这次就是第一次捕获到下降沿，因此，将 s_iCaptureSts 和 s_iCaptureVal 均清零，并通过 timer_counter_value_config 函数将 TIMER2 的计数器清零，同时将 s_iCaptureSts 的 bit6 置 1，标记已经捕获到了下降沿。最后，通过操作寄存器 TIMER2_CH2CTL2 的 CH2NP 和 CH2P 将 TIMER2 的 CH2 设置为上升沿触发，为下一次捕获 KEY₃ 弹起做准备。

（7）在 TIMER2_IRQHandler 函数的最后，通过 timer_interrupt_flag_clear 函数清除更新和通道 2 捕获中断标志，该函数同样涉及 TIMER2_INTF 的 UPIF 和 CH2IF。

在 Capture.c 文件的"API 函数实现"区，为 InitCapture API 和 GetCaptureVal 函数的实现代码，如程序清单 13-6 所示。下面按照顺序对这些函数中的语句进行解释说明。

（1）InitCapture 函数调用 ConfigTIMER2ForCapture 函数来初始化 Capture 模块，ConfigTIMER2ForCapture 函数的两个参数分别是 0xFFFF 和 71，说明 TIMER2 以 1MHz 的频率计数，同时 TIMER2 从 0 递增计数到 0xFFFF 产生溢出。

（2）GetCaptureVal 函数用于获取捕获时间，如果 s_iCaptureSts 的 bit7 为 1，表示成功捕获到上升沿，即按键已经弹起。此时，将 GetCaptureVal 函数的返回值 ok 置 1，然后取出 s_iCaptureVal 的 bit5～bit0 得到溢出次数，再将溢出次数乘以 65536（0x0000 计数到 0xFFFF），接着，令乘积结果加上最后一次比较捕获寄存器的值，得到总的低电平持续时间，并将该值保存到 pCapVal 指针指向的存储空间，最后，将 s_iCaptureSts 清零。

程序清单 13-6

```
void  InitCapture(void)
{
  //计数器达到最大装载值 0xFFFF，会产生溢出；以 72MHz/（72-1+1）=1MHz 的频率计数
  ConfigTIMER2ForCapture (0xFFFF, 72-1);
}

unsigned char  GetCaptureVal(signed int* pCapVal)
{
  unsigned char ok = 0;

  if(s_iCaptureSts & 0x80)              //最高位为 1，表示成功捕获到了上升沿（获取到按键弹起标志）
  {
    ok = 1;                            //捕获成功
    (*pCapVal) = s_iCaptureSts & 0x3F;//取出低 6 位计数器的值赋给(*pCapVal)，得到溢出次数
    //printf("溢出次数:%d\r\n",*pCapVal);
    (*pCapVal) *= 65536;//计数器计数次数为 2^16=65536，乘以溢出次数，得到溢出时间总和（以
1/1MHz=1μs 为单位)
    (*pCapVal) += s_iCaptureVal;         //加上最后一次比较捕获寄存器的值，得到总的低电平时间
```

```
    s_iCaptureSts = 0;                    //设置为 0，开启下一次捕获
  }

  return(ok);                             //返回是否捕获成功的标志
}
```

步骤 5：完善输入捕获实验应用层

在 Project 面板中，双击打开 Main.c，在 Main.c "包含头文件" 区的最后，添加代码#include "Capture.h"。这样就可以在 Main.c 文件中调用 Capture 模块的宏定义和 API 函数，获取输入捕获的值。

在 Main.c 文件的 InitHardware 函数中，添加调用 InitCapture 函数的代码，如程序清单 13-7 所示，这样就实现了对 Capture 模块的初始化。

程序清单 13-7

```
static  void  InitHardware(void)
{
  SystemInit();                          //系统初始化
  InitRCU();                             //初始化 RCU 模块
  InitNVIC();                            //初始化 NVIC 模块
  InitUART0(115200);                     //初始化 UART 模块
  InitTimer();                           //初始化 Timer 模块
  InitLED();                             //初始化 LED 模块
  InitSysTick();                         //初始化 SysTick 模块
  InitCapture();                         //初始化 Capture 模块
}
```

在 2ms 任务处理函数中，设置为 10ms 标志位，每 10ms 调用 GetCaptureVal 函数获取一次捕获值，若捕获成功，则打印出捕获值，如程序清单 13-8 所示。由于本实验通过串口助手打印按键按下时间，因此，需要将 Proc1SecTask 函数中的 printf 语句注释掉。

程序清单 13-8

```
static  void  Proc2msTask(void)
{
  static signed short s_iCnt5 = 0;       //10ms 计数器
  signed int captureVal;                 //捕获到的值
  float captureTime;                     //将捕获值转换成时间

  if(Get2msFlag())                       //判断 2ms 标志位状态
  {
    LEDFlicker(250);                     //调用闪烁函数

    if(s_iCnt5 >= 4)                     //计数器数值大于或等于 4
    {
      if(GetCaptureVal(&captureVal))     //成功捕获
      {
        captureTime = captureVal / 1000.0;
        printf("H-%0.2fms\r\n", captureTime); //打印出捕获值
      }

      s_iCnt5 = 0;                       //重置计数器的计数值为 0
```

```
    }
    else
    {
      s_iCnt5++;                              //计数器的计数数值加1
    }
    Clr2msFlag();                             //清除 2ms 标志位
  }
}
```

步骤 6：编译及下载验证

代码编写完成并编译通过后，下载程序并进行复位。下载完成后，使用杜邦线连接 PB0 与 PF7 引脚，打开计算机上的串口助手，按下 KEY₃ 按键，串口助手打印持续按下 KEY₃ 按键的时间，即捕获到低电平持续的时间。

本 章 任 务

完成本章学习后，利用输入捕获的功能，检测第 12 章的定时器与 PWM 输出实验中高电平持续的时间，并且通过 OLED 显示屏显示高电平持续的时间。具体操作如下：利用杜邦线连接 PB0 与 PA4 引脚，每捕获 10 次高电平，计算平均值并显示在 OLED 显示屏上，并观察在按下相应 PWM 输出占空比变化操作按键后，得到的数据变化是否和理论计算值相符。

任务提示：

（1）将 OLED 和按键驱动文件添加到本实验的工程中。

（2）将初始捕获极性配置为上升沿捕获，并对应修改 TIMER2 的中断服务函数中改变捕获极性的代码。

（3）定义一个变量作为捕获成功次数计数器，每次捕获成功后执行加 1 操作，并记录本次捕获时间，达到 10 次时计算平均值，并通过调用 OLED 显示模块的 API 函数显示此平均值。最后，将捕获成功次数计数器清零，为下次捕获做准备。

本 章 习 题

1. 本实验如何通过设置下降沿和上升沿捕获，计算按键按下时长？

2. 计算本实验的低电平最大捕获时长。

3. 在 timer_channel_capture_value_register_read 函数中通过直接操作寄存器完成相同的功能。

4. 如何通过 timer_interrupt_enable 函数使能 TIMER2 的更新中断和通道 2 捕获中断？这两个中断与 TIMER2_IRQHandler 函数有什么关系？

第14章 DAC

DAC 是 Digital to Analog Converter 的缩写，即数模转换器。由于 GD32E230C8T6 芯片属于中容量产品，并无 DAC，因此本实验通过 DAC 芯片 TLC5615 完成 D/A 转换。本章首先介绍 TLC5615 芯片及其 D/A 转换功能，然后通过一个 DAC 实验演示如何进行 D/A 转换。

14.1 实 验 内 容

通过 GD32E2 杏仁派开发板设计一个 DAC 实验，基于 SPI 协议向 TLC5615 芯片发送数据，使其输出对应的模拟电压，并编写程序实现以下功能：①通过 UART0 接收和处理信号采集工具（位于本书配套资料包的 "08.软件资料\信号采集工具.V1.0" 文件夹中）发送的波形类型切换指令；②根据波形类型切换指令，控制 DAC 的 DAC_OUT 引脚输出对应的正弦波、三角波或方波；③将 DAC_OUT 引脚连接到示波器探头，通过示波器查看输出的波形是否正确。

如果没有示波器，可以将 DAC_OUT 引脚连接到 GD32E230C8T6 微控制器的 PA1 引脚，通过信号采集工具查看输出的波形是否正确。因为本书配套资料包的 "04.例程资料\Material" 文件夹中的 "13.DAC" 工程已经实现了以下功能：①通过 ADC 对 PA1 引脚的模拟信号进行采样和模数转换；②将转换后的数字量按照 PCT 通信协议进行打包；③通过 UART0 实时将打包后的数据包发送至计算机，通过信号采集工具动态显示接收到的波形。注意，GD32E2 杏仁派开发板将 TLC5615 芯片的 DAC_OUT 引脚和 PA1 引脚连接到 2Pin 排针 J_{102} 上，DAC_OUT 对应 J_{102} 的 OUT 引脚，PA1 对应 IN 引脚。

14.2 实 验 原 理

14.2.1 TLC5615 芯片

TLC5615 是美国 TI 公司推出的具有 3 线串行接口的数模转换器，接收 16 位数据（前 4 位为高虚拟位；中间 10 位为 D/A 转换数据；最后 2 位为低于 LSB 的位，取值为 0）以产生模拟电压输出，最大输出电压是基准电压值的两倍。带有上电复位功能，即把 DAC 寄存器复位至全零。数字输入端带有具有高噪声抑制能力的施密特触发器。数字通信协议包括 SPI、QSPI 和 Microwire 标准。该芯片的引脚图如图 14-1 所示。

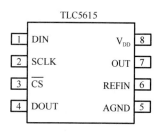

图 14-1 TLC5615 芯片引脚图

TLC5615 芯片的引脚功能描述如表 14-1 所示，该芯片共有 8 个引脚。

TLC5615 芯片的功能框图如图 14-2 所示。

表 14-1   TLC5615 芯片引脚描述

引脚编号	引脚名称	描 述	引脚编号	引脚名称	描 述
1	DIN	串行数据输入端	5	AGND	模拟地
2	SCLK	串行时钟输入端	6	REFIN	基准电压输入端
3	$\overline{CS}$	片选引脚，低电平有效	7	OUT	DAC 模拟电压输出端
4	DOUT	级联时的串行数据输出端	8	V_{DD}	正电源端

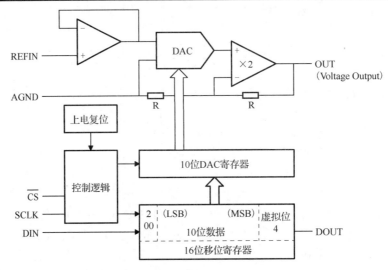

图 14-2   TLC5615 芯片功能框图

TLC5615 芯片时序图如图 14-3 所示。

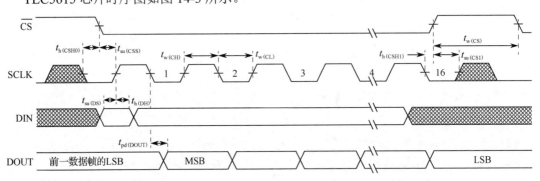

图 14-3   TLC5615 芯片时序图

由功能框图和时序图可以看出，当片选引脚 $\overline{CS}$ 为低电平时，串行数据通过 DIN 由时钟 SCLK 同步输入或输出，并且最高有效位（MSB）在前，最低有效位（LSB）在后。输入时，串行数据在 SCLK 的上升沿，通过 DIN 移到内部的 16 位移位寄存器，在 SCLK 的下降沿通过 DOUT 移出，在片选引脚 $\overline{CS}$ 的上升沿，将 10 位数据传送至 DAC 寄存器。

当片选引脚 $\overline{CS}$ 为高电平时，串行数据不能通过 DIN 由时钟 SCLK 同步移到移位寄存器，DOUT 保持最近的数据不变且不进入高阻状态。因此，为确保串行数据能够通过 DIN 移入，通过 DOUT 移出必须满足两个条件：①时钟 SCLK 有效跳变；②片选引脚 $\overline{CS}$ 为低电平。注意，为了使时钟的内部馈通最小，当片选引脚 $\overline{CS}$ 为高电平时，时钟 SCLK 应当保持低电平。

另外，TLC5615 有两种使用方式，即级联方式和非级联方式。如不使用级联方式，DIN 只需输入 12 位数据。DIN 输入的 12 位数据中，前 10 位为 TLC5615 输入的 D/A 转换数据，且输入时最高有效位（MSB）在前，最低有效位（LSB）在后，后 2 位为填充位，建议写入 0，因为 TLC5615 的 DAC 输入锁存器为 12 位宽。如果使用 TLC5615 的级联功能，将该芯片的 DOUT 接到下一芯片的 DIN，来自 DOUT 的数据需要输入 16 位时钟下降沿，因此完成一次数据输入需要 16 个时钟周期，输入的数据也应为 16 位。在输入的数据中，前 4 位为高虚拟位，中间 10 位为 D/A 转换数据，最后 2 位为填充位，建议为 0。

14.2.2　DAC 实验逻辑图分析

图 14-4 所示是 DAC 实验逻辑框图。在本实验中，正弦波、方波和三角波存放在 Wave.c 文件的 s_arrSineWave256Point、s_arrRectWave256Point、s_arrTriWave256Point 数组中，每个数组有 256 个元素，即每个波形的一个周期由 256 个离散点组成，可以通过 GetSineWave256PointAddr、GetRectWave256PointAddr、GetTriWave256PointAddr 函数分别获取 3 个存放波形数组的首地址。通过数组首地址获取数据后，将数据通过 SPI 发送至 TLC5615 芯片，即可在 DAC_OUT 引脚上输出模拟电压量。将 DAC_OUT 引脚与 PA1 引脚连接，即可将 DAC 与 ADC 连接，通过 ADC 将模拟量转换为数字量，再通过 UART0 将其传输至计算机上并由信号采集工具显示。图 14-4 中灰色部分的代码已由本书资料包提供，在进行实验时，只需要完成数字量输出部分即可。

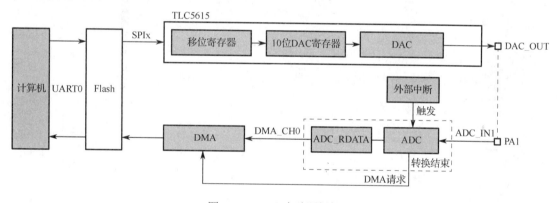

图 14-4　DAC 实验逻辑框图

14.2.3　PCT 通信协议

从机常常被用作执行单元，处理一些具体的事务；主机（如 Windows、Linux、Android 和 emWin 平台等）则用于与从机进行交互，向从机发送命令，或处理来自从机的数据，如图 14-5 所示。

主机与从机之间的通信过程如图 14-6 所示。主机向从机发送命令的具体过程是：①主机对待发命令进行打包；②主机通过通信设备（串口、蓝牙、Wi-Fi 等）将打包好的命令发送出去；③从机在接收到命令之后，对命令进行解包；④从机按照相应的命令执行任务。

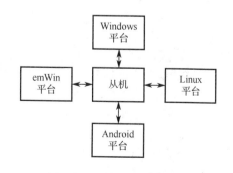

图 14-5　主机与从机的交互

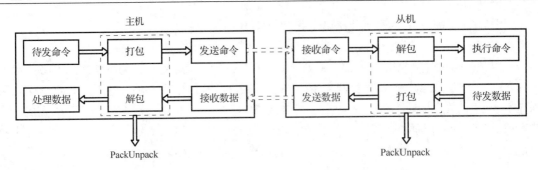

图 14-6　主机与从机之间的通信过程（打包/解包框架图）

从机向主机发送数据的具体过程是：①从机对待发数据进行打包；②从机通过通信设备（串口、蓝牙、Wi-Fi 等）将打包好的数据发送出去；③主机在接收到数据之后，对数据进行解包；④主机对接收到的数据进行处理，如进行计算、显示等。

1. PCT 通信协议格式

在主机与从机的通信过程中，主机和从机有一个共同的模块，即打包/解包模块（PackUnpack），该模块遵循某种通信协议。通信协议有很多种，本实验采用的 PCT 通信协议由本书作者设计。打包后的 PCT 通信协议的数据包格式如图 14-7 所示。

PCT 通信协议规定：

（1）数据包由 1 字节模块 ID+1 字节数据头+1 字节二级 ID+6 字节数据+1 字节校验和构成，共计 10 字节。

（2）数据包中有 6 个数据，每个数据为 1 字节。

（3）模块 ID 的最高位 bit7 固定为 0。

（4）模块 ID 的取值范围为 0x00～0x7F，最多有 128 种类型。

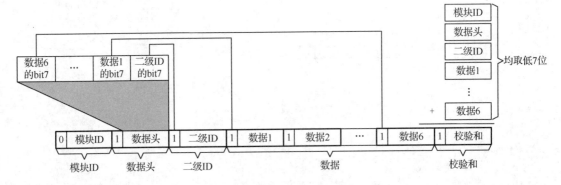

图 14-7　打包后的 PCT 通信协议的数据包格式

（5）数据头的最高位 bit7 固定为 1，数据头的低 7 位按照从低位到高位的顺序，依次存放二级 ID 的最高位 bit7、数据 1 的最高位 bit7、数据 2 的最高位 bit7、数据 3 的最高位 bit7、数据 4 的最高位 bit7、数据 5 的最高位 bit7 和数据 6 的最高位 bit7。

（6）校验和的低 7 位为模块 ID+数据头+二级 ID+数据 1+数据 2+…+数据 6 求和的结果（取低 7 位）。

（7）二级 ID、数据 1～数据 6 和校验和的最高位 bit7 固定为 1。注意，并不是说二级 ID、数据 1～数据 6 和校验和只有 7 位，而是在打包后，它们的低 7 位位置不变，最高位均位于数据头中，因此仍为 8 位。

2．PCT 通信协议打包过程

PCT 通信协议的打包过程分为 4 步。

第 1 步，准备原始数据，原始数据由模块 ID（0x00～0x7F）、二级 ID、数据 1～数据 6 组成，如图 14-8 所示。其中，模块 ID 的取值范围为 0x00～0x7F，二级 ID 和数据的取值范围为 0x00～0xFF。

图 14-8　PCT 通信协议打包第 1 步

第 2 步，依次取出二级 ID、数据 1～数据 6 的最高位 bit7，将其存放于数据头的低 7 位，按照从低位到高位的顺序依次存放二级 ID、数据 1～数据 6 的最高位 bit7，如图 14-9 所示。

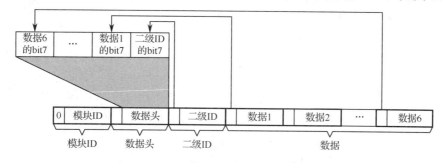

图 14-9　PCT 通信协议打包第 2 步

第 3 步，对模块 ID、数据头、二级 ID、数据 1～数据 6 的低 7 位求和，取求和结果的低 7 位，将其存放于校验和的低 7 位，如图 14-10 所示。

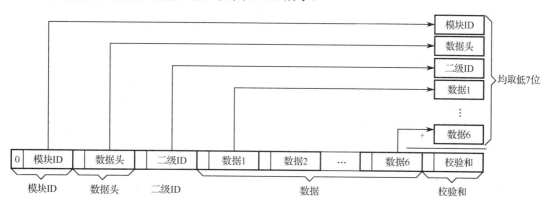

图 14-10　PCT 通信协议打包第 3 步

第 4 步，将数据头、二级 ID、数据 1～数据 6 和校验和的最高位置 1，如图 14-11 所示。

图 14-11　PCT 通信协议打包第 4 步

3．PCT 通信协议解包过程

PCT 通信协议的解包过程也分为 4 步。

第 1 步，准备解包前的数据包，原始数据包由模块 ID、数据头、二级 ID、数据 1～数据 6、校验和组成，如图 14-12 所示。其中，模块 ID 的最高位为 0，其余字节的最高位均为 1。

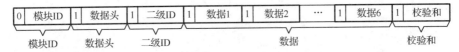

图 14-12　PCT 通信协议解包第 1 步

第 2 步，对模块 ID、数据头、二级 ID、数据 1～数据 6 的低 7 位求和，如图 14-13 所示，取求和结果的低 7 位与数据包的校验和低 7 位对比，如果两个值的结果相等，则说明校验正确。

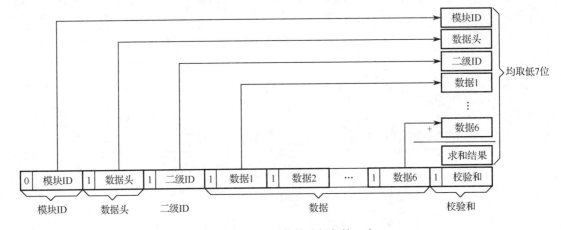

图 14-13　PCT 通信协议解包第 2 步

第 3 步，数据头的最低位 bit0 与二级 ID 的低 7 位拼接之后作为最终的二级 ID，数据头的 bit1 与数据 1 的低 7 位拼接之后作为最终的数据 1，数据头的 bit2 与数据 2 的低 7 位拼接之后作为最终的数据 2，以此类推，如图 14-14 所示。

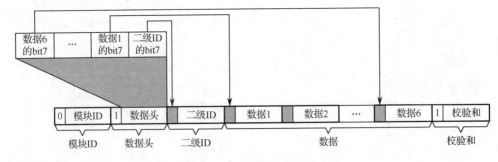

图 14-14　PCT 通信协议解包第 3 步

第 4 步，图 14-15 所示即为解包后的结果，由模块 ID、二级 ID、数据 1～数据 6 组成。其中，模块 ID 的取值范围为 0x00～0x7F，二级 ID 和数据的取值范围为 0x00～0xFF。

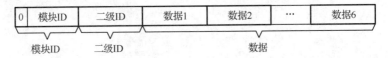

图 14-15　PCT 通信协议解包第 4 步

4. PCT 通信协议的实现

PCT 通信协议既可以使用面向过程语言（如 C 语言）实现，也可以使用面向对象语言（如 C++或 C#语言）实现，还可以使用硬件描述语言（Verilog HDL 或 VHDL）实现。

下面以 C 语言为例，介绍 PackUnpack 模块的 PackUnpack.h 文件。该文件的全部代码如程序清单 14-1 所示，下面按照顺序对这些语句进行解释说明。

（1）在"枚举结构体"区，结构体 StructPackType 有 5 个成员，分别是 packModuleId、packHead、packSecondId、arrData、checkSum，与图 14-7 中的模块 ID、数据头、二级 ID、数据、校验和一一对应。

（2）枚举 EnumPackID 中的元素是对模块 ID 的定义，模块 ID 的范围为 0x00～0x7F，且不可重复。初始状态下，EnumPackID 中只有一个模块 ID 的定义，即系统模块 MODULE_SYS（0x01）的定义，任何通信协议都必须包含该系统模块 ID 的定义。

（3）在枚举 EnumPackID 的定义之后紧跟着一系列二级 ID 的定义，二级 ID 的范围为 0x00～0xFF，不同模块的二级 ID 可以重复。初始状态下，模块 ID 只有 MODULE_SYS，因此，二级 ID 也只有与之对应的二级 ID 枚举 EnumSysSecondID 的定义。EnumSysSecondID 在初始状态下有 6 个元素，分别是 DAT_RST、DAT_SYS_STS、DAT_SELF_CHECK、DAT_CMD_ACK、CMD_RST_ACK 和 CMD_GET_POST_RSLT，这些二级 ID 分别对应系统复位信息数据包、系统状态数据包、系统自检结果数据包、命令应答数据包、模块复位信息应答命令包和读取自检结果命令包。

（4）PackUnpack 模块有 4 个 API 函数，分别是初始化打包/解包模块函数 InitPackUnpack、对数据进行打包函数 PackData、对数据进行解包函数 UnPackData，以及读取解包后数据包函数 GetUnPackRslt。

程序清单 14-1

```
/******************************************************************************
* 模块名称: PackUnpack.h
* 摘    要: PackUnpack 模块
* 当前版本: 1.0.0
* 作    者: Leyutek(COPYRIGHT 2018 - 2021 Leyutek. All rights reserved.)
* 完成日期: 2020 年 01 月 01 日
* 内    容:
* 注    意:
*******************************************************************************
* 取代版本:
* 作    者:
* 完成日期:
* 修改内容:
* 修改文件:
*******************************************************************************/
#ifndef _PACK_UNPACK_H_
#define _PACK_UNPACK_H_

/******************************************************************************
*                              包含头文件
*******************************************************************************
*************/
#include "UART1.h"
```

```
/****************************************************************************
*                              宏定义
****************************************************************************/

/****************************************************************************
*                            枚举结构体
****************************************************************************/
//包类型结构体
typedef struct
{
  unsigned char packModuleId;              //模块 ID
  unsigned char packHead;                  //数据头
  unsigned char packSecondId;              //二级 ID
  unsigned char arrData[6];                //数据
  unsigned char checkSum;                  //校验和
}StructPackType;

//枚举定义，定义模块 ID，0x00～0x7F，不可以重复
typedef enum
{
  MODULE_SYS      = 0x01,                  //系统信息

  MODULE_WAVE     = 0x71,                  //wave 模块信息

  MAX_MODULE_ID = 0x80
}EnumPackID;

//定义二级 ID，0x00～0xFF，因为是分属于不同模块的 ID，所以二级 ID 可以重复
//系统模块的二级 ID
typedef enum
{
  DAT_RST           = 0x01,                //系统复位信息
  DAT_SYS_STS       = 0x02,                //系统状态
  DAT_SELF_CHECK    = 0x03,                //系统自检结果
  DAT_CMD_ACK       = 0x04,                //命令应答

  CMD_RST_ACK       = 0x80,                //模块复位信息应答
  CMD_GET_POST_RSLT = 0x81,                //读取自检结果
}EnumSysSecondID;



/****************************************************************************
*                            API 函数声明
****************************************************************************/
void  InitPackUnpack(void);                    //初始化 PackUnpack 模块
unsigned char    PackData(StructPackType* pPT);   //对数据进行打包，1-打包成功，0-打包失败
unsigned char    UnPackData(unsigned char data);  //对数据进行解包，1-解包成功，0-解包失败

StructPackType  GetUnPackRslt(void);           //读取解包后数据包

#endif
```

14.2.4　PCT 通信协议应用

无论是本章的 DAC 实验，还是第 15 章的 ADC 实验，都采用 PCT 通信协议。DAC 实验和 ADC 实验的流程图如图 14-16 所示。在 DAC 实验中，从机（GD32E2 杏仁派开发板）接收来自主机（计算机上的信号采集工具）的生成波形命令包，对接收到的命令包进行解包，根据解包后的命令（生成正弦波命令、三角波命令或方波命令），调用 OnGenWave 函数控制 DAC 输出对应的波形。在 ADC 实验中，从机通过 ADC 接收波形信号，并进行 A/D 转换，再将转换后的波形数据进行打包处理，最后将打包后的波形数据包发送至主机。

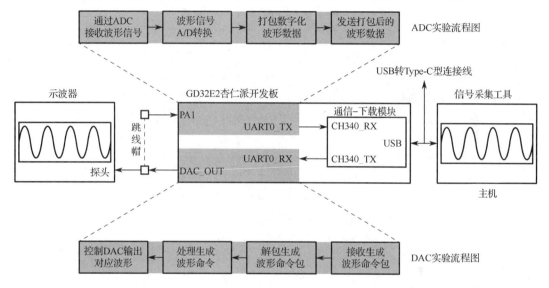

图 14-16　DAC 实验和 ADC 实验流程图

信号采集工具界面如图 14-17 所示，该工具用于控制 GD32E2 杏仁派开发板输出不同波形，并接收和显示 GD32E2 杏仁派开发板发送到计算机的波形数据。通过左下方的"波形选择"下拉菜单控制开发板输出不同的波形，右侧黑色区显示从开发板接收到的波形数据，串口参数可以在左侧各栏中设置，串口状态可以通过状态栏查看（图中显示"串口已关闭"）。

图 14-17　信号采集工具界面

信号采集工具在 DAC 实验和 ADC 实验中扮演主机角色，开发板扮演从机角色，主机和从机之间的通信采用 PCT 通信协议。下面介绍这两个实验采用的 PCT 通信协议。

主机到从机有一个生成波形的命令包，从机到主机有一个波形数据包，两个数据包属于同一个模块，将其定义为 wave 模块，wave 模块的模块 ID 取值为 0x71。

wave 模块的生成波形命令包的二级 ID 取值为 0x80，该命令包的定义如图 14-18 所示。

模块ID	HEAD	二级ID	DAT1	DAT2	DAT3	DAT4	DAT5	DAT6	CHECK
71H	数据头	80H	波形类型	保留	保留	保留	保留	保留	校验和

图 14-18　wave 模块生成波形命令包的定义

波形类型的定义如表 14-2 所示。注意，复位后，波形类型取值为 0x00。

表 14-2　波形类型的定义

位	定　义
7:0	波形类型：0x00-正弦波；0x01-三角波；0x02-方波

wave 模块的波形数据包的二级 ID 为 0x01，该数据包的定义如图 14-19 所示，一个波形数据包包含 5 个连续的波形数据，对应波形上连续的 5 个点。波形数据包每 8ms 由从机发送给主机一次。

模块ID	HEAD	二级ID	DAT1	DAT2	DAT3	DAT4	DAT5	DAT6	CHECK
71H	数据头	01H	波形数据1	波形数据2	波形数据3	波形数据4	波形数据5	保留	校验和

图 14-19　wave 模块波形数据包的定义

从机接收到主机发送的命令后，向主机发送命令应答数据包，图 14-20 所示为命令应答数据包的定义。

模块ID	HEAD	二级ID	DAT1	DAT2	DAT3	DAT4	DAT5	DAT6	CHECK
01H	数据头	04H	模块ID	二级ID	应答消息	保留	保留	保留	校验和

图 14-20　命令应答数据包的定义

其中，应答消息的定义如表 14-3 所示。

表 14-3　应答消息的定义

位	定　义
7:0	应答消息：0-命令成功；1-校验和错误；2-命令包长度错误；3-无效命令；4-命令参数数据错误；5-命令不接受

主机和从机的 PCT 通信协议明确之后，接下来介绍该协议在 DAC 实验和 ADC 实验中的应用。按照模块 ID 和二级 ID 的定义，分两步更新 PackUnpack.h 文件。

（1）在枚举 EnumPackID 的定义中，将 wave 模块对应的元素定义为 MODULE_WAVE，该元素取值为 0x71，将新增的 MODULE_WAVE 元素添加至 EnumPackID 中，如程序清单 14-2 所示。

程序清单 14-2

```
/*****************************************************************************************
//枚举定义，定义模块 ID，0x00～0x7F，不可以重复
```

```
typedef enum
{
MODULE_SYS    = 0x01,          //系统信息
MODULE_WAVE   = 0x71,          //wave 模块信息

  MAX_MODULE_ID  = 0x80
}EnumPackID;
```

（2）添加完模块 ID 的枚举定义，还需要进一步添加二级 ID 的枚举定义。wave 模块包含一个波形数据包和一个生成波形命令包，这里将数据包元素定义为 DAT_WAVE_WDATA，该元素取值为 0x01；将命令包元素定义为 CMD_GEN_WAVE，该元素取值为 0x80。最后，将 DAT_WAVE_WDATA 和 CMD_GEN_WAVE 元素添加至 EnumWaveSecondID 中，如程序清单 14-3 所示。

程序清单 14-3

```
/************************************************************************************
//wave 模块的二级 ID
typedef enum
{
  DAT_WAVE_WDATA = 0x01,          //波形数据

  CMD_GEN_WAVE   = 0x80,          //生成波形命令
}EnumWaveSecondID;
```

PackUnpack 模块的 PackUnpack.c 和 PackUnpack.h 文件位于本书配套资料包的"04.例程资料\Material"文件夹中的"13.DAC"和"14.ADC"中，建议读者深入分析该模块的实现和应用。

14.2.5 程序架构

DAC 实验的程序架构如图 14-21 所示。该图简要介绍了程序开始运行后各个函数的执行和调用流程，图中仅列出了与本实验相关的一部分函数。下面解释说明程序架构图。

（1）在 main 函数中调用 InitHardware 函数进行硬件相关模块初始化，包括 RCU、NVIC、UART、Timer 和 TLC5615 等模块，这里仅介绍 TLC5615 模块初始化函数 InitTLC5615。InitTLC5615 函数首先对结构体 s_strDAC1WaveBuf 中的成员变量 waveBufAddr 和 waveBufSize 进行赋值，使初始输出模拟电压为正弦波，再通过 ConfigSPI0RCU 函数及 ConfigSPI0GPIO 函数初始化时钟和相应的 GPIO，最后，通过 ConfigSPI0 函数初始化 SPI 设备。

（2）调用 InitSoftware 函数进行软件相关模块初始化，包括 PackUnpack、ProcHostCmd 和 SendDataToHost 等模块。

（3）调用 Proc2msTask 函数进行 2ms 任务处理，在 Proc2msTask 函数中接收来自计算机的命令并进行处理，然后通过 SendWaveToHost 函数将波形数据包发送至计算机并通过信号采集工具显示。

（4）调用 Proc1SecTask 函数进行 1s 任务处理，在本实验中，需要每秒刷新一次 TLC5615 芯片的输出，即通过在 Proc1SecTask 函数中调用 TLC5615OutPut 函数更新 SPI 传输的数据来实现。

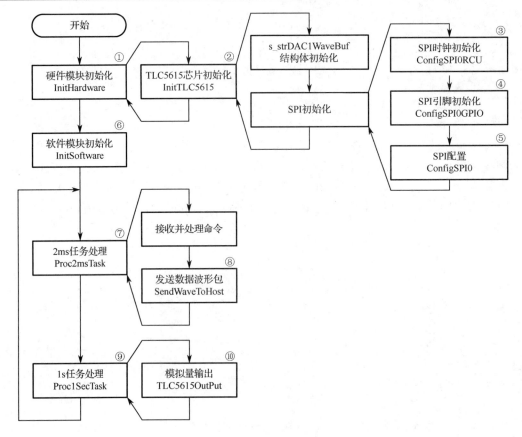

图 14-21　程序架构

在图 14-21 中，编号为①、⑥、⑦和⑨的函数在 Main.c 文件中声明和实现；编号为②和⑩的函数在 TLC5615.h 文件中声明，在 TLC5615.c 文件中实现。编号为③、④和⑤的函数在 TLC5615.c 文件中声明并实现，编号为⑧的函数在 SendDataToHost.h 文件中声明，在 SendDataToHost.c 文件中实现。

本实验要点解析：

（1）TLC5615 模块的初始化，在 InitTLC5615 函数中，首先对模拟量输出的波形地址及对应的波形点数进行赋值。其次，通过 ConfigSPI0RCU 等函数对时钟、GPIO、SPI 等设备进行配置，完成上述配置后，MCU 即可对 TLC5615 发送数据并实现 D/A 转换，即此时完成初始化。

（2）当程序烧录后，可通过计算机的上位机向微控制器发送数据以切换波形，这些数据会在 2ms 任务处理函数 Proc2msTask 中被处理并相应调整 TLC5615 芯片的输出，至此实现 TLC5615 的输出仅完成一半，还需要通过 A/D 转换并将波形数据发送至计算机的信号采集工具上进行显示。在 Proc2msTask 函数中还实现了发送波形数据包，将采集到的 TLC5615 的电压数据发送至计算机的信号采集工具上并进行显示。

（3）在本实验中，为了通过 TLC5615 芯片输出相应的电压波形，需要定时通过 SPI 向 TLC5615 芯片发送对应的数据，该功能能在 1s 任务处理函数 Proc1SecTask 中实现，通过定时调用 TLC5615OutPut 函数，对波形数据进行刷新后通过 SPI 发送至 TLC5615 芯片。

在本实验中，由于主控芯片 GD32E230C8T6 为中容量产品，没有 DAC 功能，因此只能通过 TLC5615 芯片完成 D/A 转换，但掌握 DAC 的使用方法才是本实验的最终目的，因此，对于带有 DAC 的大容量产品，也应当学习如何通过主控芯片直接完成 D/A 转换。

14.3　实　验　步　骤

步骤 1：复制并编译原始工程

首先，将"D:\GD32E2KeilTest\Material\13.DAC"文件夹复制到"D:\GD32E2KeilTest\Product"文件夹中。然后，双击运行"D:\GD32E2KeilTest\Product\13.DAC\Project"文件夹中的 GD32KeilPrj.uvprojx，单击工具栏中的圖按钮进行编译。编译通过后，下载程序并进行复位，观察 GD32E2 杏仁派开发板上的两个 LED 是否交替闪烁。如果两个 LED 交替闪烁，表示原始工程是正确的，可以进入下一步操作。

步骤 2：添加 TLC5615 文件对和 Wave 文件对

首先，将"D:\GD32E2KeilTest\Product\13.DAC\App\TLC5615"文件夹中的 TLC5615.c 和 Wave.c 文件添加到 App 分组。然后，将"D:\GD32E2KeilTest\Product\13.DAC\App\TLC5615"路径添加到 Include Paths 栏中。

步骤 3：Wave.h 文件代码详解

单击圖按钮进行编译，编译结束后，在 Project 面板中双击 Wave.c 下的 Wave.h。

在 Wave.h 文件的"API 函数声明"区，声明了 4 个 API 函数，如程序清单 14-4 所示。

程序清单 14-4

```
void  InitWave(void);                        //初始化 wave 模块
unsigned short*  GetSineWave256PointAddr(void);   //获取 256 点正弦波数组的地址
unsigned short*  GetRectWave256PointAddr(void);   //获取 256 点方波数组的地址
unsigned short*  GetTriWave256PointAddr(void);    //获取 256 点三角波数组的地址
```

步骤 4：Wave.c 文件代码详解

在 Wave.c 文件的"内部变量定义"区，包含了 s_arrSineWave256Point、s_arrTriWave256Point 和 s_arrRectWave256Point 数组的定义，这 3 个数组分别存放着正弦波、三角波和方波的数值组合，通过将这 3 个数组传输至 TLC5615 芯片，即可使其输出对应的模拟电压值。

在 Wave.c 文件的"API 函数实现"区，首先实现了 InitWave 函数，由于波形已存放至对应的内部数组变量中，不再需要进行初始化，因此该函数为空函数。

在 Wave.c 文件"API 函数实现"区的 InitWave 函数实现区后，为 GetSineWave256PointAddr、GetRectWave256PointAddr 函数及 GetTriWave256PointAddr 函数的实现代码，3 个函数的作用都是将对应的数组地址返回，这里仅介绍 GetSineWave256PointAddr 函数中的语句。如程序清单 14-5 所示，该函数将存放正弦波的数组 s_arrSineWave256Point 作为指针返回，根据该指针可获取正弦波对应的数字值。

程序清单 14-5

```
unsigned short* GetSineWave256PointAddr(void)
{
  return(s_arrSineWave256Point);
}
```

步骤 5：TLC5615.h 文件代码详解

在 Project 面板中，双击 TLC5615.c 下的 TLC5615.h 文件。

在 TLC5615.h 文件的"枚举结构体"区为结构体声明代码，如程序清单 14-6 所示。该结构体的 waveBufAddr 成员用于指定波形的地址；waveBufSize 成员用于指定波形的点数。

程序清单 14-6

```
typedef struct
{
  unsigned int waveBufAddr;          //波形地址
  unsigned int waveBufSize;          //波形点数
}StructDACWave;
```

在 TLC5615.h 文件的"API 函数声明"区为 API 函数声明代码，如程序清单 14-7 所示。InitTLC5615 函数用于初始化 TLC5615 模块；SetDACWave 函数用于设置 DAC 波形属性，包括波形地址和点数；TLC5615OutPut 函数将当前的波形数据通过 SPI 发送给 TLC5615 芯片。

程序清单 14-7

```
void InitTLC5615(void);                //初始化 TLC5615 模块
void SetDACWave(StructDACWave wave);   //设置 DAC 波形属性，包括波形地址和点数
void TLC5615OutPut(void);              //波形输出
```

步骤 6：TLC5615.c 文件代码详解

在 TLC5615.c 文件的"宏定义"区，进行了如程序清单 14-8 所示的宏定义，该宏定义表示可发送的数组范围为 2。

程序清单 14-8

```
#define ARRAYSIZE 2
```

在 TLC5615.c 文件的"内部变量定义"区，进行了如程序清单 14-9 所示的内部变量定义。其中，数组变量 SPI_TX_BUF 用于存储发送至 TLC5615 芯片的波形序号；结构体变量 s_strWaveBuf 用于存储需要发送的波形属性，包括波形地址和点数等。

程序清单 14-9

```
static uint8_t  SPI_TX_BUF[ARRAYSIZE];
static StructDACWave s_strWaveBuf;
```

在 TLC5615.c 文件的"内部函数声明"区，声明了 5 个内部函数，如程序清单 14-10 所示。ConfigSPI1RCU 函数用于配置传输对应的 RCU 时钟；ConfigSPI1GPIO 函数用于配置 SPI 对应的 GPIO；ConfigSPI1 函数根据相应结构体配置对应的 SPI 传输接口；SPIWriteByte 函数通过 SPI 读/写 1 字节数据；SPIWriteReadByte 函数通过调用 SPIWriteByte 函数完成 1 字节数据的写入。

程序清单 14-10

```
static void ConfigSPI1RCU(void);
static void ConfigSPI1GPIO(void);
```

```
static void ConfigSPI1(void);
static uint8_t SPIWriteByte(uint32_t spi_periph,uint8_t byte);
static void SPIWriteReadByte(uint16_t data);
```

在 TLC5615.c 文件的"内部函数实现"区，首先实现了 ConfigSPI1RCU 函数，如程序清单 14-11 所示。ConfigSPI1RCU 函数通过调用库函数 rcu_periph_clock_enable 依次使能 GPIOA、GPIOB、GPIOF 和 SPI1 的时钟。

程序清单 14-11

```
static void ConfigSPI1RCU(void)
{
  //打开设备时钟
  rcu_periph_clock_enable(RCU_GPIOA);
  rcu_periph_clock_enable(RCU_GPIOB);
  rcu_periph_clock_enable(RCU_GPIOF);
  rcu_periph_clock_enable(RCU_SPI1);
}
```

在 TLC5615.c 文件"内部函数实现"区的 ConfigSPI1RCU 函数后，为 ConfigSPI1GPIO 函数的实现代码，如程序清单 14-12 所示。ConfigSPI1GPIO 函数首先调用 ConfigSPI1RCU 函数初始化 RCU 时钟，然后对 SPI1 接口的各个 GPIO 的模式进行设置。

程序清单 14-12

```
static void ConfigSPI1GPIO(void)
{
  ConfigSPI1RCU();
  /* SPI1 GPIO config: SCK/PB13, MISO/PB14, MOSI/PB15 */
  gpio_af_set(GPIOB, GPIO_AF_0, GPIO_PIN_13 | GPIO_PIN_14 |GPIO_PIN_15);
  gpio_mode_set(GPIOB, GPIO_MODE_AF, GPIO_PUPD_NONE, GPIO_PIN_13 | GPIO_PIN_14 |GPIO_PIN_15);
  gpio_output_options_set(GPIOB, GPIO_OTYPE_PP, GPIO_OSPEED_50MHZ, GPIO_PIN_13 | GPIO_PIN_14
|GPIO_PIN_15);
  gpio_bit_reset(GPIOB, GPIO_PIN_13 | GPIO_PIN_14 |GPIO_PIN_15);

  gpio_mode_set(GPIOF, GPIO_MODE_OUTPUT, GPIO_PUPD_NONE, GPIO_PIN_6); //引脚模式设置
  gpio_output_options_set(GPIOF, GPIO_OTYPE_PP, GPIO_OSPEED_50MHZ, GPIO_PIN_6);
                                                    //引脚输出模式设置
  gpio_bit_reset(GPIOF,GPIO_PIN_6);                  //拉低片选引脚信号
}
```

在 TLC5615.c 文件"内部函数实现"区的 ConfigSPI1RCU 函数后，为 ConfigSPI1 函数的实现代码，如程序清单 14-13 所示。下面按照顺序解释说明 ConfigSPI1 函数中的语句。

（1）通过 spi_i2s_deinit 函数重置 SPI1，并通过 spi_struct_para_init 函数将 SPI 结构体中的变量设置为初始值。

（2）对结构体 spi_init_struct 各个成员变量进行赋值。

（3）调用 spi_init 函数，根据结构体 spi_init_struct 对 SPI1 进行初始化，并通过 spi_enable 函数使能 SPI1。

程序清单 14-13

```
static void ConfigSPI1(void)
{
  //定义 SPI 结构体
  spi_parameter_struct spi_init_struct;

  //SPI 结构体变量设置为初始值
  spi_i2s_deinit(SPI1);
  spi_struct_para_init(&spi_init_struct);

  spi_init_struct.trans_mode           = SPI_TRANSMODE_FULLDUPLEX;   //传输模式设置
  spi_init_struct.device_mode          = SPI_MASTER;                 //主从模式设置
  spi_init_struct.frame_size           = SPI_FRAMESIZE_8BIT;         //数据位数设置
  spi_init_struct.clock_polarity_phase = SPI_CK_PL_LOW_PH_1EDGE;     //时钟设置
  spi_init_struct.nss                  = SPI_NSS_SOFT;               //nss 信号设置
  spi_init_struct.prescale             = SPI_PSC_2;                  //时钟分频设置
  spi_init_struct.endian               = SPI_ENDIAN_MSB;             //设置最高位

  spi_init(SPI1, &spi_init_struct);                                  //初始化 SPI1
  spi_enable(SPI1);                                                  //使能 SPI1
}
```

在 TLC5615.c 文件"内部函数实现"区的 ConfigSPI1 函数后，为 SPIWriteByte 函数的实现代码，如程序清单 14-14 所示。下面按照顺序解释说明 SPIWriteByte 函数中的语句。

（1）通过 SPI_CTL1 使能对应 SPI 外设对 FIFO 的字节访问。

（2）在第一个 while 循环语句中查看对应 SPI 外设的发送缓冲区空标志是否被置 1，如果未被置 1 则一直等待被置 1，被置 1 表示此时发送缓冲区为空，可发送数据。置 1 后，将需要发送的数据赋值至对应传输变量并开始传输。

（3）在第二个 while 循环语句中查看对应 SPI 外设的接收缓冲区非空标志是否被置 1，如果未被置 1 则一直等待被置 1，被置 1 表示此时接收缓冲区为非空，已接收数据。置 1 后，将需要接收到的数据赋作为返回值返回。

程序清单 14-14

```
static uint8_t SPIWriteByte(uint32_t spi_periph,uint8_t byte)
{
  SPI_CTL1(spi_periph) |= SPI_CTL1_BYTEN;
  while(RESET == (SPI_STAT(spi_periph)&SPI_FLAG_TBE));
  SPI_DATA(spi_periph) = byte;

  while(RESET == (SPI_STAT(spi_periph)&SPI_FLAG_RBNE));
  return(SPI_DATA(spi_periph));
}
```

在 TLC5615.c 文件"内部函数实现"区的 SPIWriteByte 函数后，为 SPIWriteReadByte 函数的实现代码，如程序清单 14-15 所示。下面按照顺序解释说明 SPIWriteReadByte 函数中的语句。

（1）由于存储在 s_arrSineWave256Point、s_arrTriWave256Point 和 s_arrRectWave256Point

数组中的值均为 8 位，而 TLC5615 芯片的 D/A 转换位数为 10 位，因此需要将 data 左移 2 位。

（2）将片选引脚信号拉低后，通过 SPIWriteByte 函数分别将 da_value 的高 2 位和低 8 位发送到 TLC5615 芯片进行 D/A 转换，最后拉高片选引脚信号。

程序清单 14-15

```
void SPIWriteReadByte(uint16_t data)
{
  uint16_t da_value = 0;

  da_value =  data << 2;

  gpio_bit_reset(GPIOF,GPIO_PIN_6);          //拉低片选引脚信号

  SPI_TX_BUF[0] = (uint8_t)(da_value >> 8);
  SPI_TX_BUF[1] = (uint8_t)(da_value >> 0);

  SPIWriteByte(SPI1,SPI_TX_BUF[0]);
  SPIWriteByte(SPI1,SPI_TX_BUF[1]);

  gpio_bit_set(GPIOF,GPIO_PIN_6);            //拉高片选引脚信号
}
```

在 TLC5615.c 文件的"API 函数实现"区为 InitTLC5615 函数的实现代码，如程序清单 14-16 所示。下面按照顺序解释说明 InitTLC5615 函数中的语句。

（1）通过 GetSineWave256PointAddr 函数获取正弦波数组 s_arrSineWave256Point 的地址，并将该地址赋值给 s_strDAC1WaveBuf 的成员变量 waveBufAddr，将 s_strDAC1WaveBuf 的另一个成员变量 waveBufSize 赋值为 256。

（2）通过 ConfigSPI1RCU、ConfigSPI1GPIO 和 ConfigSPI1 函数分别初始化 SPI1 时钟、SPI1 接口对应的 GPIO 和 SPI1 外设。

程序清单 14-16

```
void InitTLC5615(void)
{
  s_strDAC1WaveBuf.waveBufAddr  = (unsigned int)GetSineWave256PointAddr();    //波形地址
  s_strDAC1WaveBuf.waveBufSize  = 256;                                        //波形点数

  ConfigSPI1RCU();        //初始化时钟
  ConfigSPI1GPIO();       //初始化 GPIO
  ConfigSPI1();           //初始化 SPI1 外设
```

在 TLC5615.c 文件"API 函数实现"区的 InitTLC5615 函数后，为 SetDACWave 函数的实现代码，如程序清单 14-17 所示。SetDACWave 函数用于设置波形属性，包括波形的地址和点数。本实验中，调用该函数来切换不同的波形，并通过 TLC5615 芯片将波形输出。

程序清单 14-17

```
void SetDACWave(StructDACWave wave)
{
```

```
s_strDAC1WaveBuf = wave;          //根据 wave 设置 DAC 波形属性
}
```

在 TLC5615.c 文件"API 函数实现"区的 SetDACWave 函数后，为 TLC5615OutPut 函数的实现代码，如程序清单 14-18 所示。下面按照顺序解释说明 TLC5615OutPut 函数中的语句。

（1）由于波形是周期性显示的，因此当一个周期结束时，需要将发送的数据刷新为初始数据。当判断 i = 0 时，即此时已完成一整个周期的显示，需将对应波形数组重新赋给 wave 变量。

（2）从存放波形数值的数组中取出对应的数据，将数据通过 SPI 传输至 TLC5615 芯片使其输出对应的模拟电压。

（3）最后判断是否已完成传输一个周期的数据，若已完成，则将 i 赋值为 0 以便开始下一周期的数据传输。

程序清单 14-18

```
void TLC5615OutPut(void)
{
  uint16_t data = 0;
  static uint16_t i = 0;
  static StructDACWave wave;

  if(i==0)
  {
    wave = s_strWaveBuf;          //刷新波形数据
  }

  data = ((unsigned short*)(wave.waveBufAddr))[i];
  SPIWriteReadByte(data);          //SPI 传输 DAC 数据

  i++;
  if(i == wave.waveBufSize)
  {
    i = 0;  //刷新计数值
  }
}
```

步骤 7：添加 ProcHostCmd 文件对

首先，将"D:\GD32E2KeilTest\Product\13.DAC\App\ProcHostCmd"文件夹中的 ProcHostCmd.c 文件添加到 App 分组。然后，将"D:\GD32E2KeilTest\Product\13.DAC\App\ProcHostCmd"路径添加到 Include Paths 栏中。

步骤 8：ProcHostCmd.h 文件代码详解

单击■按钮进行编译，编译结束后，在 Project 面板中，双击 ProcHostCmd.c 下的 ProcHostCmd.h 文件。

在 ProcHostCmd.h 文件的"枚举结构体"区，定义了如程序清单 14-19 所示的结构体。从机在接收到主机发送的命令后，会向主机发送应答消息，该枚举的元素即为应答消息，其定义如表 14-3 所示。

程序清单 14-19

```
//应答消息定义
typedef enum{
  CMD_ACK_OK,                              //0 命令成功
  CMD_ACK_CHECKSUM,                        //1 校验和错误
  CMD_ACK_LEN,                             //2 命令包长度错误
  CMD_ACK_BAD_CMD,                         //3 无效命令
  CMD_ACK_PARAM_ERR,                       //4 命令参数数据错误
  CMD_ACK_NOT_ACC                          //5 命令不接受
}EnumCmdAckType;
```

在 ProcHostCmd.h 文件的"API 函数声明"区，声明了 2 个 API 函数，如程序清单 14-20 所示。InitProcHostCmd 函数初始化 ProcHostCmd 模块；ProcHostCmd 函数处理来自主机的命令。

程序清单 14-20

```
void  InitProcHostCmd(void);                    //初始化 ProcHostCmd 模块
void  ProcHostCmd(unsigned char recData);       //处理主机命令
```

步骤 9：ProcHostCmd.c 文件代码详解

在 Project 面板中，双击打开 ProcHostCmd.c 文件，在 ProcHostCmd.c 文件的"包含头文件"区，包含了 Wave.h 和 TLC5615.h 头文件。这样就可以在 ProcHostCmd.c 文件中调用 wave 模块以及 TLC5615 模块的宏定义和 API 函数，实现对 DAC 输出的控制。

在 ProcHostCmd.c 文件的"内部函数声明"区中，声明了一个内部函数，如程序清单14-21 所示。OnGenWave 函数是生成波形命令的响应函数。

程序清单 14-21

```
static unsigned char  OnGenWave(unsigned char* pMsg)    //生成波形的响应函数
```

在 ProcHostCmd.c 文件的"内部函数实现"区，为 OnGenWave 函数的实现代码，如程序清单 14-22 所示。下面按照顺序对 OnGenWave 函数中的语句进行解释说明。

（1）定义一个 StructDACWave 类型的结构体变量 wave，用于存放波形的地址和点数。

（2）OnGenWave 函数的参数 pMsg 包含了待生成波形的类型信息。当 pMsg[0]为 0x00 时，表示从机接收到生成正弦波的命令，通过 GetSineWave256PointAddr 函数获取正弦波数组的地址，并赋给 wave.waveBufAddr；当 pMsg[0]为 0x01 时，表示从机接收到生成三角波的命令，通过 GetTriWave256PointAddr 函数获取三角波数组的地址，并赋给 wave.waveBufAddr；当 pMsg[0]为 0x02 时，表示从机接收到生成方波的命令，通过 GetRectWave256PointAddr 函数获取方波数组的地址，并赋给 wave.waveBufAddr，可参见表 14-2。

（3）无论是正弦波、三角波，还是方波，待生成波形的点数均为 256，因此，将 wave 的成员变量 waveBufSize 赋值为 256。

（4）根据结构体变量 wave 的成员变量 waveBufAddr 和 waveBufSize，通过 SetDACWave 函数设置 DAC 待输出的波形参数。

（5）枚举元素 CMD_ACK_OK 作为 OnGenWave 函数的返回值，表示从机接收并处理主机命令成功。

程序清单 14-22

```
static unsigned char OnGenWave(unsigned char* pMsg)
{
  StructDACWave wave;                  //DAC 波形属性

  if(pMsg[0] == 0x00)
  {
    wave.waveBufAddr  = (unsigned int)GetSineWave256PointAddr(); //获取正弦波数组的地址
  }
  else if(pMsg[0] == 0x01)
  {
    wave.waveBufAddr  = (unsigned int)GetTriWave256PointAddr();  //获取三角波数组的地址
  }
  else if(pMsg[0] == 0x02)
  {
    wave.waveBufAddr  = (unsigned int)GetRectWave256PointAddr(); //获取方波数组的地址
  }

  wave.waveBufSize  = 256;             //波形一个周期点数为 256

  SetDACWave(wave);                    //设置 DAC 波形属性

  return(CMD_ACK_OK);                  //返回命令成功
}
```

在 ProcHostCmd.c 文件"API 函数实现"区的 ProcHostCmd 函数中,通过调用 OnGenWave 函数,即可根据计算机中信号采集工具的命令切换波形,如程序清单 14-23 所示。

程序清单 14-23

```
void ProcHostCmd(unsigned char recData)
{
  unsigned char ack;                  //存储应答消息
  StructPackType pack;                //包结构体变量

  while(UnPackData(recData))          //解包成功
  {
    pack = GetUnPackRslt();           //获取解包结果

    switch(pack.packModuleId)         //模块 ID
    {
      case MODULE_WAVE:               //波形信息
        ack = OnGenWave(pack.arrData);                        //生成波形
        SendAckPack(MODULE_WAVE, CMD_GEN_WAVE, ack);          //发送命令应答消息包
        break;
      default:
        break;
    }
  }
}
```

步骤 10：完善 DAC 实验应用层

在 Project 面板中，双击打开 Main.c 文件，在 Main.c 文件"包含头文件"区的最后，添加如程序清单 14-24 所示的代码。

程序清单 14-24

```
#include "TLC5615.h"
#include "Wave.h"
#include "ProcHostCmd.h"
```

在 Main.c 文件的 InitSoftware 函数中，添加调用 InitProcHostCmd 函数的代码，如程序清单 14-25 所示，这样就实现了对 ProcHostCmd 模块的初始化。

程序清单 14-25

```
static  void  InitSoftware(void)
{
  InitPackUnpack();                       //初始化 PackUnpack 模块
  InitSendDataToHost();                   //初始化 SendDataToHost 模块
  InitProcHostCmd();                      //初始化 ProcHostCmd 模块
}
```

在 Main.c 文件的 InitHardware 函数中，添加调用 InitTLC5615 函数的代码，如程序清单 14-26 所示，这样就实现了对 InitTLC5615 模块的初始化。

程序清单 14-26

```
static  void  InitHardware(void)
{
  SystemInit();                           //系统初始化
  InitRCU();                              //初始化 RCU 模块
  InitNVIC();                             //初始化 NVIC 模块
  InitUART0(115200);                      //初始化 UART 模块
  InitTimer();                            //初始化 Timer 模块
  InitLED();                              //初始化 LED 模块
  InitSysTick();                          //初始化 SysTick 模块
  InitADC();                              //初始化 ADC 模块
  InitTLC5615();                          //初始化 TLC5615 模块
}
```

在 Main.c 文件的 Proc2msTask 函数中，添加调用 ReadUART0、ProcHostCmd 和 TLC5615OutPut 函数的代码，以及 UART0RecData 变量的定义代码，如程序清单 14-27 所示。ReadUART0 函数用于读取主机发送给从机的命令；ProcHostCmd 函数用于处理接收到的主机命令；TLC5615OutPut 函数用于输出波形数据。

程序清单 14-27

```
static  void  Proc2msTask(void)
{
  unsigned char  UART0RecData;            //串口数据
```

```c
unsigned short  adcData;                          //队列数据
unsigned char   waveData;                         //波形数据

static unsigned char s_iCnt4 = 0;                 //计数器
static unsigned char s_iPointCnt = 0;             //波形数据包的点计数器
static unsigned char s_arrWaveData[5] = {0};      //初始化数组

if(Get2msFlag())                                  //判断 2ms 标志位状态
{
  if(ReadUART0(&UART0RecData, 1))                 //读串口接收数据
  {
    ProcHostCmd(UART0RecData);                    //处理命令
  }

  s_iCnt4++;                                      //计数增加

  if(s_iCnt4 >= 4)                                //达到 8ms
  {
    if(ReadADCBuf(&adcData))                      //从缓存队列中取出 1 个数据
    {
      waveData = (adcData * 127) / 1023;          //计算获取点的位置
      s_arrWaveData[s_iPointCnt] = waveData;      //存放到数组
      s_iPointCnt++;                              //波形数据包的点计数器加 1 操作

      if(s_iPointCnt >= 5)                        //接收到 5 个点
      {
        s_iPointCnt = 0;                          //计数器清零
        SendWaveToHost(s_arrWaveData);           //发送波形数据包
      }
    }
    s_iCnt4 = 0;                                  //准备下次的循环
  }

  TLC5615OutPut();

  LEDFlicker(250);                                //调用闪烁函数

  Clr2msFlag();                                   //清除 2ms 标志位
}
}
```

步骤 11：编译及下载验证

代码编写完成并编译通过后，下载程序并进行复位。下载完成后，将 GD32E2 杏仁派开发板的 DAC_OUT 引脚分别连接到 PA1 引脚和示波器探头，并通过 USB 转 Type-C 型连接线将 GD32E2 杏仁派开发板连接到计算机，在计算机上打开信号采集工具，DAC 实验硬件连接图如图 14-22 所示。

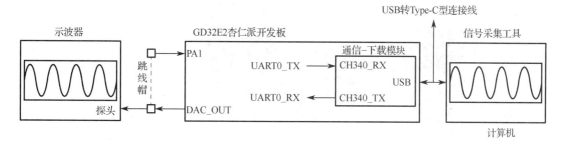

图 14-22　DAC 实验硬件连接图

在信号采集工具窗口中，单击左侧的"扫描"按钮，选择通信-下载模块对应的串口号（提示：每台机器的 COM 编号可能不同）。将"波特率"设置为 115200，"数据位"设置为 8，"停止位"设置为 1，"校验位"设置为 NONE，然后单击"打开"按钮（单击之后，按钮名称将切换为"关闭"），信号采集工具的状态栏显示"COM3 已打开，115200，8，One，None"；同时，在波形显示区可以实时观察到正弦波，如图 14-23 所示。

在示波器上也可以观察到正弦波，如图 14-24 所示。

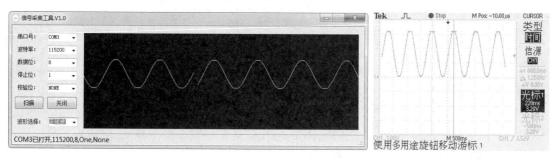

图 14-23　波形采集工具实测图——正弦波　　　　　图 14-24　示波器实测图——正弦波

在信号采集工具窗口左下方的"波形选择"下拉框中选择"三角波"，可以在波形显示区实时观察到三角波，如图 14-25 所示。

在示波器上观察到的三角波如图 14-26 所示。

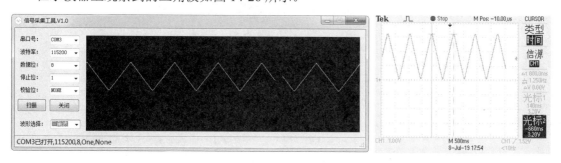

图 14-25　波形采集工具实测图——三角波　　　　　图 14-26　示波器实测图——三角波

在信号采集工具窗口左下方的"波形选择"下拉框中选择"方波"，可以在波形显示区实时观察到方波，如图 14-27 所示。

在示波器上观察到的方波如图 14-28 所示。

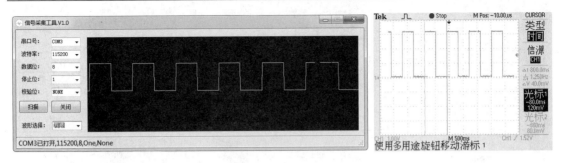

图 14-27　波形采集工具实测图——方波　　　　图 14-28　示波器实测图——方波

本 章 任 务

通过 GD32E2 杏仁派开发板上的 KEY_1 按键可以切换波形类型，并将波形类型显示在 OLED 上；通过 KEY_2 按键可以对波形的幅值进行递增调节；通过 KEY_3 按键可以对波形的幅值进行递减调节。

本 章 习 题

1．简述本实验中的 DAC 的工作原理。

2．计算本实验中 DAC 输出的正弦波的周期。

3．本实验中的 TLC5615 为 10 位电压型输出 DAC，这里的"10 位"代表什么？如果将 DAC 的输出数据设置为 4095，则引脚输出的电压值是多少？如果将 DAC 配置为 8 位模式，如何让引脚输出 3.3V 电压？两种模式有什么区别？

第 15 章　ADC

ADC 是英文 Analog to Digital Converter 的缩写，即模数转换器。GD32E230C8T6 芯片内嵌 1 个 12 位逐次逼近型 ADC，每个 ADC 公用多达 10 个外部通道，可以实现单次或多次扫描转换。各通道的模数转换可以单次、连续、扫描或间断模式执行，ADC 的结果以左对齐或右对齐方式存储在 16 位数据寄存器中。本章首先介绍 ADC 及其相关寄存器和固件库函数，然后通过实验介绍如何通过 ADC 进行模数转换。

15.1　实 验 内 容

将 GD32E230C8T6 芯片的 PA1 引脚配置为 ADC 输入端口，编写程序实现以下功能：①将 TLC5615 的 DAC_OUT 引脚连接到 PA1 引脚（通过跳线帽短接 J_{102} 即可）；②通过 ADC 对 PA1 引脚的模拟信号量进行采样和模数转换；③将转换后的数字量按照 PCT 通信协议进行打包；④通过 GD32E2 杏仁派开发板的 UART0 将打包后的数据实时发送至计算机；⑤通过计算机上的信号采集工具动态显示接收到的波形。

15.2　实 验 原 理

15.2.1　ADC 功能框图

图 15-1 所示是 ADC 的功能框图，该框图涵盖的内容非常全面，但绝大多数应用只涉及其中一部分。下面依次介绍 ADC 的电源与参考电压、ADC 输入通道、ADC 触发源、模数转换器、数据寄存器。

1. ADC 的电源与参考电压

V_{DDA} 和 V_{SSA} 引脚分别是 ADC 的电源端和地端。ADC 的参考电压也称为基准电压，如果没有基准电压，就无法确定被测信号的准确幅值。例如，基准电压为 5V，分辨率为 8 位的 ADC，当被测信号电压达到 5V 时，ADC 输出满量程读数，即 255，就代表被测信号的电压等于 5V；如果 ADC 输出 127，则代表被测信号的电压等于 2.5V。ADC 的参考电压可以是外接基准电压，或内置基准电压，或外接基准电压和内置基准电压并用，但外接基准电压优先于内置基准电压。

表 15-1 所示引脚是 GD32 的 ADC 引脚，V_{DDA}、V_{SSA} 引脚建议分别与 V_{DD}、V_{SS} 引脚连接。GD32 微控制器的 ADC 是不能直接测量负电压的。当需要测量负电压或被测电压信号超出范围时，需要先经过运算电路进行抬高，或利用电阻进行分压。注意，GD32E2 杏仁派开发板上的 GD32E230C8T6 芯片的参考电压在内部连接至 V_{DDA} 和 V_{SSA} 引脚。由于开发板上的 V_{DDA}=3.3V，V_{SSA}=0V，因此，参考正电压为 3.3V，参考负电压为 0V。

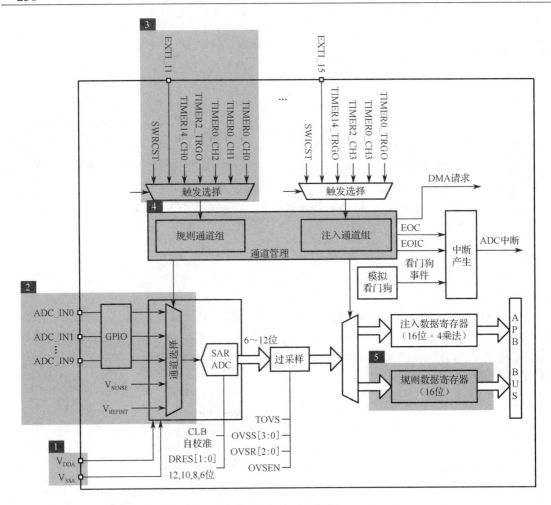

图 15-1 ADC 功能框图

表 15-1 ADC 引脚

引脚名称	信号类型	注 释
V_{DDA}	输入，模拟电源	等效于 V_{DD} 的模拟电源，且 2.4V≤V_{DDA}≤V_{DD}（3.6V）
V_{SSA}	输入，模拟地	等效于 V_{SS} 的模拟地
ADCx_IN[9:0]	模拟输入信号	10 个模拟输入通道

2．ADC 输入通道

GD32E23x 系列微控制器的 ADC 有多达 12 个通道，可以测量 10 个外部通道（ADC_IN0~ADC_IN9）和 2 个内部通道（V_{SENSE} 和 V_{REFINT}）。本实验使用到外部通道 ADC_IN1，该通道与 PA1 引脚相连接。

3．ADC 触发源

GD32E23x 系列微控制器的 ADC 支持外部事件触发转换，包括内部定时器触发和外部 I/O 触发。本实验使用 TIMER0 进行触发，该触发源通过 ADC 控制寄存器 1（即 ADC_CTL1 的 ETSRC[2:0]位）进行选择，选择好该触发源后，还需要通过 ADC_CTL1 的 ETERC 使能触发源。

4．模数转换单元

模数转换单元是 ADC 的核心单元，模拟量在该单元被转换为数字量。模数转换单元有 2 个通道组，分别是规则通道组和注入通道组。规则通道相当于正常运行的程序，而注入通道相当于中断。本实验仅使用规则通道组，未使用注入通道组。

5．规则数据寄存器

模拟量转换成数字量之后，规则通道组的数据存放在 ADC_RDATA 中，注入通道组的数据存放在 ADC_IDATAx 中。ADC_RDATA 是一个 32 位的寄存器，只有低 16 位有效，由于 ADC 的分辨率为 12 位，因此，转换后的数字量既可以按照左对齐方式存储，也可以按照右对齐方式存储，具体按哪种方式，需要通过 ADC_CTL1 的 DAL 进行设置。

前文讲过，规则通道最多可以对 10 个信号源进行转换，而用于存放规则通道组的 ADC_RDATA 只有 1 个，如果对多个通道进行转换，旧的数据就会被新的数据覆盖，因此，每完成一次转换都需要立刻将该数据取走，或开启 DMA 模式，把数据转存至 SRAM 中。本实验只对外部通道 ADC_IN1（与 PA1 引脚相连）进行采样和转换，每次转换完之后，都通过 DMA 的通道 0 将数据转存到 SRAM（s_arrADC1Data 变量）中，TIMER0 的中断服务函数再将 s_arrADC1Data 变量写入 ADC 缓冲区（s_structADCCirQue 循环队列），应用层根据需要从 ADC 缓冲区读取转换后的数字量。

15.2.2　ADC 时钟及其转换时间

（1）ADC 时钟

GD32E23x 系列微控制器的 ADC 输入时钟 CK_ADC 由 PCLK2 经过分频产生，最大为 28MHz。本实验中，PCLK2 为 72MHz，CK_ADC 为 PCLK2 的 6 分频，因此，ADC 输入时钟为 12MHz。CK_ADC 的时钟分频系数可以通过 RCU_CFG0 和 RCU_CFG2 进行更改，也可以通过 rcu_adc_clock_config 函数进行更改。

（2）ADC 转换时间

ADC 使用若干 CK_ADC 周期对输入电压进行采样，采样周期的数目可由 ADC_SAMPT0 和 ADC_SAMPT1 中的 SPTx[2:0]位配置，也可由 adc_regular_channel_config 函数进行更改。每个通道可以使用不同的采样时间。

ADC 的总转换时间可以根据如下公式计算：

$$T_{\text{CONV}} = 采样时间 + 12.5 \text{ 个 ADC 时钟周期}$$

其中，采样时间可配置为 1.5、7.5、13.5、28.5、41.5、55.5、71.5、239.5 个 ADC 时钟周期。

本实验的 ADC 输入时钟是 12MHz，即 CK_ADC=12MHz，采样时间为 239.5 个 ADC 时钟周期，计算 ADC 的总转换时间为

$$
\begin{aligned}
T_{\text{CONV}} &= 239.5 个 ADC 时钟周期 + 12.5 个 ADC 时钟周期 \\
&= 252 个 ADC 时钟周期 \\
&= 252 \times \frac{1}{12} \mu s \\
&= 21 \mu s
\end{aligned}
$$

15.2.3　ADC 实验逻辑框图分析

图 15-2 是 ADC 实验逻辑框图，其中，TIMER0 设置为 ADC 的触发源，每 10ms 触发一

次，用于对 ADC_CH0（即 PA1）的模拟信号量进行模数转换，每次转换结束后，DMA 控制器将 ADC_RDATA 中的数据通过 DMA 传送到 Flash（ad_value[0]变量）。TIMER0 每 10ms 通过中断服务函数 WriteADCBuf 将 ad_value[0]变量值存入 s_structADCCirQue 缓冲区，该缓冲区是一个循环队列，应用层通过函数 ReadADCBuf 读取其中的数据。图 15-2 中灰色部分的代码已由本书配套的资料包提供，本实验只需要完成 ADC 采样和处理部分。

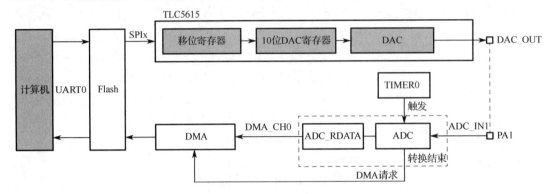

图 15-2 ADC 实验逻辑框图

15.2.4 ADC 缓冲区

如图 15-3 所示，本实验中，ADC 将模拟信号量转换为数字信号量，转换结束后，产生一个 DMA 请求，再由 DMA 将 ADC_RDATA 中的数据传送到 Flash（即变量 ad_value[0]），TIMER0 用作触发 ADC。另外，当 DMA 传输完成时，将产生一次 DMA 中断，在 DMA_Channel0_IRQHandler 中断服务函数中，通过 WriteADCBuf 函数将变量 ad_value[0]写入 ADC 缓冲区，即结构体变量 s_structADCCirQue，在微控制器应用层，用户可以通过 ReadADCBuf 函数读取 ADC 缓冲区中的数据。写 ADC 缓冲区实际上是间接调用 EnU16Queue 函数实现，读 ADC 缓冲区实际上是间接调用 DeU16Queue 函数实现。ADC 缓冲区的大小由 ADC_BUF_SIZE 决定，本实验中，ADC_BUF_SIZE 取 100，该缓冲区的变量类型为 unsigned short 型。

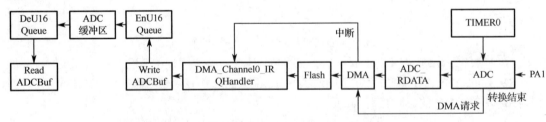

图 15-3 ADC 缓冲区及其数据通路

15.2.5 ADC 部分寄存器

本实验涉及的 ADC 寄存器包括控制寄存器 0（ADC_CTL0）、控制寄存器 1（ADC_CTL1）、采样时间寄存器 0（ADC_SAMPT0）、采样时间寄存器 1（ADC_SAMPT1）、规则序列寄存器 0（ADC_RSQ0）、规则序列寄存器 1（ADC_RSQ1）和规则序列寄存器 2（ADC_RSQ2）。

1. 控制寄存器 0（ADC_CTL0）

ADC_CTL0 的结构、偏移地址和复位值如图 15-4 所示，部分位的解释说明如表 15-2 所示。

偏移地址：0x04

复位值：0x0000 0000

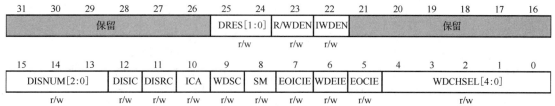

图 15-4　ADC_CTL0 的结构、偏移地址和复位值

表 15-2　ADC_CTL0 部分位的解释说明

位/位域	名　　称	描　　述
25:24	DRES [1:0]	ADC 分辨率。 00：12 位；01：10 位；10：8 位；11：6 位
23	RWDEN	规则通道组模拟看门狗使能。 0：规则通道组模拟看门狗禁止；1：规则通道组模拟看门狗使能
22	IWDEN	注入通道组模拟看门狗使能。 0：注入通道组模拟看门狗禁止；1：注入通道组模拟看门狗使能
15:13	DISNUM[2:0]	间断模式下的转换数目。 触发后即将被转换的通道数目将变成 DISNUM[2:0]+1
12	DISIC	注入通道组间断模式。 0：注入通道组间断模式禁止；1：注入通道组间断模式使能
11	DISRC	规则通道组间断模式。 0：规则通道组间断模式禁止；1：规则通道组间断模式使能
10	ICA	注入通道组自动转换。 0：注入通道组自动转换禁止；1：注入通道组自动转换使能
9	WDSC	扫描模式下，模拟看门狗在单通道有效。 0：模拟看门狗在所有通道有效；1：模拟看门狗在单通道有效
8	SM	扫描模式。 0：扫描模式禁止；1：扫描模式使能
7	EOICIE	EOIC 中断使能。 0：EOIC 中断禁止；1：EOIC 中断使能
6	WDEIE	WDE 中断使能。 0：WDE 中断禁止；1：WDE 中断使能
5	EOCIE	EOC 中断使能。 0：EOC 中断禁止；1：EOC 中断使能
4:0	WDCHSEL[4:0]	模拟看门狗通道选择。 00000：ADC 通道 0；00001：ADC 通道 1；00010：ADC 通道 2； ⋮ 01000：ADC 通道 8；01001：ADC 通道 9；10000：ADC 通道 16；10001：ADC 通道 17。 注意，ADC 的模拟输入通道 16 和通道 17 分别连接到 V_{SENSE} 和 V_{REFINT}

2．控制寄存器 1（ADC_CTL1）

ADC_CTL1 的结构、偏移地址和复位值如图 15-5 所示，部分位的解释说明如表 15-3 所示。

偏移地址：0x08

复位值：0x0000 0000

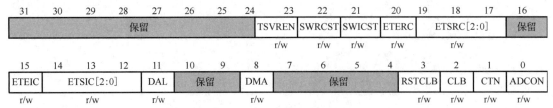

图 15-5　ADC_CTL1 的结构、偏移地址和复位值

表 15-3　ADC_CTL1 部分位的解释说明

位/位域	名　　称	描　　述
23	TSVREN	ADC 的通道 16 和通道 17 使能。 0：ADC 的通道 16 和通道 17 禁止；1：ADC 的通道 16 和通道 17 使能
22	SWRCST	规则通道组转换开始。 如果 ETSRC 是 111，该位置 1 开启规则通道组转换；该位由软件置 1，软件清零或转换开始由硬件清零
21	SWICST	注入通道组转换开始。 如果 ETSIC 是 111，该位置 1 开启注入通道组转换；该位由软件置 1，软件清零或转换开始由硬件清零
20	ETERC	规则通道组外部触发使能。 0：规则通道组外部触发禁止；1：规则通道组外部触发使能
19:17	ETSRC [2:0]	规则通道组通道外部触发选择。 000：TIMER0 CH0；001：TIMER0 CH1；010：TIMER0 CH2； 011：保留；100：TIMER2 TRGO；101：TIMER14 CH0； 110：中断线 11；111：软件触发 SWRCST
15	ETEIC	注入通道组外部触发使能。 0：注入通道组外部触发禁止；1：注入通道组通道外部触发使能
14:12	ETSIC [2:0]	注入通道组通道外部触发选择。 000：TIMER0 TRGO；001：TIMER0 CH3； 010：保留；011：保留； 100：TIMER2 CH3；101：TIMER14 TRGO； 110：中断线 15；111：软件触发 SWICST
11	DAL	数据对齐。 0：右对齐；1：左对齐
8	DMA	DMA 请求使能。 0：DMA 请求禁止；1：DMA 请求使能
3	RSTCLB	校准复位。 软件置 1，在校准寄存器初始化后，该位硬件清零。 0：校准寄存器初始化结束；1：校准寄存器初始化开始
2	CLB	ADC 校准。 0：校准结束；1：校准开始

续表

位/位域	名　称	描　述
1	CTN	连续模式。 0：连续模式禁止；1：连续模式使能
0	ADCON	开启 ADC。该位从 0 变成 1 将在稳定时间结束后唤醒 ADC。当该位被置 1 后，不改变寄存器的其他位，仅对该位写 1，将开启转换。 0：禁止 ADC 并掉电；1：使能 ADC

3．采样时间寄存器 0（ADC_SAMPT0）

ADC_SAMPT0 的结构、偏移地址和复位值如图 15-6 所示，部分位的解释说明如表 15-4 所示。

偏移地址：0x0C

复位值：0x0000 0000

31:24	23:21	20:18	17:16
保留	SPT17[2:0]	SPT16[2:0]	保留
	r/w	r/w	

15:0
保留

图 15-6　ADC_SAMPT0 的结构、偏移地址和复位值

表 15-4　ADC_SAMPT0 部分位的解释说明

位/位域	名　称	描　述
23:21	SPT17[2:0]	参考 SPT16[2:0]的描述
20:18	SPT16[2:0]	通道采样时间。 000：1.5 周期；001：7.5 周期；010：13.5 周期；011：28.5 周期； 100：41.5 周期；101：55.5 周期；110：71.5 周期；111：239.5 周期

4．采样时间寄存器 1（ADC_SAMPT1）

ADC_SAMPT1 的结构、偏移地址和复位值如图 15-7 所示，部分位的解释说明如表 15-5 所示。

偏移地址：0x10

复位值：0x0000 0000

31:30	29:27	26:24	23:21	20:18	17:16
保留	SPT9[2:0]	SPT8[2:0]	SPT7[2:0]	SPT6[2:0]	SPT5[2:1]
	r/w	r/w	r/w	r/w	r/w

15	14:12	11:9	8:6	5:3	2:0
SPT5[0]	SPT4[2:0]	SPT3[2:0]	SPT2[2:0]	SPT1[2:0]	SPT0[2:0]
r/w	r/w	r/w	r/w	r/w	r/w

图 15-7　ADC_SAMPT1 的结构、偏移地址和复位值

5．规则序列寄存器 0（ADC_RSQ0）

ADC_RSQ0 的结构、偏移地址和复位值如图 15-8 所示，部分位的解释说明如表 15-6 所示。

表 15-5　ADC_SAMPT1 部分位的解释说明

位/位域	名　称	描　述	位/位域	名　称	描　述
29:27	SPT9[2:0]	参考 SPT0[2:0]的描述	14:12	SPT4[2:0]	参考 SPT0[2:0]的描述
26:24	SPT8[2:0]	参考 SPT0[2:0]的描述	11:9	SPT3[2:0]	参考 SPT0[2:0]的描述
23:21	SPT7[2:0]	参考 SPT0[2:0]的描述	8:6	SPT2[2:0]	参考 SPT0[2:0]的描述
20:18	SPT6[2:0]	参考 SPT0[2:0]的描述	5:3	SPT1[2:0]	参考 SPT0[2:0]的描述
17:15	SPT5[2:0]	参考 SPT0[2:0]的描述	2:0	SPT0[2:0]	通道采样时间。 000：1.5 周期；001：7.5 周期； 010：13.5 周期；011：28.5 周期； 100：41.5 周期；101：55.5 周期； 110：71.5 周期；111：239.5 周期

偏移地址：0x2C

复位值：0x0000 0000

31:24	23:20	19:16
保留	RL[3:0]	RSQ15[4:1]
	r/w	r/w

15	14:10	9:5	4:0
RSQ15[0]	RSQ14[4:0]	RSQ13[4:0]	RSQ12[4:0]
r/w	w	r/w	r/w

图 15-8　ADC_RSQ0 的结构、偏移地址和复位值

表 15-6　ADC_RSQ0 部分位的解释说明

位/位域	名　称	描　述
23:20	RL[3:0]	规则通道组通道长度。 规则通道组通道转换序列中的总通道数目为 RL[3:0] + 1
19:15	RSQ15[4:0]	通道编号(0, 1, 2, …, 9, 16, 17)写入这些位来选择规则通道的第 *n* 个转换的通道
14:10	RSQ14[4:0]	同 RSQ15[4:0]
9:5	RSQ13[4:0]	同 RSQ15[4:0]
4:0	RSQ12[4:0]	同 RSQ15[4:0]

6．规则序列寄存器 1（ADC_RSQ1）

ADC_RSQ1 的结构、偏移地址和复位值如图 15-9 所示，部分位的解释说明如表 15-7 所示。

偏移地址：0x30

复位值：0x0000 0000

31:30	29:25	24:20	19:16
保留	RSQ11[4:0]	RSQ10[4:0]	RSQ9[4:1]
	r/w	r/w	r/w

15	14:10	9:5	4:0
RSQ9[0]	RSQ8[4:0]	RSQ7[4:0]	RSQ6[4:0]
r/w	r/w	r/w	r/w

图 15-9　ADC_RSQ1 的结构、偏移地址和复位值

7．规则序列寄存器 2（ADC_RSQ2）

ADC_RSQ2 的结构、偏移地址和复位值如图 15-10 所示，部分位的解释说明如表 15-8 所示。

偏移地址：0x34
复位值：0x0000 0000

31	30	29	28	27	26	25	24	23	22	21	20	19	18	17	16
保留		RSQ5[4:0]					RSQ4[4:0]					RSQ3[4:1]			
		r/w					r/w					r/w			

15	14	13	12	11	10	9	8	7	6	5	4	3	2	1	0
RSQ3[0]	RSQ2[4:0]					RSQ1[4:0]					RSQ0[4:0]				
r/w	r/w					r/w					r/w				

图 15-10　ADC_RSQ2 的结构、偏移地址和复位值

表 15-7　ADC_RSQ1 部分位的解释说明

位/位域	名　称	描　述
29:25	RSQ11[4:0]	同 RSQ15[4:0]
24:20	RSQ10[4:0]	同 RSQ15[4:0]
19:15	RSQ9[4:0]	同 RSQ15[4:0]
14:10	RSQ8[4:0]	同 RSQ15[4:0]
9:5	RSQ7[4:0]	同 RSQ15[4:0]
4:0	RSQ6[4:0]	同 RSQ15[4:0]

表 15-8　ADC_RSQ2 部分位的解释说明

位/位域	名　称	描　述
29:25	RSQ5[4:0]	同 RSQ15[4:0]
24:20	RSQ4[4:0]	同 RSQ15[4:0]
19:15	RSQ3[4:0]	同 RSQ15[4:0]
14:10	RSQ2[4:0]	同 RSQ15[4:0]
9:5	RSQ1[4:0]	同 RSQ15[4:0]
4:0	RSQ0[4:0]	同 RSQ15[4:0]

15.2.6　ADC 部分固件库函数

本实验涉及的 ADC 固件库函数包括 adc_channel_length_config、adc_regular_channel_config、adc_external_trigger_config、adc_external_trigger_source_config、adc_data_alignment_config、adc_enable、adc_calibration_enable、adc_dma_mode_enable。这些函数在 gd32e230_adc.h 文件中声明，在 gd32e230_adc.c 文件中实现。

1．adc_channel_length_config 函数

adc_channel_length_config 函数的功能是配置规则通道组或注入通道组的长度。具体描述如表 15-9 所示。

表 15-9　adc_channel_length_config 函数的描述

函 数 名	adc_channel_length_config
函 数 原 型	void adc_channel_length_config(uint8_t channel_group, uint32_t length)
功 能 描 述	配置规则通道组或注入通道组的长度
输入参数 1	channel_group：通道组选择
输入参数 2	length：通道长度，规则通道组为 1～16，注入通道组为 1～4
输 出 参 数	无
返 回 值	void

参数 channel_group 用于设置通道组，其可取值如表 15-10 所示。

表 15-10　参数 channel_group 的可取值

可　取　值	描　　述
ADC_REGULAR_CHANNEL	规则通道组
ADC_INSERTED_CHANNEL	注入通道组

例如，配置 ADC 规则通道组的长度为 4，代码如下：

```
adc_channel_length_config(ADC_REGULAR_CHANNEL, 4);
```

2. adc_regular_channel_config 函数

adc_regular_channel_config 函数的功能是配置 ADC 规则通道组。具体描述如表 15-11 所示。

表 15-11　adc_regular_channel_config 函数的描述

函　数　名	adc_regular_channel_config
函　数　原　型	void adc_regular_channel_config(uint8_t rank, uint8_t channel, uint32_t sample_time)
功　能　描　述	配置 ADC 规则通道组
输入参数 1	rank：规则通道组通道序列，取值范围为 0～15
输入参数 2	Channel：ADC 通道选择。ADC_CHANNEL_x：ADC 通道 x (x=0, 1, 2, …, 9, 16, 17)
输入参数 3	sample_time：采样时间
输出参数	无
返　回　值	void

参数 sample_time 用于设置采样时间，其可取值如表 15-12 所示。

表 15-12　参数 sample_time 的可取值

可　取　值	描　述	可　取　值	描　述
ADC_SAMPLETIME_1POINT5	1.5 周期	ADC_SAMPLETIME_41POINT5	41.5 周期
ADC_SAMPLETIME_7POINT5	7.5 周期	ADC_SAMPLETIME_55POINT5	55.5 周期
ADC_SAMPLETIME_13POINT5	13.5 周期	ADC_SAMPLETIME_71POINT5	71.5 周期
ADC_SAMPLETIME_28POINT5	28.5 周期	ADC_SAMPLETIME_239POINT5	239.5 周期

例如，设置 ADC 通道 0 采样时间为 7.5 个时钟周期，代码如下：

```
adc_regular_channel_config(1, ADC_CHANNEL_0, ADC_SAMPLETIME_7POINT5);
```

3. adc_external_trigger_config 函数

adc_external_trigger_config 函数的功能是配置 ADC 外部触发。具体描述如表 15-13 所示。

表 15-13　adc_external_trigger_config 函数的描述

函　数　名	adc_external_trigger_config
函　数　原　型	void adc_external_trigger_config(uint8_t channel_group, ControlStatus newvalue)
功　能　描　述	配置 ADC 外部触发
输入参数 1	channel_group：通道组选择
输入参数 2	newvalue：通道使能禁止。可取值：ENABLE 或 DISABLE

输 出 参 数	无
返 回 值	void

例如，使能 ADC 注入通道组 0 的外部触发，代码如下：

```
adc_external_trigger_config(ADC_INSERTED_CHANNEL, ENABLE);
```

4. adc_external_trigger_source_config 函数

adc_external_trigger_source_config 函数的功能是配置 ADC 外部触发源。具体描述如表 15-14 所示。

表 15-14　adc_external_trigger_source_config 函数的描述

函 数 名	adc_external_trigger_source_config
函 数 原 型	void adc_external_trigger_source_config(uint8_t channel_group, uint32_t external_trigger_source)
功 能 描 述	配置 ADC 外部触发源
输入参数 1	channel_group：通道组选择
输入参数 2	external_trigger_source：规则通道组或注入通道组触发源
输 出 参 数	无
返 回 值	void

参数 external_trigger_source 用于设置规则通道组或注入通道组触发源，其可取值如表 15-15 所示。

表 15-15　参数 external_trigger_source 的可取值

可 取 值	描 述
ADC_EXTTRIG_REGULAR_T0_CH0	TIMER0 CH0 事件（规则通道组）
ADC_EXTTRIG_REGULAR_T0_CH1	TIMER0 CH1 事件（规则通道组）
ADC_EXTTRIG_REGULAR_T0_CH2	TIMER0 CH2 事件（规则通道组）
ADC_EXTTRIG_REGULAR_T2_TRGO	TIMER2 TRGO 事件（规则通道组）
ADC_EXTTRIG_REGULAR_T14_CH0	TIMER14 CH0 事件（规则通道组）
ADC_EXTTRIG_REGULAR_EXTI_11	外部中断线 11（规则通道组）
ADC_EXTTRIG_REGULAR_NONE	软件触发（规则通道组）
ADC_EXTTRIG_INSERTED_T0_TRGO	TIMER0 TRGO 事件（注入通道组）
ADC_EXTTRIG_INSERTED_T0_CH3	TIMER0 CH3 事件（注入通道组）
ADC_EXTTRIG_INSERTED_T2_CH3	TIMER2 CH3 事件（注入通道组）
ADC_EXTTRIG_INSERTED_T14_TRGO	TIMER14 TRGO 事件（注入通道组）
ADC_EXTTRIG_INSERTED_EXTI_15	外部中断线 15 （注入通道组）
ADC_EXTTRIG_INSERTED_NONE	软件触发（注入通道组）

例如，配置 ADC 外部触发源为 TIMER0 CH0 事件，代码如下：

```
adc_external_trigger_source_config(ADC_REGULAR_CHANNEL,ADC_EXTTRIG_REGULAR_T0_CH0);
```

5. adc_data_alignment_config 函数

adc_data_alignment_config 函数的功能是配置 ADC 数据对齐方式。具体描述如表 15-16 所示。

表 15-16   adc_data_alignment_config 函数的描述

函 数 名	adc_data_alignment_config
函 数 原 型	void adc_data_alignment_config(uint32_t data_alignment)
功 能 描 述	配置 ADC 数据对齐方式
输 入 参 数	data_alignment：数据对齐方式选择
输 出 参 数	无
返 回 值	void

参数 data_alignment 用于设置数据对齐方式，其可取值如表 15-17 所示。

例如，配置 ADC 的数据对齐方式为 LSB 对齐，代码如下：

```
adc_data_alignment_config(ADC_DATAALIGN_RIGHT);
```

6. adc_enable 函数

adc_enable 函数的功能是使能 ADC 外设。具体描述如表 15-18 所示。

表 15-17   参数 data_alignment 的可取值

可 取 值	描 述
ADC_DATAALIGN_RIGHT	LSB 对齐
ADC_DATAALIGN_LEFT	MSB 对齐

例如，使能 ADC，代码如下：

```
adc_enable();
```

表 15-18   adc_enable 函数的描述

函 数 名	adc_enable
函 数 原 型	void adc_enable(void)
功 能 描 述	使能 ADC 外设
输 入 参 数	无
输 出 参 数	无
返 回 值	void

7. adc_calibration_enable 函数

adc_calibration_enable 函数的功能是 ADC 校准复位。具体描述如表 15-19 所示。

例如，ADC 校准复位，代码如下：

```
adc_calibration_enable();
```

8. adc_dma_mode_enable 函数

adc_dma_mode_enable 函数的功能是 ADC DMA 请求使能。具体描述如表 15-20 所示。

例如，使能 ADC DMA，代码如下：

```
adc_dma_mode_enable();
```

表 15-19   adc_calibration_enable 函数的描述

函 数 名	adc_calibration_enable
函 数 原 型	void adc_calibration_enable(void)
功 能 描 述	ADC 校准复位
输 入 参 数	无
输 出 参 数	无
返 回 值	ADC 重置校准寄存器的新状态（SET 或 RESET）

表 15-20   adc_dma_mode_enable 函数的描述

函 数 名	adc_dma_mode_enable
函 数 原 型	void adc_dma_mode_enable(void)
功 能 描 述	ADC DMA 请求使能
输 入 参 数	无
输 出 参 数	无
返 回 值	void

15.2.7　DMA 功能框图

图 15-11 所示是 DMA 的功能框图,下面依次介绍 DMA 外设和存储器、DMA 请求和 DMA 控制器。

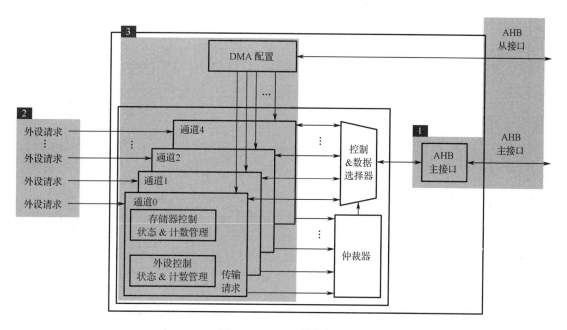

图 15-11　DMA 功能框图

1．DMA 外设和存储器

DMA 数据传输支持从外设到存储器、从存储器到外设、从存储器到存储器。对于大容量 GD32 微控制器,DMA 支持的外设包括 AHB 和 APB 总线上的部分外设,DMA 支持的存储器包括片上 SRAM 和内部 Flash。

2．DMA 请求

DMA 数据传输需要通过 DMA 请求触发,其中,从外设 TIMER0、TIMER2、TIMER5、TIMER14、TIMER15、TIMER16、ADC、SPI/I²S、I²C 和 USART 产生的请求,通过逻辑或输入 DMA 控制器,如图 15-12 所示,这意味着同时只能有一个 DMA 请求有效。

DMA 各通道的请求如表 15-21 所示。

3．DMA 控制器

DMA 控制器有 5 个通道,每个通道专门用来管理来自一个或多个外设的存储器访问请求。如果同时有多个 DMA 请求,则最终的请求响应顺序由仲裁器决定,通过 DMA 寄存器可以将各个通道的优先级设置为低、中、高或极高,如果几个通道的优先级相同,则最终的请求响应顺序取决于通道编号,通道编号越小优先级越高。

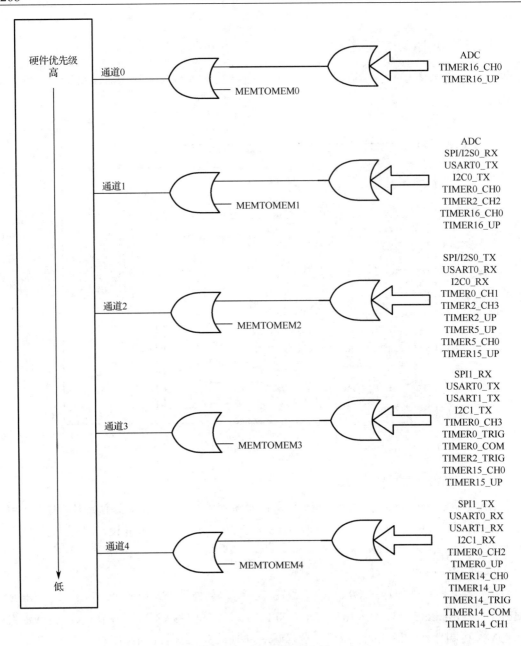

图 15-12　DMA 请求映射

表 15-21　DMA 请求的映射表

外　　设	通道 0	通道 1	通道 2	通道 3	通道 4
ADC	ADC	ADC	—	—	—
SPI/I²S	—	SPI/I2S0_RX	SPI/I2S0_TX	SPI1_RX	SPI1_TX
USART	—	USART0_TX	USART0_RX	USART0_TX USART1_TX	USART0_RX USART1_RX
I²C	—	I2C0_TX	I2C0_RX	I2C1_TX	I2C1_RX

续表

外　设	通道 0	通道 1	通道 2	通道 3	通道 4
TIMER0	—	TIMER0_CH0	TIMER0_CH1	TIMER0_CH3 TIMER0_TRIG TIMER0_COM	TIMER0_CH2 TIMER0_UP
TIMER2	—	TIMER2_CH2	TIMER2_CH3 TIMER2_UP	TIMER2_CH0 TIMER2_TRIG	—
TIMER5	—	—	TIMER5_UP	—	—
TIMER14	—	—	—	—	TIMER14_CH0 TIMER14_UP TIMER14_TRIG TIMER14_COM TIMER14_CH1
TIMER15	—	—	TIMER15_CH0 TIMER15_UP	TIMER15_CH0 TIMER15_UP	—
TIMER16	TIMER16_CH0 TIMER16_UP	TIMER16_CH0 TIMER16_UP	—	—	—

15.2.8　DMA 部分寄存器

本实验涉及的 DMA 寄存器包括中断标志位寄存器（DMA_INTF）、中断标志位清除寄存器（DMA_INTC）、通道 x 控制寄存器（DMA_CHxCTL）（x=0, 1, …, 4）、通道 x 计数寄存器（DMA_CHxCNT）（x=0, 1, …, 4）、通道 x 外设基地址寄存器（DMA_CHxPADDR）（x=0, 1, …, 4）、通道 x 存储器基地址寄存器（DMA_CHxMADDR）（x=0, 1, …, 4）。

1. 中断标志位寄存器（DMA_INTF）

DMA_INTF 的结构、偏移地址和复位值如图 15-13 所示，部分位的解释说明如表 15-22 所示。

偏移地址：0x00

复位值：0x0000 0000

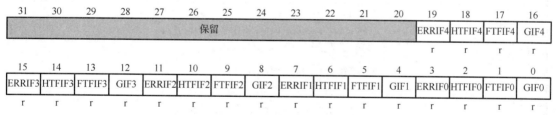

图 15-13　DMA_INTF 的结构、偏移地址和复位值

表 15-22　DMA_INTF 部分位的解释说明

位/位域	名　称	描　述
19/15/11/7/3	ERRIFx	通道 x 错误标志位(x=0, 1, …, 4)。 硬件置 1，软件写 DMA_INTC 相应位为 1 可将该位清零。 0：通道 x 未发生传输错误；1：通道 x 发生传输错误

续表

位/位域	名　称	描　述
18/14/10/6/2	HTFIFx	通道 x 半传输完成标志位(x=0, 1, …, 4)。 硬件置 1，软件写 DMA_INTC 相应位为 1 可将该位清零。 0：通道 x 半传输未完成；1：通道 x 半传输完成
17/13/9/5/1	FTFIFx	通道 x 传输完成标志位(x=0, 1, …, 4)。 硬件置 1，软件写 DMA_INTC 相应位为 1 可将该位清零。 0：通道 x 传输未完成；1：通道 x 传输完成
16/12/8/4/0	GIFx	通道 x 全局中断标志位(x=0, 1, …, 4)。 硬件置 1，软件写 DMA_INTC 相应位为 1 可将该位清零。 0：通道 x ERRIF、HTFIF 或 FTFIF 标志位未置 1； 1：通道 x 至少发生 ERRIF、HTFIF 或 FTFIF 之一置 1

2. 中断标志位清除寄存器（DMA_INTC）

DMA_INTC 的结构、偏移地址和复位值如图 15-14 所示，部分位解释说明如表 15-23 所示。

偏移地址：0x04

复位值：0x0000 0000

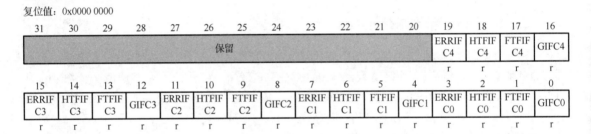

图 15-14　DMA_INTC 的结构、偏移地址和复位值

表 15-23　DMA_INTC 部分位的解释说明

位/位域	名　称	描　述
19/15/11/7/3	ERRIFCx	清除通道 x(x=0, 1, …, 4)的错误标志位。 0：无影响；1：DMA_INTF 寄存器的 ERRIFx 位清零
18/14/10/6/2	HTFIFCx	清除通道 x(x=0, 1, …, 4)的半传输完成标志位。 0：无影响；1：DMA_INTF 寄存器的 HTFIFx 位清零
17/13/9/5/1	FTFIFCx	清除通道 x(x=0, 1, …, 4)的传输完成标志位。 0：无影响；1：DMA_INTF 寄存器的 FTFIFx 位清零
16/12/8/4/0	GIFCx	清除通道 x(x=0, 1, …, 4)的全局中断标志位。 0：无影响；1：DMA_INTF 寄存器的 GIFx、ERRIFx、HTFIFx 和 FTFIFx 位清零

3. 通道 x 控制寄存器（DMA_CHxCTL）（x=0, 1, …, 4）

DMA_CHxCTL 的结构、偏移地址和复位值如图 15-15 所示，部分位的解释说明如表 15-24 所示。

x=0,1,···,4，x为通道序号

偏移地址：0x08+0x14×x

复位值：0x0000 0000

图 15-15 DMA_CHxCTL 的结构、偏移地址和复位值

表 15-24 DMA_CHxCTL 部分位的解释说明

位/位域	名 称	描 述
14	M2M	存储器到存储器模式。软件置1和清零。 0：禁止存储器到存储器模式；1：使能存储器到存储器模式。 CHEN 位为1时，该位不能被配置
13:12	PRIO[1:0]	软件优先级。软件置1和清零。 00：低；01：中；10：高；11：极高。 CHEN 位为1时，该位域不能被配置
11:10	MWIDTH[1:0]	存储器的传输数据宽度。软件置1和清零。 00：8 位；01：16 位；10：32 位；11：保留。 CHEN 位为1时，该位域不能被配置
9:8	PWIDTH[1:0]	外设的传输数据宽度。软件置1和清零。 00：8 位；01：16 位；10：32 位；11：保留。 CHEN 位为1时，该位域不能被配置
7	MNAGA	存储器的地址生成算法。软件置1和清零。 0：固定地址模式；1：增量地址模式。 CHEN 位为1时，该位不能被配置
6	PNAGA	外设的地址生成算法。软件置1和清零。 0：固定地址模式；1：增量地址模式。 CHEN 位为1时，该位不能被配置
5	CMEN	循环模式使能。软件置1和清零。 0：禁止循环模式；1：使能循环模式。 CHEN 位为1时，该位不能被配置
4	DIR	传输方向。软件置1和清零。 0：从外设读出并写入存储器；1：从存储器读出并写入外设。 CHEN 位为1时，该位不能被配置
3	ERRIE	通道错误中断使能位。软件置1和清零。 0：禁止通道错误中断；1：使能通道错误中断
2	HTFIE	通道半传输完成中断使能位。软件置1和清零。 0：禁止通道半传输完成中断；1：使能通道半传输完成中断
1	FTFIE	通道传输完成中断使能位。软件置1和清零。 0：禁止通道传输完成中断；1：使能通道传输完成中断
0	CHEN	通道使能。软件置1和清零。 0：禁止该通道；1：使能该通道

4．通道 x 计数寄存器（DMA_CHxCNT）（x=0, 1, …, 4）

DMA_CHxCNT 的结构、偏移地址和复位值如图 15-16 所示，部分位的解释说明如表 15-25 所示。

x=0,1,…, 4, x为通道序号

偏移地址：0x0C+0x14×x

复位值：0x0000 0000

31	30	29	28	27	26	25	24	23	22	21	20	19	18	17	16
							保留								

15	14	13	12	11	10	9	8	7	6	5	4	3	2	1	0
							CNT[15:0]								

r/w

图 15-16　DMA_CHxCNT 的结构、偏移地址和复位值

表 15-25　DMA_CHxCNT 部分位的解释说明

位/位域	名　称	描　　述
15:0	CNT[15:0]	传输计数。CHEN 位为 1 时，该位域不能被配置。 该寄存器标明还有多少数据等待被传输。一旦通道使能，该寄存器为只读，并在每个 DMA 传输之后值减 1。如果该寄存器的值为 0，无论通道开启与否，都不会有数据传输。如果该通道工作在循环模式下，一旦通道的传输任务完成，该寄存器会被自动重装载为初始设置值

5．通道 x 外设基地址寄存器（DMA_CHxPADDR）（x=0, 1, …, 4）

DMA_CHxPADDR 的结构、偏移地址和复位值如图 15-17 所示，部分位的解释说明如表 15-26 所示。

x=0,1,…, 4, x为通道序号

偏移地址：0x10+0x14×x

复位值：0x0000 0000

31	30	29	28	27	26	25	24	23	22	21	20	19	18	17	16
							PADDR[31:16]								

r/w

15	14	13	12	11	10	9	8	7	6	5	4	3	2	1	0
							PADDR[15:0]								

r/w

图 15-17　DMA_CHxPADDR 的结构、偏移地址和复位值

表 15-26　DMA_CHxPADDR 部分位的解释说明

位/位域	名　称	描　　述
31:0	PADDR[31:0]	外设基地址。CHEN 位为 1 时，该位域不能被配置。 当 PWIDTH 位域的值为 01（16 位）时，PADDR[0]被忽略，访问自动与 16 位地址对齐； 当 PWIDTH 位域的值为 10（32 位）时，PADDR[1:0]被忽略，访问自动与 32 位地址对齐

6．通道 x 存储器基地址寄存器（DMA_CHxMADDR）（x=0, 1, …, 4）

DMA_CHxMADDR 的结构、偏移地址和复位值如图 15-18 所示，部分位的解释说明如表 15-27 所示。

x=0,1,…, 4，x为通道序号

偏移地址：0x14+0x14×x

复位值：0x0000 0000

31	30	29	28	27	26	25	24	23	22	21	20	19	18	17	16
							MADDR[31:16]								
							r/w								

15	14	13	12	11	10	9	8	7	6	5	4	3	2	1	0
							MADDR[15:0]								
							r/w								

图 15-18　DMA_CHxMADDR 的结构、偏移地址和复位值

表 15-27　DMA_CHxMADDR 部分位的解释说明

位/位域	名　　称	描　　述
31:0	MADDR[31:0]	存储器基地址。CHEN 位为 1 时，该位域不能被配置。 当 MWIDTH 位域的值为 01（16 位）时，MADDR[0]被忽略，访问自动与 16 位地址对齐； 当 MWIDTH 位域的值为 10（32 位）时，MADDR[1:0]被忽略，访问自动与 32 位地址对齐

15.2.9　DMA 部分固件库函数

本实验涉及的 DMA 固件库函数包括 dma_init、dma_circulation_enable、dma_memory_to_memory_disable、dma_interrupt_enable 和 dma_channel_enable。这些函数在 gd32e230_dma.h 文件中声明，在 gd32e230_dma.c 文件中实现。

1. dma_init 函数

dma_init 函数的功能是初始化 DMA 通道 x。具体描述如表 15-28 所示。

表 15-28　dma_init 函数的描述

函　数　名	dma_init
函 数 原 型	void dma_init(dma_channel_enum channelx, dma_parameter_struct *init_struct)
功 能 描 述	初始化 DMA 通道 x
输入参数 1	channelx：DMA 通道，DMA_CHx(x=0, 1, …, 4)。
输入参数 2	init_struct：初始化结构体
输 出 参 数	无
返 回 值	void

参数 dma_parameter_struct 结构体的成员组成如表 15-29 所示。

表 15-29　参数 dma_parameter_struct 结构体的成员组成

成 员 名 称	描　　述	成 员 名 称	描　　述
periph_addr	外设基地址	priority	DMA 通道传输软件优先级
periph_width	外设数据传输宽度	periph_inc	外设地址生成算法模式
memory_addr	存储器基地址	memory_inc	存储器地址生成算法模式
memory_width	存储器数据传输宽度	direction	DMA 通道数据传输方向
number	DMA 通道数据传输数量		

例如，初始化 DMA 通道 0，代码如下：

```
dma_parameter_struct dma_init_struct;
dma_struct_para_init(&dma_init_struct);
dma_init_struct.direction = DMA_PERIPHERAL_TO_MEMORY;
dma_init_struct.memory_addr = (uint32_t)g_destbuf;
dma_init_struct.memory_inc = DMA_MEMORY_INCREASE_ENABLE;
dma_init_struct.memory_width = DMA_MEMORY_WIDTH_8BIT;
dma_init_struct.number = TRANSFER_NUM;
dma_init_struct.periph_addr = (uint32_t)BANK0_WRITE_START_ADDR;
dma_init_struct.periph_inc = DMA_PERIPH_INCREASE_ENABLE;
dma_init_struct.periph_width = DMA_PERIPHERAL_WIDTH_8BIT;
dma_init_struct.priority = DMA_PRIORITY_ULTRA_HIGH;
dma_init(DMA_CH0, &dma_init_struct);
```

2. dma_circulation_enable 函数

dma_circulation_enable 函数的功能是 DMA 循环模式使能。具体描述如表 15-30 所示。

表 15-30　dma_circulation_enable 函数的描述

函 数 名	dma_circulation_enable
函 数 原 型	void dma_circulation_enable(dma_channel_enum channelx)
功 能 描 述	DMA 循环模式使能
输 入 参 数	channelx：DMA 通道，DMA_CHx(x=0, 1, …, 4)
输 出 参 数	无
返 回 值	void

例如，使能 DMA 通道 0 的循环模式，代码如下：

```
dma_circulation_enable(DMA_CH0);
```

3. dma_memory_to_memory_disable 函数

dma_memory_to_memory_disable 函数的功能是存储器到存储器 DMA 传输禁止。具体描述如表 15-31 所示。

表 15-31　dma_memory_to_memory_disable 函数的描述

函 数 名	dma_memory_to_memory_disable
函 数 原 型	void dma_memory_to_memory_disable(dma_channel_enum channelx)
功 能 描 述	存储器到存储器 DMA 传输禁止
输 入 参 数	channelx：DMA 通道，DMA_CHx(x=0, 1, …, 4)
输 出 参 数	无
返 回 值	void

例如，禁止通道 0 的存储器到存储器 DMA 传输，代码如下：

```
dma_memory_to_memory_disable(DMA_CH0);
```

4. dma_interrupt_enable 函数

dma_interrupt_enable 函数的功能是 DMA 通道 x 中断使能。具体描述如表 15-32 所示。

表 15-32 dma_interrupt_enable 函数的描述

函 数 名	dma_interrupt_enable
函 数 原 型	void dma_interrupt_enable(dma_channel_enum channelx, uint32_t source)
功 能 描 述	DMA 通道 x 中断使能
输入参数 1	channelx：DMA 通道，DMA_CHx(x=0, 1, …, 4)
输入参数 2	source：DMA 中断源
输 出 参 数	无
返 回 值	void

参数 source 的可取值如表 15-33 所示。

表 15-33 参数 source 的可取值

可 取 值	描 述
DMA_INT_FTF	DMA 通道传输完成中断
DMA_INT_HTF	DMA 通道半传输完成中断
DMA_INT_ERR	DMA 通道错误中断

例如，使能 DMA 通道 0 传输完成中断，代码如下：

```
dma_interrupt_enable(DMA_CH0, DMA_INT_FTF);
```

5. dma_channel_enable 函数

dma_channel_enable 函数的功能是 DMA 通道 x 传输使能。具体描述如表 15-34 所示。

表 15-34 dma_channel_enable 函数的描述

函 数 名	dma_channel_enable
函 数 原 型	void dma_channel_enable(dma_channel_enum channelx)
功 能 描 述	DMA 通道 x 传输使能
输 入 参 数	channelx：DMA 通道，DMA_CHx(x=0, 1, …, 4)
输 出 参 数	无
返 回 值	void

例如，使能 DMA 通道 0 传输，代码如下：

```
dma_channel_enable(DMA_CH0);
```

15.2.10 程序架构

ADC 实验的程序架构如图 15-19 所示。该图简要介绍了程序开始运行后各个函数的执行和调用流程，图中仅列出了与本实验相关的一部分函数。下面解释说明程序架构图。

（1）在 main 函数中调用 InitHardware 函数进行硬件相关模块初始化，包括 RCU、NVIC、UART、Timer 和 ADC 等模块，这里仅介绍 ADC 初始化函数 InitADC。InitADC 函数首先对 ADC 传输功能进行初始化，包括 ADC 相关时钟的初始化 ConfigRCU，使用 ConfigGPIO 函数对 ADC 相关引脚进行初始化操作，使用 ConfigDMA 函数对 DMA 功能进行配置，使用 ConfigADC 函数对 ADC 的相关参数进行设置，并且设置 A/D 转换由定时器 TIMER0 定时触发，A/D 转换结束后触发 DMA 进行数据传输。最后，需要初始化 ADC 缓冲区。

（2）调用 InitSoftware 函数进行软件相关模块初始化，包括 PackUnpack、ProcHostCmd 和 SendDataToHost 等模块。

（3）调用 Proc2msTask 函数进行 2ms 任务处理，在 Proc2msTask 函数中接收来自计算机的命令并进行处理；通过 SendWaveToHost 函数将波形数据包发送至计算机并通过信息采集工具显示。

（4）调用 Proc1SecTask 函数进行 1s 任务处理，在本实验中，需要每秒刷新一次 TLC5615 芯片的输出，即通过在 Proc1SecTask 函数中调用 TLC5615OutPut 函数更新 SPI 传输的数据来实现。

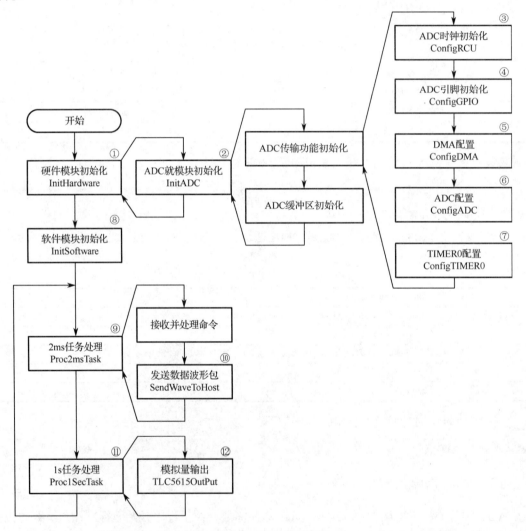

图 15-19　ADC 实验的程序架构

在图 15-19 中，编号为①、⑧、⑨和⑪的函数在 Main.c 文件中声明和实现；编号为②的函数在 ADC.h 文件中声明，在 ADC.c 文件中实现。编号为③、④、⑤、⑥和⑦的函数在 ADC.c 文件中声明并实现，编号为⑩的函数在 SendDataToHost.h 文件中声明，在 SendDataToHost.c 文件中实现。编号为⑫的函数在 TLC5615.h 声明，在 TLC5615.c 文件中实现。

本实验要点解析：

（1）ADC 模块的初始化，在 InitADC 函数中，进行了使能和设置 ADC 相关时钟、配置 ADC 相关 GPIO、DMA 通道的初始化、ADC 具体参数的配置和配置 ADC 外部触发定时器 TIMER0 等操作。本实验使用 DMA 来传输 ADC 转换的数据，并且使用 TIMER0 作为 ADC 的外部触发源。

（2）通过 ConfigDMA 配置 DMA 参数时，注意 memory_addr 内存地址需要使用数组来存储数据，使用单个变量存储会造成错误。另外，还需要选择与 ADC 通道对应的 DMA 通道 DMA_CH0 来初始化。

（3）通过 ConfigADC 函数来配置 ADC 具体参数时，需要根据实验中复用为 ADC 的 GPIO 引脚来设置 ADC 通道，本实验中使用了 PA1 引脚的 ADC 功能，对应 ADC_CHANNEL_1，即 ADC 通道 1。

在本实验的实验步骤中，只需将 ADC 相关文件对添加到工程中，正确连接对应引脚，并在应用层调用 DAC 生成波形函数即可实现波形显示，ADC 的数据采集、转换和发送在后台自动进行。但掌握 ADC 的工作原理才是本实验的最终目的，因此，对于 ADC 驱动中定义和实现的各个 API 函数同样不可忽视，其函数功能、实现过程和应用方式也是本实验的重要学习目标。

15.3　实　验　步　骤

步骤 1：复制并编译原始工程

首先，将 "D:\GD32E2KeilTest\Material\14.ADC" 文件夹复制到 "D:\GD32E2KeilTest\ Product" 文件夹中。然后，双击运行 "D:\GD32E2KeilTest\Product\14.ADC\Project" 文件夹中的 GD32KeilPrj.uvprojx，单击工具栏中的 █ 按钮进行编译。编译通过后，下载程序并进行复位，观察 GD32E2 杏仁派开发板上的两个 LED 是否交替闪烁。如果两个 LED 交替闪烁，表示原始工程是正确的，可以进入下一步操作。

步骤 2：添加 ADC 和 U16Queue 文件对

首先，将 "D:\GD32E2KeilTest\Product\14.ADC\HW\ADC" 文件夹中的 ADC.c 和 U16Queue.c 文件添加到 HW 分组。然后，将 "D:\GD32E2KeilTest\Product\14.ADC \HW\ADC" 路径添加到 Include Paths 栏中。

步骤 3：ADC.h 文件代码详解

单击 █ 按钮进行编译，编译结束后，在 Project 面板中，双击 ADC.c 下的 ADC.h 文件。在 ADC.h 文件的"宏定义"区，定义 ADC 缓冲区大小，如程序清单 15-1 所示。

程序清单 15-1

```
#define ADC_BUF_SIZE 100                           //设置缓冲区的大小
```

在 ADC.h 文件的"API 函数声明"区，声明了 3 个 API 函数，如程序清单 15-2 所示。

程序清单 15-2

```
void InitADC(void);   //初始化 ADC 模块
unsigned char    WriteADCBuf(unsigned short d);          //向 ADC 缓冲区写入数据
unsigned char    ReadADCBuf(unsigned short *p);          //从 ADC 缓冲区读取数据
```

步骤 4：ADC.c 文件代码详解

在 ADC.c 文件的"包含头文件"区中，包含了 gd32e230x_conf、U16Queue.h 头文件，如程序清单 15-3 所示。由于 ADC.c 文件中包含对 GPIO 和 ADC 的配置，因此需要包含 gd32e230x_conf 头文件。ADC.c 文件中还使用了 EnU16Queue 等操作队列的函数，因此，还需要包含 U16Queue.h 头文件。

程序清单 15-3

```
#include "gd32e230x_conf.h"
#include "U16Queue.h"
```

在 ADC.c 文件的"内部变量定义"区，定义了如程序清单 15-4 所示的内部变量。其中，s_arrADCData 用于存放 ADC 转换结果数据，结构体变量 s_structADCCirQue 为 ADC 循环队列，数组 s_arrADCBuf 为 ADC 循环队列的缓冲区，该数组的大小 ADC_BUF_SIZE 为缓冲区的大小。

程序清单 15-4

```
static unsigned short   s_arrADCData;                //存放 ADC 转换结果数据
static StructU16CirQue  s_structADCCirQue;           //ADC 循环队列
static unsigned short    s_arrADCBuf[ADC_BUF_SIZE];  //ADC 循环队列的缓冲区
```

在 ADC.c 文件的"内部函数声明"区，声明了 5 个内部函数，如程序清单 15-5 所示。ConfigRCU 函数用于使能 GPIO 和 DMA 等设备的时钟，ConfigGPIO 函数用于配置 ADC 相关的 GPIO，ConfigDMA 函数用于配置 ADC 对应的 DMA 通道，ConfigTimer0 函数用于配置 TIMER0，ConfigADC 函数用于配置 ADC。

程序清单 15-5

```
static void ConfigRCU(void);                //使能设备时钟
static void ConfigGPIO(void);               //配置 GPIO 端口
static void ConfigDMA(void);                //配置 DMA
static void ConfigTIMER0(void);             //配置 TIMER0
static void ConfigADC(void);                //配置 ADC
```

在 ADC.c 文件的"内部函数实现"区为 ConfigRCU 函数的实现代码，如程序清单 15-6 所示。本实验使用 PA1 引脚作为 ADC 输入引脚，因此，需要在 ConfigRCU 函数中通过调用固件库函数 rcu_periph_clock_enable 依次使能 GPIOA、ADC、DMA 及 TIMER0 的时钟，且通过 rcu_adc_clock_config 函数将 ADC 的时钟频率配置为 APB2 时钟频率的 6 分频，即 12MHz。

程序清单 15-6

```
static void ConfigRCU(void)
{
  //使能 GPIOA\ADC\DMA\TIMER0 时钟
  rcu_periph_clock_enable(RCU_GPIOA);
  rcu_adc_clock_config(RCU_ADCCK_APB2_DIV6);
  rcu_periph_clock_enable(RCU_ADC);
  rcu_periph_clock_enable(RCU_DMA);
  rcu_periph_clock_enable(RCU_TIMER0);
}
```

在 ADC.c 文件"内部函数实现"区的 ConfigRCU 函数后，为 ConfigGPIO 函数的实现代码，如程序清单 15-7 所示。ConfigGPIO 函数通过 gpio_mode_set 函数将 PA1 引脚配置为模拟模式。

程序清单 15-7

```c
static void ConfigGPIO(void)
{
  //PA1 模式设置
  gpio_mode_set(GPIOA, GPIO_MODE_ANALOG, GPIO_PUPD_NONE, GPIO_PIN_1);
}
```

在 ADC.c 文件"内部函数实现"区的 ConfigGPIO 函数后，为 ConfigDMA 函数的实现代码，如程序清单 15-8 所示。下面按照顺序解释说明 ConfigDMA 函数中的语句。

（1）通过 dma_deinit 函数将 DMA 通道 0 对应寄存器重设为默认值。

（2）先对结构体 dma_init_struct 中各个成员变量进行赋值，并通过 dma_init 函数对 DMA 通道 0 进行配置，该函数涉及 DMA_CH0CTL 的 DIR、MWIDTH[1:0]、MNAGA、PWIDTH[1:0]、PNAGA 和 PRIO[1:0]。DIR 用于设置数据传输方向，MWIDTH[1:0]用于设置存储器的传输数据宽度，MNAGA 用于设置存储器的地址生成算法，PWIDTH[1:0] 用于设置外设的传输数据宽度，PNAGA 用于设置外设的地址生成算法，PRIO[1:0]用于设置通道优先级，可参见图 15-15 和表 15-24。本实验中，DMA 通道 0 将外设 ADC 的数据传输到存储器 SRAM，因此，传输方向是从外设读入，外设不执行地址增量操作，存储器执行地址增量操作，存储器和外设数据宽度均为 16 位，通道优先级设置为极高。DMA_CH0PADDR 是 DMA 通道 0 外设基地址寄存器，DMA_CH0MADDR 是 DMA 通道 0 存储器基地址寄存器，DMA_CH0CNT 是 DMA 通道 0 计数寄存器，可参见图 15-16～图 15-18、表 15-25～表 15-27。本实验中，向 DMA_CH0PADDR 写入 ADC_RDATA 的地址，向 DMA_CH0MADDR 写入 s_arrADC1Data 的地址，向 DMA_CH0CNT 写入 1。

（3）通过 dma_circulation_enable 函数使能 DMA 循环模式，表示数据传输采用循环模式，即数据传输的数目变为 0 时，会自动地被恢复成配置通道时设置的初值，DMA 操作将会继续进行，该函数涉及 DMA_CHxCTL 的 CMEN，可参见图 15-15 和表 15-24；通过 dma_memory_to_memory_disable 函数禁止存储器到存储器的 DMA 传输，表示工作在非存储器到存储器模式，该函数涉及 DMA_CHxCTL 的 M2M，可参见图 15-15 和表 15-24；然后通过 nvic_irq_enable 函数配置 DMA 中断线且设置优先级为 0，并通过 dma_interrupt_enable 函数使能 DMA 中断。

（4）通过 dma_channel_enable 函数使能 DMA 通道 0，该函数涉及 DMA_CH0CTL 的 CHEN，可参见图 15-15 和表 15-24。

程序清单 15-8

```c
static void ConfigDMA(void)
{
  //DMA 初始化结构体
  dma_parameter_struct dma_init_struct;

  dma_deinit(DMA_CH0);                                    //初始化结构体设置默认值
  dma_init_struct.direction  = DMA_PERIPHERAL_TO_MEMORY;  //设置 DMA 数据传输方向
```

```
dma_init_struct.memory_addr   = (uint32_t) &s_arrADCData;     //内存地址设置
dma_init_struct.memory_inc    = DMA_MEMORY_INCREASE_ENABLE;   //内存增长使能
dma_init_struct.memory_width  = DMA_MEMORY_WIDTH_16BIT;       //内存数据位数设置
dma_init_struct.number        = 1;                           //内存数据量设置
dma_init_struct.periph_addr   = (uint32_t)&(ADC_RDATA);      //外设地址设置
dma_init_struct.periph_inc    = DMA_PERIPH_INCREASE_DISABLE; //外设地址增长禁止
dma_init_struct.periph_width  = DMA_PERIPHERAL_WIDTH_16BIT;  //外设数据位数设置
dma_init_struct.priority      = DMA_PRIORITY_ULTRA_HIGH;     //优先级设置
dma_init(DMA_CH0, &dma_init_struct);                         //初始化结构体

//DMA 模式设置
dma_circulation_enable(DMA_CH0);                 //使能循环
dma_memory_to_memory_disable(DMA_CH0);           //禁止内存到内存
nvic_irq_enable(DMA_Channel0_IRQn, 0);           //中断线配置
dma_interrupt_enable(DMA_CH0, DMA_INT_FTF);      //使能 DMA 中断

//使能 DMA
dma_channel_enable(DMA_CH0);
}
```

在 ADC.c 文件"内部函数实现"区的 ConfigDMA 函数后，为 ConfigTIMER0 函数的实现代码，如程序清单 15-9 所示。下面按照顺序解释说明 ConfigTIMER0 函数中的语句。

（1）初始化结构体 timer_ocintpara 和 timer_initpara，并通过 timer_deinit 函数复位外设 TIMER0。

（2）对定时器参数结构体 timer_initpara 的成员变量进行赋值，并通过 timer_init 函数根据该结构体对 TIMER0 进行初始化。

（3）对定时器通道参数结构体 timer_ocintpara 的成员变量进行赋值，并通过 timer_channel_output_config 函数根据该结构体配置 TIMER0 相应输出通道的输出极性及状态，并通过 timer_channel_output_pulse_value_config 等函数进一步配置通道参数。

（4）对定时器的影子寄存器进行禁止并使能其自动重载功能，最后通过 timer_primary_output_config 函数使能 TIMER0。

程序清单 15-9

```
static void ConfigTIMER0(void)
{
//初始化结构体
timer_oc_parameter_struct timer_ocintpara;
timer_parameter_struct timer_initpara;

//复位外设 TIMER0
timer_deinit(TIMER0);

timer_initpara.prescaler       = 719;                 //设置分频
timer_initpara.alignedmode     = TIMER_COUNTER_EDGE;  //设置对齐模式
timer_initpara.counterdirection = TIMER_COUNTER_UP;   //设置计数模式
timer_initpara.period          = 399;                 //设置重装载值
timer_initpara.clockdivision   = TIMER_CKDIV_DIV1;    //设置时钟分割
timer_initpara.repetitioncounter = 0;
timer_init(TIMER0, &timer_initpara);                  //初始化结构体
```

```
timer_ocintpara.ocpolarity  = TIMER_OC_POLARITY_LOW;          //通道输出极性设置
timer_ocintpara.outputstate = TIMER_CCX_ENABLE;               //通道输出状态设置
timer_channel_output_config(TIMER0, TIMER_CH_0, &timer_ocintpara);  //通道输出初始化

timer_channel_output_pulse_value_config(TIMER0, TIMER_CH_0, 100);    //通道选择
timer_channel_output_mode_config(TIMER0, TIMER_CH_0, TIMER_OC_MODE_PWM1); //通道输出模式配置
timer_channel_output_shadow_config(TIMER0, TIMER_CH_0, TIMER_OC_SHADOW_DISABLE);
                                                             //禁止比较影子寄存器

timer_auto_reload_shadow_enable(TIMER0);                     //自动重载影子寄存器使能
timer_primary_output_config(TIMER0, ENABLE);                 //TIMER0 使能
}
```

在 ADC.c 文件的"内部函数实现"区，在 ConfigTIMER0 函数之后为 ConfigADC 函数的实现代码，如程序清单 15-10 所示。下面按照顺序解释说明 ConfigADC 函数中的语句。

（1）通过 adc_channel_length_config 函数设置 ADC 通道数为 1，并通过 adc_regular_channel_config 函数设置 ADC 采样时间为 239.5 个 ADC 时钟周期。

（2）通过 adc_external_trigger_config 函数使能 ADC 的外部触发功能，并通过 adc_external_trigger_source_config 函数选择规则通道组的 TIMER0 CH0 事件作为外部触发源。

（3）通过 adc_data_alignment_config 函数设置 ADC 数据对齐模式为右对齐，并通过 adc_enable 函数使能 ADC，最后对 ADC 进行校准并使能 ADC 的 DMA 传输功能。

程序清单 15-10

```
static void ConfigADC(void)
{
    //ADC 通道数目设置
    adc_channel_length_config(ADC_REGULAR_CHANNEL, 1);

    //通道 1 配置
    adc_regular_channel_config(0, ADC_CHANNEL_1, ADC_SAMPLETIME_239POINT5);

    //使能外部触发
    adc_external_trigger_config(ADC_REGULAR_CHANNEL, ENABLE);

    //选择外部触发
    adc_external_trigger_source_config(ADC_REGULAR_CHANNEL, ADC_EXTTRIG_REGULAR_T0_CH0);

    //设置数据对齐方式
    adc_data_alignment_config(ADC_DATAALIGN_RIGHT);

    //使能 ADC
    adc_enable();

    //ADC 校准
    adc_calibration_enable();

    //使能 ADC 的 DMA 功能
    adc_dma_mode_enable();
}
```

　　在 ADC.c 文件"内部函数实现"区的 ConfigADC 函数后,为 DMA_Channel0_IRQHandler 中断服务函数的实现代码,如程序清单 15-11 所示。下面按照顺序解释说明 DMA_Channel0_ IRQHandler 中断服务函数中的语句。

　　(1) 在 ADC.c 的 ConfigDMA 函数中使能了 DMA 中断,因此,当使用对应的 DMA 通道进行数据传输时,硬件会执行 DMA_Channel0_IRQHandler 中断服务函数。

　　(2) 通过 dma_interrupt_flag_get 函数判断数据是否全部传输完成,如果传输完成,则通过 WriteADCBuf 函数向 ADC 缓冲区写入数据,将对应数据写入队列,并通过 dma_interrupt_ flag_clear 函数清除对应的中断标志位,防止误触发。

程序清单 15-11

```
void DMA_Channel0_IRQHandler(void)
{
  if(RESET != dma_interrupt_flag_get(DMA_CH0, DMA_INT_FLAG_FTF))
  {
    WriteADCBuf(ad_value[0]);    //向 ADC 缓冲区写入数据

    //清除标志位
    dma_interrupt_flag_clear(DMA_CH0, DMA_INT_FLAG_FTF);
  }
}
```

　　在 ADC.c 文件的"API 函数实现"区,首先实现 InitADC 函数,如程序清单 15-12 所示。在 InitADC 函数中,实现了对 RCU、GPIO、DMA、TIMER0 和 ADC 的配置,并通过 timer_enable 函数使能 TIMER0,最后通过 InitU16Queue 函数初始化 ADC 缓冲区。

程序清单 15-12

```
void InitADC(void)
{
  //时钟配置
  ConfigRCU();
  //GPIO 端口配置
  ConfigGPIO();
  //DMA 配置
  ConfigDMA();
  //TIMER0 配置
  ConfigTIMER0();
  //ADC 配置
  ConfigADC();
  //使能 TIMER0
  timer_enable(TIMER0);
  //初始化 ADC 缓冲区
  InitU16Queue(&s_structADCCirQue, s_arrADCBuf, ADC_BUF_SIZE);
}
```

　　在 ADC.c 文件"API 函数实现"区的 InitADC 函数后,为 WriteADCBuf 函数的实现代码,如程序清单 15-13 所示。WriteADCBuf 函数首先定义变量 ok 作为写入成功标志位,然后调用 EnU16Queue 函数将传入的数据写进队列变量中,并将结果赋给变量 ok,最后将变量 ok 作为返回值返回。

程序清单 15-13

```
unsigned char WriteADCBuf(unsigned short d)
{
  unsigned char ok = 0;                    //将写入成功标志位的值设置为 0

  ok = EnU16Queue(&s_structADCCirQue, &d, 1);  //入队

  return ok;                               //返回写入成功标志位的值
}
```

　　在 ADC.c 文件的"API 函数实现"区，在 WriteADCBuf 函数之后为 ReadADCBuf 函数的实现代码，如程序清单 15-14 所示。ReadADCBuf 函数首先定义变量 ok 作为读取成功标志位，然后调用 DeU16Queue 函数将队列中的数据写入对应变量中，并将结果赋给变量 ok，最后将变量 ok 作为返回值返回。

程序清单 15-14

```
unsigned char ReadADCBuf(unsigned short* p)
{
  unsigned char ok = 0;                    //将读取成功标志位的值设置为 0

  ok = DeU16Queue(&s_structADCCirQue, p, 1);  //出队

  return ok;                               //返回读取成功标志位的值
}
```

步骤 5：添加 SendDataToHost 文件对

　　首先，将"D:\GD32E2KeilTest\Product\14.ADC\App\SendDataToHost"文件夹中的 SendDataToHost.c 文件添加到 App 分组；然后，将"D:\GD32E2KeilTest\Product\14.ADC\App\SendDataToHost"路径添加到 Include Paths 栏中。

步骤 6：SendDataToHost.h 文件代码详解

　　单击■按钮进行编译，编译结束后，在 Project 面板中，双击打开 SendDataToHost.c 下的 SendDataToHost.h 文件。

　　在 SendDataToHost.h 文件的"API 函数声明"区，声明了 3 个 API 函数，如程序清单 15-15 所示。

程序清单 15-15

```
void  InitSendDataToHost(void);                  //初始化 SendDataToHost 模块
void  SendAckPack(unsigned char moduleId, unsigned char secondId, unsigned char ackMsg);  //发
送命令应答数据包
void  SendWaveToHost(unsigned char* pWaveData);  //发送波形数据包到主机，一次性发送 5 个点
```

步骤 7：SendDataToHost.c 文件代码详解

　　在 SendDataToHost.c 文件的"包含头文件"区，包含了 PackUnpack 和 UART0 头文件，如程序清单 15-16 所示。SendDataToHost.c 文件的代码中需要使用 PackData 打包数据函数等，因此需要包含 PackUnpack.h 头文件。SendDataToHost.c 文件的代码中还使用了 WriteUART0 等写数据至串口的函数，因此需要包含 UART0.h 头文件。

程序清单 15-16

```
#include "PackUnpack.h"
#include "UART0.h"
```

在 SendDataToHost.c 文件的"内部函数声明"区，声明了内部函数 SendPackToHost，如程序清单 15-17 所示。SendPackToHost 函数用于发送打包之后的数据包到主机。

程序清单 15-17

```
static void SendPackToHost(StructPackType* pPackSent);  //打包数据，并将数据发送到主机
```

在 SendDataToHost.c 文件的"内部函数实现"区，实现了 SendPackToHost 函数，如程序清单 15-18 所示。下面按照顺序对 SendPackToHost 函数中的语句进行解释说明。

（1）PackData 函数用于将参数 pPackSent 指向的打包前数据包（包含模块 ID、二级 ID 及数据）进行打包，打包之后的结果依然保存于 pPackSent 指向的结构体变量中。

（2）如果 PackData 函数的返回值大于 0，表示打包成功，则调用 WriteUART0 函数将打包之后的数据包通过 UART0 发送出去。注意，pPackSent 是结构体指针变量，而 WriteUART0 函数的第一个参数是指向 unsigned char 类型变量的指针变量，因此需要通过(unsigned char*) 将 pPackSent 强制转换为指向 unsigned char 类型变量的指针变量。

程序清单 15-18

```
static void SendPackToHost(StructPackType* pPackSent)
{
  unsigned char packValid = 0;              //打包正确标志位，默认值为 0

  packValid = PackData(pPackSent);          //打包数据

  if(0 < packValid)                         //如果打包正确
  {
    WriteUART0((unsigned char*)pPackSent, 10); //写数据到串口
  }
}
```

在 SendDataToHost.c 文件的"API 函数实现"区为 InitSendDataToHost 函数的实现代码，InitSendDataToHost 函数用于初始化 SendDataToHost 模块，因为没有需要初始化的内容，该函数为空函数。

在 SendDataToHost.c 文件 "API 函数实现" 区的 InitSendDataToHost 函数后，为 SendAckPack 函数的实现代码，如程序清单 15-19 所示。SendAckPack 函数将 MODULE_SYS 和 DAT_CMD_ACK 分别赋值给 pt.packModuleId 和 pt.packSecondId，将参数 moduleId、secondId 和 ackMsg 分别赋值给 pt.arrData[0]、pt.arrData[1] 和 pt.arrData[2]，再将 pt.arrData[3]～ pt.arrData[5]均赋值为 0，最后调用 SendPackToHost 函数对结构体变量 pt 进行打包，并将打包之后的结果发送到主机。

程序清单 15-19

```
void SendAckPack(unsigned char moduleId, unsigned char secondId, unsigned char ackMsg)
{
```

```
  StructPackType pt;                            //包结构体变量

  pt.packModuleId = MODULE_SYS;                 //系统信息模块的模块 ID
  pt.packSecondId = DAT_CMD_ACK;                //系统信息模块的二级 ID
  pt.arrData[0] = moduleId;                     //模块 ID
  pt.arrData[1] = secondId;                     //二级 ID
  pt.arrData[2] = ackMsg;                       //应答消息
  pt.arrData[3] = 0;                            //保留
  pt.arrData[4] = 0;                            //保留
  pt.arrData[5] = 0;                            //保留

  SendPackToHost(&pt);                          //打包数据，并将数据发送到主机
}
```

在 SendDataToHost.c 文件"API 函数实现"区的 SendAckPack 函数后，为 SendWaveToHost 函数的实现代码。如程序清单 15-20 所示。

SendWaveToHost 函数将 MODULE_WAVE 和 DAT_WAVE_WDATA 分别赋值给 pt.packModuleId 和 pt.packSecondId，将参数 pWaveData 指向的前 5 个 unsigned char 类型变量依次赋值给 pt.arrData[0]～pt.arrData[4]，再将 pt.arrData[5]赋值为 0，最后调用 SendPackToHost 函数对结构体变量 pt 进行打包，并将打包之后的结果发送到主机。

程序清单 15-20

```
void  SendWaveToHost(unsigned char* pWaveData)
{
  StructPackType  pt;                           //包结构体变量

  pt.packModuleId = MODULE_WAVE;                //wave 模块的模块 ID
  pt.packSecondId = DAT_WAVE_WDATA;             //wave 模块的二级 ID
  pt.arrData[0] = pWaveData[0];                 //波形数据 1
  pt.arrData[1] = pWaveData[1];                 //波形数据 2
  pt.arrData[2] = pWaveData[2];                 //波形数据 3
  pt.arrData[3] = pWaveData[3];                 //波形数据 4
  pt.arrData[4] = pWaveData[4];                 //波形数据 5
  pt.arrData[5] = 0;                            //保留

  SendPackToHost(&pt);                          //打包数据，并将数据发送到主机
}
```

步骤 8：ProcHostCmd.c 文件代码完善

在 Project 面板中，双击打开 ProcHostCmd.c 文件，在 ProcHostCmd.c 文件的"API 函数实现"区为 ProcHostCmd 函数的实现代码，该函数用于处理上位机（信号采集工具）发送的波形切换命令。在上位机中选择切换波形时，会向开发板发送波形切换命令包，微控制器解包成功后，将解包结果赋值给包结构体变量 pack，pack.arrdata 为命令包中数据 1 的首地址，数据 1 中存放了波形类型信息，可参见图 14-18 和表 14-2。OnGenWave 函数根据变量 pack.arrdata 生成对应波形，OnGenWave 函数的返回值为生成波形命令响应消息，该返回值被赋给变量 ack。最后，在 OnGenWave 函数之后添加调用 SendAckPack 函数的代码，将该响应消息发送到上位机。如程序清单 15-21 所示。由于 SendAckPack 函数在 SendDataToHost.h 文件中声明，因此，还需要在 ProcHostCmd.c 文件中包含 SendDataToHost.h 头文件。

程序清单 15-21

```
void ProcHostCmd(unsigned char recData)
{
  StructPackType pack;                       //包结构体变量
  unsigned char ack;                         //存储应答消息

  while(UnPackData(recData))                 //解包成功
  {
    pack = GetUnPackRslt();                   //获取解包结果

    switch(pack.packModuleId)                 //模块 ID
    {
      case MODULE_WAVE:                       //波形信息
        ack = OnGenWave(pack.arrData);        //生成波形
        SendAckPack(MODULE_WAVE, CMD_GEN_WAVE, ack); //发送命令应答消息包
        break;
      default:
        break;
    }
  }
}
```

步骤 9：完善 ADC 实验应用层

在 Project 面板中，双击打开 Main.c 文件，在 Main.c 文件"包含头文件"区的最后，添加代码#include "SendDataToHost.h"和#include "ADC.h"，如程序清单 15-22 所示。

程序清单 15-22

```
#include "SendDataToHost.h"
#include "ADC.h"
```

在 Main.c 文件的 InitSoftware 函数中，添加调用 InitSendDataToHost 函数的代码，如程序清单 15-23 所示，这样就实现了对 SendDataToHost 模块的初始化。

程序清单 15-23

```
static  void  InitSoftware(void)
{
  InitPackUnpack();                          //初始化 PackUnpack 模块
  InitProcHostCmd();                         //初始化 ProcHostCmd 模块
  InitSendDataToHost();                      //初始化 SendDataToHost 模块
}
```

在 Main.c 文件的 InitHardware 函数中，添加调用 InitADC 函数的代码，如程序清单 15-24 所示，这样就实现了对 ADC 模块的初始化。

程序清单 15-24

```
static  void  InitHardware(void)
{
  SystemInit();                              //系统初始化
  InitRCU();                                 //初始化 RCU 模块
```

```
  InitNVIC();                              //初始化 NVIC 模块
  InitUART0(115200);                       //初始化 UART 模块
  InitTimer();                             //初始化 Timer 模块
  InitLED();                               //初始化 LED 模块
  InitSysTick();                           //初始化 SysTick 模块
  InitTLC5615();                           //初始化 DAC 模块
  InitADC();                               //初始化 ADC 模块
}
```

在 Main.c 文件的 Proc2msTask 函数中添加代码，实现读取 ADC 缓冲区的波形数据，并将波形数据发送到主机的功能，如程序清单 15-25 所示。下面按照顺序对添加的语句进行解释说明。

程序清单 15-25

```
static  void  Proc2msTask(void)
{
  unsigned char  UART0RecData;             //串口数据
  unsigned short adcData;                  //队列数据
  unsigned char  waveData;                 //波形数据

  static unsigned char s_iCnt4 = 0;        //计数器
  static unsigned char s_iPointCnt = 0;    //波形数据包的点计数器
  static unsigned char s_arrWaveData[5] = {0}; //初始化数组

  if(Get2msFlag())                         //判断 2ms 标志位状态
  {
    if(ReadUART0(&UART0RecData, 1))        //读串口接收数据
    {
      ProcHostCmd(UART0RecData);           //处理命令
    }

    s_iCnt4++;                             //计数增加

    if(s_iCnt4 >= 4)                       //达到 8ms
    {
      if(ReadADCBuf(&adcData))             //从缓存队列中取出 1 个数据
      {
        waveData = (adcData * 127) / 1023; //计算获取点的位置
        s_arrWaveData[s_iPointCnt] = waveData; //存放到数组
        s_iPointCnt++;                     //波形数据包的点计数器加 1 操作

        if(s_iPointCnt >= 5)               //接收到 5 个点
        {
          s_iPointCnt = 0;                 //计数器清零
          SendWaveToHost(s_arrWaveData);   //发送波形数据包
        }
      }
      s_iCnt4 = 0;                         //准备下次的循环
    }

    TLC5615OutPut();
```

```
    LEDFlicker(250);                          //调用闪烁函数

    Clr2msFlag();                             //清除 2ms 标志位
  }
}
```

（1）在 Proc2msTask 函数中，每 8ms 通过 ReadADCBuf 函数读取一次 ADC 缓冲区的波形数据，由于计算机上的"信号采集工具"显示范围为 0~127，因此需要将 ADC 缓冲区的波形数据范围压缩至 0~127，而 GD32E230C8T6 微控制器的 12 位 ADC 模块转换输出的数据范围为 0~4095，但 10 位 DAC 芯片 TLC5615 可输入的范围为 0~1023，因此 adcData 的数据范围为 0~1023。将缓冲区数据 adcData 进行相应处理即可，最终目的是将 arrData 的数据范围从 0~1023 压缩至 0~127。

（2）在 PCT 通信协议中，一个波形数据包（模块 ID 为 0x71，二级 ID 为 0x01）包含 5 个连续的波形数据，对应波形上的 5 个点，因此还需要通过 s_iPointCnt 计数，当计数到 5 时，调用 SendWaveToHost 函数将数据包发送到计算机上的信号采集工具。

步骤 10：编译及下载验证

代码编写完成并编译通过后，下载程序并进行复位。下载完成后，按照图 14-22，首先将 GD32E2 杏仁派开发板通过 USB 转 Type-C 型连接线连接到计算机，然后将 DAC_OUT 连接到 PA1 引脚（通过跳线帽短接 J_{102}），最后将 DAC_OUT 引脚连接到示波器探头。可以通过计算机上的"信号采集工具"和示波器观察到与第 14 章实验相同的结果。

本 章 任 务

将 DAC_OUT 引脚通过杜邦线连接到 PA0 引脚，DAC_OUT 依然作为 DAC 输出正弦波、方波和三角波，在本实验的基础上，重新修改程序，将 PA1 引脚改为 PA0 引脚，通过 ADC 将 PA0 引脚的模拟量转换为数字量，并将转换后的数字量按照 PCT 通信协议进行打包，通过 UART0 实时将打包后的数据发送至计算机，通过计算机上的"信号采集工具"动态显示接收到的波形。

本 章 习 题

1. 简述本实验的 ADC 工作原理。
2. 输入信号幅度超过 ADC 参考电压范围会有什么后果？
3. 如何通过 GD32E2 杏仁派开发板的 ADC 检测 7.4V 锂电池的电压？

附录 A　GD32E2 杏仁派开发板原理图

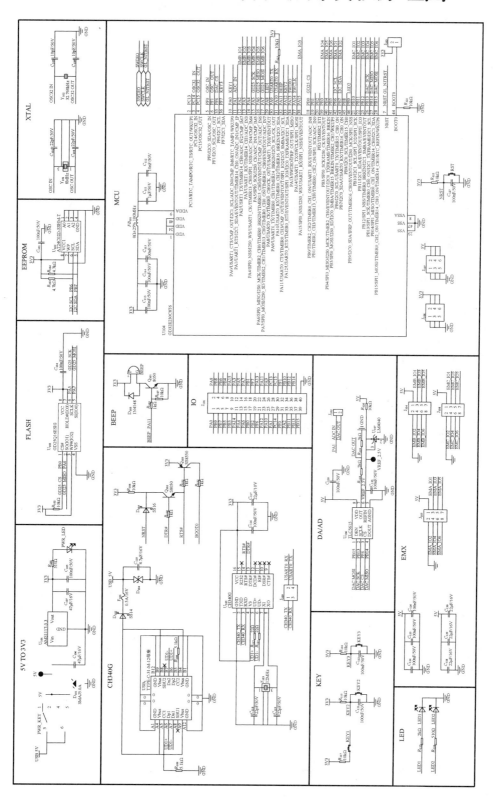

附录 B   ASCII 码表

ASCII 值	控制字符	ASCII 值	控制字符	ASCII 值	控制字符	ASCII 值	控制字符
0	NUL	32	(space)	64	@	96	`
1	SOH	33	!	65	A	97	a
2	STX	34	"	66	B	98	b
3	ETX	35	#	67	C	99	c
4	EOT	36	$	68	D	100	d
5	ENQ	37	%	69	E	101	e
6	ACK	38	&	70	F	102	f
7	BEL	39	'	71	G	103	g
8	BS	40	(	72	H	104	h
9	HT	41	)	73	I	105	i
10	LF	42	*	74	J	106	j
11	VT	43	+	75	K	107	k
12	FF	44	,	76	L	108	l
13	CR	45	-	77	M	109	m
14	SO	46	.	78	N	110	n
15	SI	47	/	79	O	111	o
16	DLE	48	0	80	P	112	p
17	DC1	49	1	81	Q	113	q
18	DC2	50	2	82	R	114	r
19	DC3	51	3	83	S	115	s
20	DC4	52	4	84	T	116	t
21	NAK	53	5	85	U	117	u
22	SYN	54	6	86	V	118	v
23	ETB	55	7	87	W	119	w
24	CAN	56	8	88	X	120	x
25	EM	57	9	89	Y	121	y
26	SUB	58	:	90	Z	122	z
27	ESC	59	;	91	[	123	{
28	FS	60	<	92	\	124	|
29	GS	61	=	93	]	125	}
30	RS	62	>	94	^	126	~
31	US	63	?	95	_	127	DEL

参 考 文 献

[1] 杨百军,王学春,黄雅琴. 轻松玩转 STM32F1 微控制器. 北京:电子工业出版社,2016.

[2] 蒙博宇. STM32 自学笔记. 北京:北京航空航天大学出版社,2012.

[3] 王益涵,孙宪坤,史志才. 嵌入式系统原理及应用——基于 ARM Cortex-M3 内核的 STM32F1 系列微控制器. 北京:清华大学出版社,2016.

[4] 喻金钱,喻斌. STM32F 系列 ARM Cortex-M3 核微控制器开发与应用. 北京:清华大学出版社,2011.

[5] 刘军. 例说 STM32. 北京:北京航空航天大学出版社,2011.

[6] Joseph Yiu. ARM Cortex-M3 权威指南. 宋岩,译. 北京:北京航空航天大学出版社,2009.

[7] 刘火良,杨森. STM32 库开发实战指南. 北京:机械工业出版社,2013.

[8] 肖广兵. ARM 嵌入式开发实例——基于 STM32 的系统设计. 北京:电子工业出版社,2013.

[9] 陈启军,余有灵,张伟,等. 嵌入式系统及其应用. 上海:同济大学出版社,2015.

[10] 张洋,刘军,严汉宇. 原子教你玩 STM32(库函数版). 北京:北京航空航天大学出版社,2013.